江苏省特种作业人员安全技术培训考核系列教材

电力电缆作业

江苏省安全生产宣传教育中心
国网江苏省电力有限公司 组编

中国电力出版社
CHINA ELECTRIC POWER PRESS

内 容 提 要

本书主要围绕电力电缆作业展开，共十二章。主要包含安全生产管理、电工基础知识、电力系统基础知识、电力电缆基础知识、电工仪表使用、电工工具及移动电气设备、电气安全工器具与安全标识、电力电缆的敷设、电力电缆附件、电力电缆的运行与检修、应急处置和有限空间安全作业。

本书以满足培训考核的需要为中心，以管用、实用、够用为原则，突出电力电缆作业人员应具备的安全生产基本知识和安全操作技能，具有较强的针对性和实用性，是电力电缆作业人员培训考试的必备教材，也可作为电工作业人员自学的工具书。

图书在版编目（CIP）数据

电力电缆作业/江苏省安全生产宣传教育中心，国网江苏省电力有限公司组编．—北京：中国电力出版社，2020.11

江苏省特种作业人员安全技术培训考核系列教材

ISBN 978-7-5198-4909-2

Ⅰ．①电…　Ⅱ．①江…　Ⅲ．①电力电缆－安全培训－教材　Ⅳ．① TM247

中国版本图书馆 CIP 数据核字（2020）第 157141 号

出版发行：中国电力出版社

地　　址：北京市东城区北京站西街 19 号（邮政编码 100005）

网　　址：http://www.cepp.sgcc.com.cn

责任编辑：马　丹（010-63412725）　王冠一

责任校对：黄　蓓　常燕昆

装帧设计：郝晓燕

责任印制：钱兴根

印　　刷：北京天宇星印刷厂

版　　次：2020 年 11 月第一版

印　　次：2020 年 11 月北京第一次印刷

开　　本：710 毫米 ×980 毫米　16 开本

印　　张：24.25

字　　数：344 千字

定　　价：90.00 元

本书编写组

组　长　刘苍松

成　员　邢　军　吴建根　周荣玲　陶　瑜　吴　凡　张　伟

　　　　陈　诚　陈小红　徐菲菲　陈　艳

审　核　张志坚

前 言

PREFACE

为了贯彻落实《国家安全监管总局关于做好特种作业（电工）整合工作有关事项的通知》（安监总人事〔2018〕18 号），进一步做好整合后的电力电缆作业人员安全技术培训与考核工作，根据新颁布的《特种作业（电工）安全技术培训大纲和考核标准》，我们组织专家编写了电力电缆作业培训教材。

本教材的内容主要包括：安全生产管理、电工基础知识、电力系统基础知识、电力电缆基础知识、电工仪表使用、电工工具及移动电气设备、电气安全工器具与安全标识、电力电缆的敷设、电力电缆附件、电力电缆的运行与检修、应急处置和有限空间安全作业。

本教材由江苏省安全生产宣传教育中心组织编写。刘苍松主编，张志坚审核，第一章由陈小红和邢军编写，第二章由吴凡和吴建根编写，第三章由周荣玲编写，第四章和第五章由陶瑜编写，第六章和第十章由张伟编写，第七章和第八章由刘苍松编写，第九章由陈诚编写，第十一章由徐菲菲编写，第十二章由陈艳编写。

在编写和出版过程中得到了江苏省应急管理厅基础处、国网江苏省电力有限公司的大力支持，在此表示衷心的感谢。由于编者水平有限，书中可能会出现一些不足之处，敬请读者批评指正。

编 者

2020 年 7 月

目录

CONTENTS

第一章 CHAPTER ONE

安全生产管理

本章介绍了特种作业电工（电力电缆）安全生产法律、法规、方针，叙述了电力电缆作业人员的基本条件、培训大纲，电气作业人员的组织措施、技术措施以及工作票和操作票的规定。

第一节 安全生产法律法规

安全生产法律法规包括：安全生产法律、安全生产行政法规、安全生产部门规章、国家关于安全生产的方针政策。主要有：《安全生产法》《劳动法》《劳动合同法》《职业病防治法》《电力法》《煤炭法》《矿山安全法》《生产经营单位安全培训规定》《生产安全事故报告和调查处理条例》《工伤保险条例》《特种作业人员安全技术培训考核管理规定》《特种设备安全监察条例》等，本节主要宣贯《安全生产法》《生产经营单位安全培训规定》《特种作业人员安全技术培训考核管理规定》。

一、《安全生产法》

中华人民共和国《安全生产法》，2002 年 6 月 29 日发布，2002 年 11 月 1 日实施，全国人民代表大会常务委员先后于 2009 年 8 月、2014 年 8 月进行了两次修订。《安全生产法》是安全领域的“宪法”“母法”，目的是为了加强安全生产监督管理，防止和减少生产安全事故的发生，保障人民群众生命和财产安全，促进经济发展，明确安全生产责任制并规定了从业人员的权利和义务。

《安全生产法》赋予从业人员有关安全生产和人身安全的基本权利，部分摘录如下：

第六条 生产经营单位的从业人员有依法获得安全生产保障的权利，并应当依法履行安全生产方面的义务。

第二十五条 生产经营单位应当对从业人员进行安全生产教育和培训，保证从业人员具备必要的安全生产知识，熟悉有关的安全生产规章制度和安全操作规程，掌握本岗位的安全操作技能，了解事故应急处理措施，知悉自身在安全生产方面的权利和义务。未经安全生产教育和培训合格的从业人员，不得上岗作业。

第二十六条 生产经营单位采用新工艺、新技术、新材料或者使用新设备，必须了解、掌握其安全技术特性，采取有效的安全防护措施，并对从业人员进行专门的安全生产教育和培训。

第二十七条 生产经营单位的特种作业人员必须按照国家有关规定经专门的安全作业培训，取得相应资格，方可上岗作业。

第四十一条 生产经营单位应当教育和督促从业人员严格执行本单位的安全生产规章制度和安全操作规程；并向从业人员如实告知作业场所和工作岗位存在的危险因素、防范措施以及事故应急措施。

第四十二条 生产经营单位必须为从业人员提供符合国家标准或者行业标准的劳动防护用品，并监督、教育从业人员按照使用规则佩戴、使用。

第四十九条 生产经营单位与从业人员订立的劳动合同，应当载明有关保障从业人员劳动安全、防止职业危害的事项，以及依法为从业人员办理工伤保险的事项。生产经单位不得以任何形式与从业人员订立协议，免除或者减轻其对从业人员因生产安全事故伤亡依法应承担的责任。

第五十条 生产经单位的从业人员有权了解其作业场所和工作岗位存在的危险因素、防范措施及事故应急措施，有权对本单位的安全生产工作提出建议。

第五十一条 从业人员有权对本单位安全生产工作中存在的问题提出批评、检举、控告；有权拒绝违章指挥和强令冒险作业。生产经营单位不得因从业人员对本单位安全生产工作提出批评、检举、控告或者拒绝违章指挥、强令冒险作业而降低其工资、福利等待遇或者解除与其订立的劳动合同。

第五十二条 从业人员发现直接危及人身安全的紧急情况时，有权停止作业或者在采取可能的应急措施后撤离作业场所。生产经营单位不得因从业人员在前款紧急情况下停止作业或者采取紧急撤离措施而降低其工资、福利等待遇或者解除与其订立的劳动合同。

第五十三条 因生产安全事故受到损害的从业人员，除依法享有工伤保险外，依照有关民事法律尚有获得赔偿的权利的，有权向本单位提出赔偿要求。

第五十四条 从业人员在作业过程中，应当严格遵守本单位的安全生产规章制度和操作规程，服从管理，正确佩戴和使用劳动防护用品。

第五十五条 从业人员应当接受安全生产教育和培训，掌握本职工作所需的安全生产知识，提高安全生产技能，增强事故预防和应急处理能力。

第五十六条 从业人员发现事故隐患或者其他不安全因素，应当立即向现场安全生产管理人员或者本单位负责人报告；接到报告的人员应当及时予以处理。

第五十八条 生产经营单位使用被派遣劳动者的，被派遣劳动者享有本法规定的从业人员的权利，并应当履行本法规定的从业人员的义务。

第一百零四条 生产经营单位的从业人员不服从管理，违反安全生产规章制度或者操作规程的，由生产经营单位给予批评教育，依照有关规章制度给予处分；构成犯罪的，依照刑法有关规定追究刑事责任。

二、《生产经营单位安全培训规定》

《生产经营单位安全培训规定》(简称《规定》) 于 2006 年 1 月 17 日，以国家安全生产监督管理总局令第 3 号的形式公布，自 2006 年 3 月 1 日起施行，2015 年 5 月 29 日根据国家安全生产监督管理总局令第 80 号修正。该规定的立法目的是加强和规范生产经营单位安全培训工作，提高从业人员素质，防范伤亡事故，减轻职业危害。

该规定赋予的从业人员权利与义务如下：

第三条 生产经营单位负责本单位从业人员安全培训工作。

第四条 生产经营单位应当进行安全培训的从业人员包括主要负责人、安全生产管理人员、特种作业人员和其他从业人员。

生产经营单位从业人员应当接受安全培训，熟悉有关安全生产规章制度和安全操作规程，具备必要的安全生产知识，掌握本岗位的安全操作技能，了解事故应急处理措施，知悉自身在安全生产方面的权利和义务。

未经安全生产培训合格的从业人员，不得上岗作业。

第十一条 煤矿、非煤矿山、危险化学品、烟花爆竹、金属冶炼等生产经营单位必须对新上岗的临时工、合同工、劳务工、轮换工、协议工等进行强制性安全培训，保证其具备本岗位安全操作、自救互救以及应急处置所需的知识和技能后，方能安排上岗作业。

第十二条 加工、制造业等生产单位的其他从业人员，在上岗前必须经过厂（矿）、车间（工段、区、队）、班组三级安全培训教育。生产经营单位应当根据工作性质对其他从业人员进行安全培训，保证其具备本岗位安全操作、应急处置等知识和技能。

第十三条 生产经营单位新上岗的从业人员，岗前安全培训时间不得少于 24 学时。

第十七条 从业人员在本生产经营单位内调整工作岗位或离岗一年以上重新上岗时，应当重新接受车间（工段、区、队）和班组级的安全培训。生产经营单位采用新工艺、新技术、新材料或者使用新设备时，应当对有关从业人员进行针对性的安全培训。

第十八条 生产经营单位的特种作业人员，必须按照国家有关法律、法规的规定接受专门的安全培训，经考核合格，取得特种作业操作资格证书后，方可上岗作业。

三、《特种作业人员安全技术培训考核管理规定》

《特种作业人员安全技术培训考核管理规定》于 2010 年 5 月 24 日以国家安全生产监督管理总局令第 30 号发布，自 2010 年 7 月 1 日起施行，2015 年 5 月 29 日根据国家安全生产监督管理总局令第 80 号修正。该规定明确将高压电工作业、低压电工作业、防爆电气作业列为特种作业，并规定了作业人员的安全技术培训、考核、发证、复审等权利与义务。

根据《国家安全监管总局关于做好特种作业（电工）整合工作有关事项的通知》（安监总人事〔2018〕18 号），将特种作业电工作业目录调整为 6 个操作项目：低压电工作业、高压电工作业、电力电缆作业、继电保护作业、电气试验作业和防爆电气作业。

电力电缆作业人员应当了解和掌握的相关主要规定如下：

第五条 特种作业人员必须经专门的安全技术培训并考核合格，取得《中华人民共和国特种作业操作证》（以下简称特种作业操作证）后，方可上岗作业。

第六条 特种作业人员的安全技术培训、考核、发证、复审工作实行统一监管、分级实施、教考分离的原则。

第九条 特种作业人员应当接受与其所从事的特种作业相应的安全技术理论培训和实际操作培训。

第十九条 特种作业操作证有效期为6年，在全国范围内有效。特种作业操作证每3年复审1次。

第二十三条 特种作业操作证申请复审或者延期复审前，特种作业人员应当参加必要的安全培训并考试合格。

安全培训时间不少于8个学时，主要培训法律、法规、标准、事故案例和有关新工艺、新技术、新装备等知识。

第二节 电力电缆作业人员的基本要求

《国家安全监管总局关于做好特种作业（电工）整合工作有关事项的通知》（安监总人事〔2018〕18号）中《特种作业（电力电缆）安全技术培训大纲和考核标准》要求如下：

一、电力电缆作业人员条件

规定电力电缆作业人员应当符合以下基本条件：

（1）年满18周岁，且不超过国家法定退休年龄。

（2）无妨碍从事相应特种作业的器质性心脏病、癫痫病、美尼尔氏症、眩晕症、癔症、震颤麻痹症、精神病、痴呆症以及其他疾病和生理缺陷。

（3）具有初中及以上文化程度。具备必要的安全技术知识与技能。

《电力安全工作规程 电力线路部分》（GB 26859—2011）还规定：电气人员体格检查至少每两年一次，应掌握触电急救等救护法。

二、培训要求

（1）按照《特种作业（电力电缆）安全技术培训大纲和考核标准》的规定对电力电缆作业人员进行培训与复审培训。复审培训周期为每3年复审1次。电力电缆作业人员在特种作业操作证有效期内，连续从事本工种10年以上，严格遵守有关安全生产法律法规的，经原考核发证机关或者从业所在地考核发证机关同意，特种作业操作证的复审时间可以延长至每6年1次。

（2）特种作业电工（电力电缆）安全技术培训考核见表1–1、表1–2。

表1–1 电力电缆作业人员安全技术培训学时安排

<table>
<tr><th colspan="2">项目</th><th>培训内容</th><th>学时</th></tr>
<tr><td rowspan="15">安全技术知识（64学时）</td><td rowspan="4">安全基本知识（8学时）</td><td>电气安全工作管理</td><td>2</td></tr>
<tr><td>触电事故及现场救护</td><td>2</td></tr>
<tr><td>电气防火</td><td>2</td></tr>
<tr><td>有限空间安全作业</td><td>2</td></tr>
<tr><td rowspan="4">安全技术基础知识（12学时）</td><td>电工基础知识</td><td>4</td></tr>
<tr><td>仪表使用</td><td>4</td></tr>
<tr><td>安全用具与安全标识</td><td>2</td></tr>
<tr><td>电工工具及移动电气设备</td><td>2</td></tr>
<tr><td rowspan="5">安全技术专业知识（40学时）</td><td>电力系统基础知识</td><td>4</td></tr>
<tr><td>电力电缆基础知识</td><td>12</td></tr>
<tr><td>电力电缆的敷设</td><td>8</td></tr>
<tr><td>电力电缆附件</td><td>8</td></tr>
<tr><td>电力电缆的运行与检修</td><td>8</td></tr>
<tr><td colspan="2">复习</td><td>2</td></tr>
<tr><td colspan="2">考试</td><td>2</td></tr>
</table>

续表

项目	培训内容	学时
实际操作技能（40学时）	电气安全用具的检查使用	4
	常用电工仪表的使用	4
	作业现场应急处置	8
	电力电缆作业安全措施	4
	电力电缆的基本操作	8
	电力电缆附件安装	8
	复习	2
	考试	2
合计		104

表 1-2　　电力电缆作业人员安全技术复审培训学时安排

项目	培训内容	学时
复审培训	典型事故案例分析； 相关法律、法规、标准、规范； 电气方面的新技术、新工艺、新材料	不少于8学时
	复习	
	考试	

第三节　电气作业安全管理

电气作业安全管理执行GB 26859—2011、《电力安全工作规程　发电厂和变电站电气部分》（GB 26860—2011）、《电力安全工作规程高压试验室部分》（GB 26861—2011）的规定。

企业应建立与安全生产有直接关系的安全操作规程、安全作业规程、电气安装规程、运行管理和维护检修制度等。

一、保证安全工作的组织措施

在电气设备上安全工作的组织措施包括：现场勘查制度、工作票制度、工作许可制度、工作监护制度、工作间断制度、工作终结和恢复送电制度。

1. 现场勘查制度

配电检修（施工）作业和用户工程、设备上的工作，工作票签发人或工作负责人认为有必要现场勘察的，应根据工作任务组织现场勘察，并填写现场勘察记录。

现场勘察应由工作票签发人或工作负责人组织，工作负责人、设备运维管理单位（用户单位）和检修（施工）单位相关人员参加。对涉及多专业、多部门、多单位的作业项目，应由项目主管部门、单位组织相关人员共同参与。

现场勘察应查看检修（施工）作业需要停电的范围、保留的带电部位、装设接地线的位置、邻近线路、交叉跨越、多电源、自备电源、地下管线设施和作业现场的条件、环境及其他影响作业的危险点，并提出针对性的安全措施和注意事项。

现场勘察后，现场勘察记录应送交工作票签发人、工作负责人及相关各方，作为填写、签发工作票等的依据。

开工前，工作负责人或工作票签发人应重新核对现场勘察情况，发现与原勘察情况有变化时，应及时修正、完善相应的安全措施。

2. 工作票制度

工作票是准许在电气设备工作的命令，也是保证安全工作的技术措施的依据。工作票有第一种工作票和第二种工作票。事故应急抢修可不用工作票，但应使用事故应急抢修单。事故应急抢修工作是指电气设备发生故障被迫紧急停止运行，需短时间内恢复的抢修和排除故障的工作。非连续进行的事故修复工作，应使用工作票。

（1）填写第一种工作票的工作。

1）在停电的线路或同杆（塔）架设多回线路中部分停电线路上的工作。

2）在停电的配电设备上的工作。

3）高压电力电缆需要停电的工作。

4）在直流线路停电时的工作。

5）在直流接地极线路或接地极上的工作。

（2）填写第二种工作票的工作。

1）带电线路杆塔上且与带电导线最小安全距离不小于表1–3规定的工作。

2）在运行中的配电设备上的工作。

3）电力电缆不需要停电的工作。

4）直流线路上不需要停电的工作。

5）直流接地极线路上不需要停电的工作。

（3）工作票的填写与签发。工作票应使用黑色或蓝色的钢（水）笔或圆珠笔填写与签发，一式两份，内容应正确，填写应清楚，不得任意涂改。如有个别错、漏字需要修改，应使用规范的符号，字迹应清楚。

用计算机生成或打印的工作票应使用统一的票面格式，由工作票签发人审核无误，手工或电子签名后方可执行。

工作票一份应保存在工作地点，由工作负责人收执；另一份由工作许可人收执，按值移交。工作许可人应将工作票的编号、工作任务、许可及终结时间记入登记簿。

一张工作票中，工作票签发人、工作负责人和工作许可人三者不得互相兼任。工作票由工作负责人填写，也可以由工作票签发人填写。

（4）工作票的使用。若一张工作票下设多个小组工作，每个小组应指定小组负责人（监护人），并使用工作任务单。

1）一个工作负责人不能同时执行多张工作票，若一张工作票下设多个小组工作，每个小组应指定小组负责人（监护人），并使用工作任务单。

工作任务单一式两份，由工作票签发人或工作负责人签发，一份工作负责人留存，一份交小组负责人执行。工作任务单由工作负责人许可。工作结束后，由小组负责人交回工作任务单，向工作负责人办理工作结束手续。

2）线路分区段工作，若填用一张工作票，经工作票签发人同意，在线路检修状态下，由工作班自行装设的接地线等安全措施可分段执行。工作票中应填写清楚使用的接地线编号，装拆时间、位置等随工作区段转移情况。

3）持线路或电缆工作票进入变电站或发电厂升压站进行架空线路、电缆等工作，应增填工作票份数，由变电站或发电厂工作许可人许可，并留存。

上述单位的工作票签发人和工作负责人名单应事先送有关运维管理单位（部门）备案。

（5）工作票所列人员的基本条件。

1）工作票的签发人应是熟悉人员技术水平、熟悉设备情况、熟悉《电力安全工作规程》，并具有相关工作经验的生产领导人、技术人员或经本单位分管生产领导批准的人员。工作票签发人员名单应书面公布。

2）工作负责人（监护人）应是具有相关工作经验，熟悉设备情况和《电力安全工作规程》，工作负责人还应熟悉工作班成员的工作能力。

3）工作许可人应是有一定工作经验的运行人员或检修操作人员（进行该工作任务操作及做安全措施的人员），用户变、配电站的工作许可人应是持有效证书的高压电气作业人员。

（6）工作票所列人员的安全责任。

1）工作票签发人：

a. 确认工作必要性和安全性。

b. 确认工作票上所填安全措施是否正确完备。

c. 确认所派工作负责人和工作班人员是否适当和充足。

2）工作负责人（监护人）：

a. 正确安全地组织工作。

b. 负责检查工作票所列安全措施是否正确完备，是否符合现场实际条件，必要时予以补充。

c. 工作前对工作班成员进行危险点告知，交代安全措施和技术措施，并确认每一个工作班成员都已知晓。

d．严格执行工作票所列安全措施。

e．督促、监护工作班成员遵守《电力安全工作规程》，正确使用劳动防护用品和执行现场安全措施。

f．工作班成员精神状态是否良好，变动是否合适。

3）工作许可人：

a．审查工作的必要性。

b．检查线路停、送电和许可工作的命令是否正确。

c．检查许可的接地等安全措施是否正确完备。

4）专责监护人：

a．明确被监护人员和监护范围。

b．工作前对被监护人员交代安全措施，告知危险点和安全注意事项。

c．监督被监护人员遵守《电力安全工作规程》和现场安全措施，及时纠正不安全行为。

5）工作班成员：

a．熟悉工作内容、工作流程，掌握安全措施，明确工作中的危险点，并履行确认手续。

b．严格遵守安全规章制度、技术规程和劳动纪律，对自己在工作中的行为负责，互相关心工作安全，并监督《电力安全工作规程》的执行和现场安全措施的实施。

c．正确使用安全工器具和劳动防护用品。

3. 工作许可制度

（1）填用第一种工作票进行工作，工作负责人应在得到全部工作许可人的许可后，方可开始工作。

（2）线路停电检修，工作许可人应在线路可能受电的各方面（含变电站、发电厂、环网线路、分支线路、用户线路和配合停电的线路）都已停电，并挂好操作接地线后，方能发出许可工作的命令。值班调控人员或运维人员在向工作负责人发出许可工作的命令前，应将工作班组名称、数目，工作负责人姓名，工作地点和工作任务做好记录。

（3）许可开始工作的命令，应通知工作负责人。其方法可采用：①当面通知；②电话下达；③派人送达。

电话下达时，工作许可人及工作负责人应记录清楚明确，并复诵核对无误。对直接在现场许可的停电工作，工作许可人和工作负责人应在工作票上记录许可时间，并签名。

（4）若停电线路作业还涉及其他单位配合停电的线路，工作负责人应在得到指定的配合停电设备运维管理单位（部门）联系人通知这些线路已停电和接地，并履行工作许可书面手续后，才可开始工作。

（5）禁止约时停、送电。

（6）填用电力线路第二种工作票时，不需要履行工作许可手续。

4. 工作监护制度

（1）工作许可手续完成后，工作负责人、专责监护人应向工作班成员交代工作内容、人员分工、带电部位和现场安全措施，进行危险点告知，并履行确认手续，工作班方可开始工作。工作负责人、专责监护人应始终在工作现场，对工作班人员的安全认真监护，及时纠正不安全的行为。

（2）工作负责人在全部停电时，可以参加工作班工作。在部分停电时，只有在安全措施可靠，人员集中在一个工作地点，不致误碰有电部分的情况下，方能参加工作。

（3）专责监护人不得兼做其他工作。专责监护人临时离开时，应通知被监护人员停止工作或离开工作现场，待专责监护人回来后方可恢复工作。若专责监护人必须长时间离开工作现场时，应由工作负责人变更专责监护人，履行变更手续，并告知全体被监护人员。

（4）工作期间，工作负责人若因故暂时离开工作现场时，应指定能胜任的人员临时代替，离开前应将工作现场交代清楚，并告知工作班成员。原工作负责人返回工作现场时，也应履行同样的交接手续。

（5）若工作负责人必须长时间离开工作现场时，应由原工作票签发人变更工作负责人，履行变更手续，并告知全体工作人员及工作许可人。原、现工作负责人应做好必要的交接。

5. 工作间断制度

（1）在工作中遇雷、雨、大风或其他任何情况威胁到作业人员的安全时，工作负责人或专责监护人可根据情况，临时停止工作。

（2）白天工作间断时，工作地点的全部接地线仍保留不动。如果工作班须暂时离开工作地点，则应采取安全措施和派人看守，不让人、畜接近挖好的基坑或未竖立稳固的杆塔以及负载的起重和牵引机械装置等。恢复工作前，应检查接地线等各项安全措施的完整性。

（3）填用数日内工作有效的第一种工作票，每日收工时如果将工作地点所装的接地线拆除，次日恢复工作前应重新验电挂接地线。如果经调度允许的连续停电、夜间不送电的线路，工作地点的接地线可以不拆除，但次日恢复工作前应派人检查。

6. 工作终结和恢复送电制度

（1）完工后，工作负责人（包括小组负责人）应检查线路检修地段的状况，确认在杆塔上、导线上、绝缘子串上及其他辅助设备上没有遗留的个人保安线、工具、材料等，查明全部作业人员确由杆塔上撤下后，再命令拆除工作地段所挂的接地线。接地线拆除后，应即认为线路带电，不准任何人再登杆进行工作。多个小组工作，工作负责人应得到所有小组负责人工作结束的汇报。

（2）工作终结后，工作负责人应及时报告工作许可人，报告方法如下：①当面报告；②用电话报告并经复诵无误。

若有其他单位配合停电线路，还应及时通知指定的配合停电设备运维管理单位（部门）联系人。

（3）工作终结的报告应简明扼要，并包括下列内容：工作负责人姓名，某线路上某处（说明起止杆塔号、分支线名称等）工作已经完工，设备改动情况，工作地点所挂的接地线、个人保安线已全部拆除，线路上已无本班组作业人员和遗留物，可以送电。

（4）工作许可人在接到所有工作负责人（包括用户）的完工报告，并确认全部工作已经完毕，所有作业人员已由线路上撤离，接地线已经全部拆除，与记录核对无误并做好记录后，方可下令拆除安全措施，向线路恢复送电。

（5）已终结的工作票、事故紧急抢修单、工作任务单应保存一年。

二、保证安全工作的技术措施

在电气设备上工作，保证安全的技术措施有：停电、验电、接地、悬挂标示牌和装设遮栏（围栏）。

1. 停电

（1）断开发电厂、变电站、换流站、开闭所、配电站（所）（包括用户设备）等线路断路器（开关）和隔离开关（刀闸）。

（2）断开线路上需要操作的各端（含分支）断路器（开关）、隔离开关（刀闸）和熔断器。高压检修工作的停电必须将工作范围的各方面进线电源断开，且各方面至少有一个明显的断开点。

（3）断开危及线路停电作业，且不能采取相应安全措施的交叉跨越、平行和同杆架设线路（包括用户线路）的断路器（开关）、隔离开关（刀闸）和熔断器。

（4）断开有可能返回低压电源的断路器（开关）、隔离开关（刀闸）和熔断器。

进行线路停电作业前，应做好下列安全措施：停电设备的各端应有明显的断开点，若无法观察到停电设备的断开点，应有能够反映设备运行状态的电气和机械等指示。

可直接在地面操作的断路器（开关）、隔离开关（刀闸）的操动机构上应加锁，不能直接在地面操作的断路器（开关）、隔离开关（刀闸）应悬挂标示牌；跌落式熔断器的熔管应摘下或悬挂标示牌。

2. 验电

（1）验电是保证电气作业安全的技术措施之一。在停电线路工作地段装设接地线前，应先验电，验明线路确无电压。验电时，应使用相应电压等级、合格的接触式验电器。

（2）验电前应先在有电设备上进行试验，确认验电器良好；无法在有电设备上进行试验时，可用工频高压发生器等确认验电器良好。

验电时人体应与被验电设备保持规定的距离，并设专人监护。使用伸缩式验电器时应保证绝缘的有效长度。

（3）对无法进行直接验电的设备和雨雪天气时的户外设备，可以进行间接验电。即通过设备的机械指示位置，电气指示，带电显示装置，仪表及各种遥测、遥信等信号的变化来判断。判断时，应有两个及以上的指示，且所有指示均已同时发生对应变化，才能确认该设备已无电；若进行遥控操作，可采用上述的间接方法或其他更可靠的方法间接验电。

（4）对同杆塔架设的多层电力线路进行验电时，应先验低压、后验高压，先验下层、后验上层，先验近侧、后验远侧。禁止电气作业人员穿越未经验电、接地的10kV及以下线路对上层线路进行验电。

线路的验电应逐相（直流线路逐极）进行。检修联络用的断路器（开关）、隔离开关（刀闸）或其组合时，应在其两侧验电。

3. 接地

（1）线路经验明确无电压后，应立即装设接地线并三相短路（直流线路两极接地线分别直接接地）。装、拆接地线应在监护下进行。各工作班工作地段各端和有可能送电到停电线路工作地段的分支线（包括用户）都要验电、装设工作接地线。直流接地极线路，作业点两端应装设工作接地线。配合停电的线路可以只在工作地点附近装设一处工作接地线。

（2）禁止电气作业人员擅自变更工作票中指定的接地线位置。如需变更，应由工作负责人征得工作票签发人同意，并在工作票上注明变更情况。

（3）同杆塔架设的多层电力线路挂接地线时，应先挂低压、后挂高压，先挂下层、后挂上层，先挂近侧、后挂远侧。拆除时次序相反。

（4）成套接地线应由有透明护套的多股软铜线组成，其截面积不得小于

25mm²，同时应满足装设地点短路电流的要求。禁止使用其他导线作接地线或短路线。接地线应使用专用的线夹固定在导体上，禁止用缠绕的方法进行接地或短路。

（5）装设接地线时，应先接接地端，后接导线端，接地线应接触良好、连接可靠。拆接地线的顺序与此相反。装、拆接地线均应使用绝缘棒或专用的绝缘绳。人体不准碰触未接地的导线。

（6）利用铁塔接地或与杆塔接地装置电气上直接相连的横担接地时，允许每相分别接地，但杆塔接地电阻和接地通道应良好。杆塔与接地线连接部分应清除油漆，接触良好。

（7）对于无接地引下线的杆塔可采用临时接地体。接地体的截面积不准小于 190mm²（如 ϕ16 圆钢）。接地体在地面下深度不准小于 0.6m。对于土壤电阻率较高地区如岩石、瓦砾、沙土等，应采取增加接地体根数、长度、截面积或埋地深度等措施改善接地电阻。

（8）在同塔架设多回线路杆塔的停电线路上装设的接地线，应采取措施防止接地线摆动。断开耐张杆塔引线或工作中需要拉开断路器（开关）、隔离开关（刀闸）时，应先在其两侧装设接地线。

（9）电缆及电容器接地前应逐相充分放电，星形接线电容器的中性点应接地，串联电容器及与整组电容器脱离的电容器应逐个多次放电，装在绝缘支架上的电容器外壳也应放电。

（10）使用个人保安线。

1）工作地段如有邻近、平行、交叉跨越及同杆塔架设线路，为防止停电检修线路上感应电压伤人，在需要接触或接近导线工作时，应使用个人保安线。

2）个人保安线应在杆塔上接触或接近导线的作业开始前挂接，作业结束脱离导线后拆除。装设时，应先接接地端，后接导线端，且接触良好，连接可靠，拆个人保安线的顺序与此相反。个人保安线由作业人员负责自行装、拆。

3）个人保安线应使用有透明护套的多股软铜线，截面积不准小于16mm²，且应带有绝缘手柄或绝缘部件。禁止用个人保安线代替接地线。

4）在杆塔或横担接地通道良好的条件下，个人保安线接地端允许接在杆塔或横担上。

4. 悬挂标示牌和装设遮栏（围栏）

（1）在一经合闸即可送电到工作地点的断路器（开关）、隔离开关（刀闸）及跌落式熔断器的操作处，均应悬挂"禁止合闸，线路有人工作！"或"禁止合闸，有人工作！"的标示牌，作业人员活动范围及其所携带的工具、材料等，与带电体最小距离不准小于表1–3中高压线路、设备不停电时的最小安全距离。

表1–3　高压线路、设备不停电时的最小安全距离

电压等级（kV）	安全距离（m）	电压等级（kV）	安全距离（m）
10及以下	0.7	330	4.0
20、35	1.0	500	5.0
66、110	1.5	750	8.0
220	3.0	1000	9.5
±50	1.5	±660	9.0
±400	7.2	±800	10.1
±500	6.8		

注：表中未列电压应选用高一电压等级的安全距离，后表同。

（2）"禁止合闸，有人工作！"标示牌挂在已停电的断路器和隔离开关上的操作把手上，防止运行人员误合断路器和隔离开关。

（3）在邻近可能误登的其他铁构架上应悬挂"禁止攀登，高压危险"的标志牌。

（4）在44kV以下的设备部分停电的工作，人员工作时距电气设备的距离小于表1–3中的安全距离，但大于表1–4规定的安全距离，则允许在加设安

全遮栏的情况下，实行不停电检修，未停电设备，应增设临时围栏。临时围栏应装设牢固，并悬挂“止步，高压危险！”的标示牌。

35kV及以下设备的临时围栏，如因工作特殊需要，可用绝缘隔板与带电部分直接接触。绝缘隔板的绝缘性能应符合规定的要求。

表1-4　电气作业人员工作中正常活动范围与带电设备的安全距离

电压等级（kV）	安全距离（m）
10及以下	0.35
20、35	0.60

三、二次系统上工作的安全措施

1. 一般要求

电气作业人员在现场工作过程中，凡遇到异常情况（如直流系统接地等）或断路器（开关）跳闸时，不论与本工作是否有关，都应立即停止工作，保持现状，待查明原因，确认与本工作无关时方可继续工作；若异常情况或断路器（开关）跳闸是本工作所引起，应保留现场并立即通知运维人员。

继电保护装置、配电自动化装置、安全自动装置和仪表、自动化监控系统的二次回路变动时，应及时更改图纸，并按经审批后的图纸进行，工作前应隔离无用的接线，防止误拆或产生寄生回路。二次设备箱体应可靠接地且接地电阻应满足要求。

2. 电流互感器和电压互感器工作

电流互感器和电压互感器的二次绕组应有一点且仅有一点永久性的、可靠的保护接地。工作中，禁止将回路的永久接地点断开。

在带电的电流互感器二次回路上工作，应采取措施防止电流互感器二次侧开路。短路电流互感器二次绕组，应使用短路片或短路线，禁止用导线缠绕。

在带电的电压互感器二次回路上工作，应采取措施防止电压互感器二次侧短路或接地。接临时负载，应装设专用的开关和熔断器。

二次回路通电或耐压试验前，应通知运维人员和其他有关人员，并派专人到现场看守，检查二次回路及一次设备上确无人工作后，方可加压。

电压互感器的二次回路通电试验时，应将二次回路断开，并取下电压互感器高压熔断器或拉开电压互感器一次隔离开关（刀闸），防止由二次侧向一次侧反送电。

3. 现场检修

现场工作开始前，应检查确认已做的安全措施符合要求、运行设备和检修设备之间的隔离措施正确完成。工作时，应仔细核对检修设备名称，严防走错位置。

在全部或部分带电的运行屏（柜）上工作，应将检修设备与运行设备以明显的标志隔开。

作业人员在接触运用中的二次设备箱体前，应用低压验电器或测电笔确认其确无电压。

工作中，需临时停用有关保护装置、配电自动化装置、安全自动装置或自动化监控系统，应向调度控制中心申请，经值班调控人员或运维人员同意，方可执行。

在继电保护、配电自动化装置、安全自动装置和仪表及自动化监控系统屏间的通道上安放试验设备时，不能阻塞通道，要与运行设备保持一定距离，防止事故处理时通道不畅。搬运试验设备时应防止误碰运行设备，造成相关运行设备继电保护误动作。清扫运行中的二次设备和二次回路时，应使用绝缘工具，并采取措施防止振动、误碰。

4. 整组试验

继电保护、配电自动化装置、安全自动装置及自动化监控系统做传动试验或一次通电或进行直流系统功能试验前，应通知运维人员和有关人员，并指派专人到现场监视后，方可进行。

检验继电保护、配电自动化装置、安全自动装置和仪表、自动化监控系统和仪表的电气作业人员，不得操作运行中的设备、信号系统、保护压板。

在取得运维人员许可并在检修工作盘两侧开关把手上采取防误操作措施后，方可断、合检修断路器（开关）。

四、电力电缆工作安全措施

1. 一般要求

（1）工作前，应核对电力电缆标志牌的名称与工作票所填写的相符以及安全措施正确可靠。

（2）电力电缆的标志牌应与电网系统图、电缆走向图和电缆资料的名称一致。

（3）电缆隧道应有充足的照明，并有防火、防水及通风措施。

2. 电力电缆施工作业

（1）电缆沟（槽）开挖的安全措施。

1）电缆直埋敷设施工前，应先查清图纸，再开挖足够数量的样洞（沟），摸清地下管线分布情况，以确定电缆敷设位置，确保不损伤运行电缆和其他地下管线设施。

2）掘路施工应做好防止交通事故的安全措施。施工区域应用标准路栏等进行分隔，并有明显标记，夜间施工人员应佩戴反光标志，施工地点应加挂警示灯。

3）为防止损伤运行电缆或其他地下管线设施，在城市道路红线范围内不宜使用大型机械开挖沟（槽），硬路面面层破碎可使用小型机械设备，但应加强监护，不得深入土层。

4）沟（槽）开挖深度达到1.5m及以上时，应采取措施防止土层塌方。

5）沟（槽）开挖时，应将路面铺设材料和泥土分别堆置，堆置处和沟（槽）之间应保留通道供施工人员正常行走。在堆置物堆起的斜坡上不得放置工具、材料等器物。

6）在下水道、煤气管线、潮湿地、垃圾堆或有腐质物等附近挖沟（槽）时，应设监护人。在挖深超过2m的沟（槽）内工作时，应采取安全措施，如戴防毒面具、向沟(槽)送风和持续检测等。监护人应密切注意挖沟(槽)人员，防止煤气、硫化氢等有毒气体中毒及沼气等可燃气体爆炸。

7)挖到电缆保护板后，应由有经验的人员在场指导，方可继续进行。

8)挖掘出的电缆或接头盒，若下方需要挖空时，应采取悬吊保护措施。

(2)进入电缆井、电缆隧道前，应先用吹风机排除浊气，再用气体检测仪检查井内或隧道内的易燃易爆及有毒气体的含量是否超标，并做好记录。

(3)电缆井、电缆隧道内工作时，通风设备应保持常开。禁止只打开电缆井一只井盖(单眼井除外)。作业过程中应用气体检测仪检查井内或隧道内的易燃易爆及有毒气体的含量是否超标，并做好记录。

(4)在电缆隧道内巡视时，作业人员应携带便携式气体测试仪，通风不良时还应携带正压式空气呼吸器。

(5)电缆沟的盖板开启后，应自然通风一段时间，经检测合格后方可下井沟工作。

(6)开启电缆井井盖、电缆沟盖板及电缆隧道人孔盖时应注意站立位置，以免坠落，开启电缆井井盖应使用专用工具。开启后应设置遮栏(围栏)，并派专人看守。作业人员撤离后，应立即恢复。

(7)移动电缆接头一般应停电进行。若必须带电移动，应先调查该电缆的历史记录，由有经验的施工人员，在专人统一指挥下，平正移动。

(8)开断电缆前，应与电缆走向图核对相符，并使用仪器确认电缆无电压后，用接地的带绝缘柄的铁钎钉入电缆芯后，方可工作。扶绝缘柄的人应戴绝缘手套并站在绝缘垫上，并采取防灼伤措施。

使用远控电缆割刀开断电缆时，刀头应可靠接地，周边其他施工人员应临时撤离，远控操作人员应与刀头保持足够的安全距离，防止弧光和跨步电压伤人。

(9)禁止带电插拔普通型电缆终端。可带电插拔的肘型电缆终端，不得带负荷操作。带电插拔肘型电缆终端时应使用绝缘操作棒并戴绝缘手套、护目镜。

(10)开启高压电缆分支箱(室)门应两人进行，接触电缆设备前应验明确无电压并接地。高压电缆分支箱（室）内工作时，应将所有可能来电的电源全部断开。

（11）高压跌落式熔断器与电缆头之间作业的安全措施：

1）宜加装过渡连接装置，使作业时能与熔断器上桩头带电部分保持安全距离。

2）跌落式熔断器上桩头带电，需在下桩头新装、调换电缆终端引出线或吊装、搭接电缆终端头及引出线时，应使用绝缘工具，并采用绝缘罩将跌落式熔断器上部隔离，在下桩头加装接地线。

3）作业时，作业人员应站在低位，伸手不得超过跌落式熔断器下桩头，并设专人监护。

4）禁止雨天进行以上工作。

（12）使用携带型火炉或喷灯作业的安全措施：

1）火焰与带电部分的安全距离：电压在 10kV 及以下者，应大于 1.5m；电压在 10kV 以上者，应大于 3m。

2）不得在带电导线、带电设备、变压器、油断路器（开关）附近以及在电缆夹层、隧道、沟洞内对火炉或喷灯加油、点火。

3）在电缆沟盖板上或旁边动火工作时应采取防火措施。

（13）制作环氧树脂电缆头和调配环氧树脂过程中，应采取防毒、防火措施。

（14）电缆施工作业完成后应封堵穿越过的孔洞。

（15）非开挖施工的安全措施：

1）采用非开挖技术施工前，应先探明地下各种管线设施的相对位置。

2）非开挖的通道，应离开地下各种管线设施足够的安全距离。

3）通道形成的同时，应及时对施工的区域采取灌浆等措施，防止路基沉降。

3. 电力电缆试验

（1）电缆耐压试验前，应先对被试电缆充分放电。加压端应采取措施防止人员误入试验场所；另一端应设置遮栏（围栏）并悬挂警告标示牌。若另一端是上杆的或是开断电缆处，应派人看守。

（2）电缆试验需拆除接地线时，应在征得工作许可人的许可后（根据调控人员指令装设的接地线，应征得调控人员的许可）方可进行。工作完毕后应立即恢复。

（3）电缆试验过程中需更换试验引线时，作业人员应先戴好绝缘手套，对被试电缆充分放电。

（4）电缆耐压试验分相进行时，另两相电缆应可靠接地。

（5）电缆试验结束，应对被试电缆充分放电，并在被试电缆上加装临时接地线，待电缆终端引出线接通后方可拆除。

（6）电缆故障声测定点时，禁止直接用手触摸电缆外皮或冒烟小洞。

参考题

一、选择题

1. 作为电气工作者，员工必须熟知本工种的（　　）和施工现场的安全生产制度，不违章作业。

A．生产安排　　B．安全操作规程　　C．工作时间

2. 电气安全管理人员应具备必要的（　　）知识，并根据实际情况制定安全措施，有计划地组织安全生产管理。

A．组织管理　　B．电气安全　　C．电气基础

3. 电工作业人员，应认真贯彻执行（　　）的方针，掌握电气安全技术，熟悉电气安全的各项措施，预防事故的发生。

A．安全第一、预防为主、综合治理　　B．安全重于泰山

C．科学技术是第一生产力

4. 防止人身电击，最根本的是对电气工作人员或用电人员进行（　　），严格执行有关安全用电和安全工作规程，防患于未然。

A. 安全教育和管理　　B. 技术考核　　C. 学历考核

二、判断题

1. 作为一名电气工作人员，对发现任何人员有违反《电业安全工作规程》，应立即制止。(　　)

2. 根据国家规定的要求从事电气作业的电工，必须接受在国家规定的机构进行培训，经培训考试合格后方可持证上岗。(　　)

3. 在电气施工中，必须遵守国家规定的安全规章制度，安装电气线路时应根据实际情况以方便使用者的原则安装。(　　)

4. 合理的规章制度是保证安全生产的有效措施，工矿企业等单位有条件的应建立适合自己情况的安全生产规章制度。(　　)

5. 为了保证电气作业的安全性，新入厂的工作人员只有接受工厂、车间等部门的两级安全教育，才能从事电气作业。(　　)

6. 电工作业人员应根据实际情况，遵守有关安全法规、规程或制度。(　　)

7. 凡在高压电气设备上进行检修、试验、清扫检查等工作时，需要停电或部分停电需要填写第一种工作票。(　　)

8. 在二次接线回路上工作，无须将高压设备停电时应使用第一种工作票。(　　)

9. 高压验电器验电时，应戴绝缘手套，并使用被测设备相应电压等级的验电器。(　　)

CHAPTER TWO

第二章

电工基础知识

电工基础知识主要是介绍电工理论基本知识及电路、电磁、交直流回路等方面的基本概念，这些知识是学习电力专业课程所必备的基础知识，本章主要内容包括：电路基础知识、电磁感应和磁路、交流电路等内容。

第一节 电路基础知识

一、电位、电压及电源

1. 电位

电位是衡量电荷在电路中某点所具有的能量的物理量，当一物体带有电荷时，该物体就具有一定的电位能，我们把这电位能叫做电位。电位是相对的，电路中某点电位的大小，与参考点（即零电位点）的选择有关，电路中任一点的电位，就是该点与零电位点之间的电位差。比零电位点高的电位为正，比零电位点低的电位为负。电位降低的方向就是电场力对正电荷做功的方向。电位的单位是伏特。

2. 电压（电位差）

电压又称电位差，是衡量电场力做功本领大小的物理量，是电路中任意两点间电位的差值。A、B 两点的电压以 U_{AB} 表示，$U_{AB}=U_A-U_B$。

电位差是产生电流的原因，如果没有电位差，就不会有电流。电压的单位也是伏特，简称伏，用字母 V 表示。常用电压单位有千伏（kV）、毫伏（mV），它们之间的换算关系为：$1kV=10^3V$，$1V=10^3mV$。

3. 电源

电源是将其他形式能转换成电能的装置。电动势就是衡量电源能量转换本领的物理量，用字母 E 表示，它的单位也是伏特，简称伏，用字母 V 表示。

电源的电动势只存在于电源内部，电动势的方向从负极指向正极。电动势的大小等于外力克服电场力把单位正电荷在电源内部从负极移到正极所做的功。

二、电流与电流密度

1. 电流

电流就是电荷有规律的定向移动。人们规定正电荷定向移动的方向为电流的方向。

衡量电流大小和强弱的物理量称为电流强度，用 I 表示。若在 t 时间内通过导体横截面的电量是 Q。则电流强度 I 就可以用式（2–1）表示

$$I=\frac{Q}{t} \tag{2-1}$$

电流强度 I 的单位是 A（安培）。若在 1s 内通过导体横截面的电量为 1C，则电流强度为 1A。常用电流强度单位还有 kA（千安）、mA（毫安）、μA（微安），它们之间的换算关系是：$1kA=10^3A$，$1A=10^3mA$，$1mA=10^3\mu A$。

2. 电流密度

流过导体单位截面积的电流叫电流密度。电流密度用字母 J 表示，即

$$J=\frac{I}{S} \tag{2-2}$$

式（2–2）中，当电流强度 I 用 A 作单位、导体横截面积 S 用 mm^2 作单位时，电流密度的单位是 A/mm^2。

【例 2–1】已知横截面积为 $10mm^2$ 的导线中，流过的电流为 200A，则该导线中的电流密度为多少？

解：根据电流密度：$J=\frac{I}{S}$

所以该导线中的电流密度：$J=\frac{I}{S}=\frac{200}{10}=20\ (A/mm^2)$

三、电阻与电导

1. 电阻

电阻是反映导体对电流阻碍作用大小的物理量。电阻用字母 R 表示，单

位是欧姆，简称欧，用字母 Ω 表示。

电阻的表达式为

$$R = \rho \frac{L}{S} \tag{2-3}$$

式中 ρ ——电阻率，Ω · m；

L ——导体的长度，m；

S ——导体的截面积，m^2。

常用的电阻单位有 Ω（欧）、kΩ（千欧）和 MΩ（兆欧），它们之间的换算关系是：$1k\Omega=10^3\Omega$，$1M\Omega=10^3k\Omega=10^6\Omega$。

导体电阻的大小与导体的长度成正比，与导体的截面积成反比，同时跟导体材料的性质、环境温度等很多因素有关。

一般导体的电阻随温度变化而变化，纯金属的电阻随温度的升高电阻增大，温度升高 1℃，电阻值要增大千分之几。电解液和碳素物质的电阻随温度的升高阻值减小。半导体电阻值与温度的关系很大，温度稍有增加电阻值就减小很大。有的合金如康铜和锰铜的电阻与温度变化的关系不大，康铜和锰铜是制造标准电阻的好材料。利用电阻与温度变化的关系可制造电阻温度计。

2. 电导

电阻的倒数称为电导，电导用符号 G 表示，即

$$G = \frac{1}{R} \tag{2-4}$$

导体的电阻越小，电导就越大，表示该导体的导电性能越好。

电导的单位是 1/ 欧姆（1/Ω），称西门子，简称西，用字母 S 表示。

四、欧姆定律

欧姆定律是反映电路中电压、电流、电阻三者之间关系的定律。

1. 部分电路欧姆定律

图 2–1 是不含电源的部分电路。

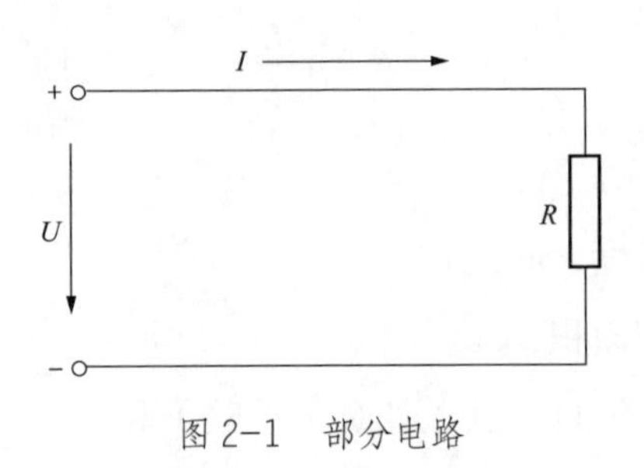

图 2–1　部分电路

当在电阻 R 两端加上电压 U 时，电阻 R 中就有电流 I 流过。如果加在电阻 R 两端的电压 U 发生变化时，流过电阻的电流 I 也随着变化，而且成正比例变化。写成公式为

$$I=\frac{U}{R} \text{或} U=IR \text{或} R=\frac{U}{I} \tag{2–5}$$

式中 U——电压，V；

R——电阻，Ω；

I——电流，A。

式（2–5）说明：流过导体的电流强度与这段导体两端的电压成正比，与这段导体的电阻成反比。这一定律，称为部分电路欧姆定律。部分电路欧姆定律用于分析通过电阻的电流与端电压的关系。

2. 全电路欧姆定律

图 2–2 是指含有电源的闭合电路的全电路。图中的虚线框内代表一个电源。R_0 是电源内部的电阻值，称为内电阻。

在图 2–2 中，当开关 S 闭合时，负载 R 上就有电流流过，这是因为负载两端有了电压 U，电压 U 是电动势 E 产生的，它既是负载电阻两端的电压，又是电源的端电压。由于电流在闭合回路中流过时，在电源内电阻上会产生压降，所以这时全电路中电流可用式（2–6）计算

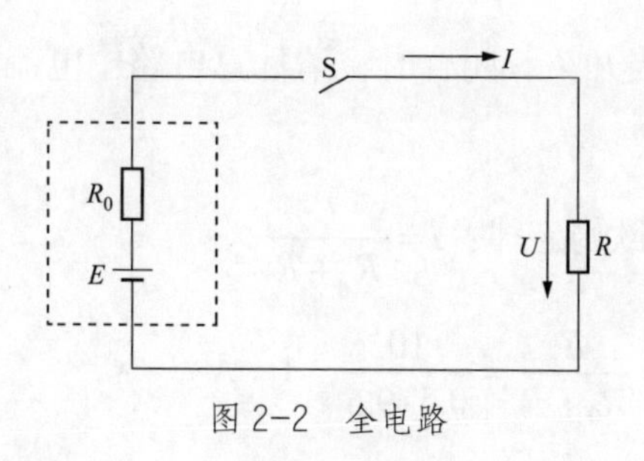

图 2-2 全电路

$$I = \frac{E}{R_0 + R} \tag{2-6}$$

式中 I ——电路中电流，A；

E ——电源的电动势，V；

R ——外电路的电阻，Ω；

R_0 ——电源内电阻，Ω。

从上面分析可知：在一个闭合电路中，电流强度与电源的电动势成正比，与电路中内电阻和外电阻之和成反比，这个定律称为全电路欧姆定律。全电路欧姆定律用于分析回路电流与电源电动势的关系。

电路闭合时，电源的端电压等于电源电动势减去电源的内阻压降，当电源电动势大小和内阻大小一定时，电路中电流越大，则电源端电压的数值越小。当电源两端不接负载时，电源的开路电压等于电源的电动势，但二者方向相反。

【例 2-2】 如图 2-1 中，电阻是 5Ω，电压为 10V。请计算这时通过电阻的电流多大？（忽略连接线的电阻）

解：根据部分电路欧姆定律：$I = \frac{U}{R}$

所以通过电阻的电流：$I = \frac{U}{R} = \frac{10}{5} = 2$（A）

【例 2-3】 如图 2-2 中，电源的电动势为 10V，内阻 R_0 为 0.5Ω，外接负

载电阻 R 为 9.5Ω。当开关 S 闭合时，请计算电路中电流是多少，外接负载电阻上的电压降是多少？

解：根据全电路欧姆定律：$I=\dfrac{E}{R_0+R}$

电路中电流：$I=\dfrac{E}{R_0+R}=\dfrac{10}{0.5+9.5}=1$（A）

外接负载电阻 R 上的电压降：$U=IR=1\times9.5=9.5$（V）

五、电能与电功率

电流通过用电器时，用电器将电能转换成其他形式的能，如热能、光能和机械能等。我们把电能转换成其他形式的能叫做电流做功，简称电功，用字母 W 表示。电流通过用电器所做的功与用电器的端电压、流过的电流、所用的时间和电阻有以下的关系

$$W=UIt \text{ 或 } W=I^2Rt \text{ 或 } W=\frac{U^2}{R}t \tag{2-7}$$

如果式（2–7）中，电压单位为伏（V），电流单位为安（A），电阻单位为欧（Ω），时间单位为秒（s），则电功单位就是焦耳，简称焦，用字母 J 表示。

电功率表示单位时间电能的变化，简称功率，用字母 P 表示。其数学表达式为

$$P=\frac{W}{t} \tag{2-8}$$

将式（2–7）代入式（2–8）后得到

$$P=\frac{U^2}{R} \text{ 或 } P=UI \text{ 或 } P=I^2R \tag{2-9}$$

若在式（2–8）中，电功单位为焦耳（J），时间单位为秒（s），则电功率 P 的单位就是焦耳 / 秒（J/s）。焦耳 / 秒（J/s）又叫瓦特，简称瓦，用字母 W 表示。在实际工作中，常用的电功率单位还有千瓦（kW）、毫瓦（mW）等。

它们之间的关系为：1kW=10^3W，1W=10^3mW。

从式（2-9）中可以得出如下结论：

（1）当用电器的电阻一定时，电功率与电流平方或电压平方成正比。若通过用电器的电流是原来电流的 2 倍，则电功率就是原功率的 4 倍；若加在用电器两端电压是原电压的 2 倍，则电功率就是原功率的 4 倍。

（2）当流过用电器的电流一定时，电功率与电阻值成正比。对于串联电阻电路，流经各个电阻的电流是相同的，则串联电阻的总功率与各个电阻的电阻值的和成正比。

（3）当加在用电器两端的电压一定时，电功率与电阻值成反比。对于并联电阻电路，各个电阻两端电压相等，则各个电阻的电功率与各电阻的阻值成反比。

在实际工作中，电功的单位常用千瓦时（kWh），也叫"度"。1kWh 是 1 度，它表示功率为 1kWh 的用电器 1h 所消耗的电能，即：

$$1\text{kWh} = 1\text{kW} \times 1\text{h} = 1000\text{W} \times 3600\text{s} = 3.6 \times 10^6\text{J}（焦耳）$$

在电路中，电源产生的功率等于负载消耗功率与内阻损耗的功率之和。

【例 2-4】有一额定值为 220V、2500W 的电阻炉，接在 220V 的交流电源上，则电阻炉的电阻和通过它的电流各为多少？

解：根据 $P = \frac{U^2}{R}$，得电阻炉的电阻：

$$R = \frac{U^2}{P} = \frac{220^2}{2500} = 19.36（\Omega）$$

根据 $P = UI$，则通过电阻炉的电流：

$$I = \frac{P}{U} = \frac{2500}{220} = 11.36（\text{A}）$$

六、电路与电路连接

1. 电路

电路是由电气设备和电器元件按一定方式组成的，是电流的流通路径，又称回路。在电路中，导线将电源和负载连接起来，构成电流的完整回路。根据电路中电流性质的不同，可分为直流电路和交流电路。电路中，电流的大小和方向不随时间变化的电路，称为直流电路。电路中，电流的大小和方向随时间变化的电路，称为交流电路。

电路包含电源、负载和中间环节三个基本组成部分。在电路中，给电路提供能源的装置称为电源，使用电能的设备或元器件称为负载，也叫负荷，连接电源和负载的部分称为中间环节。

在电路中，导线把电流从电源引出，通过负载再送回电源 ，构成电流的完整回路。电流在外电路中从电源的正极流向负极，在电源内部是从电源负极流向正极。

电路通常有三种状态：通路、断路、短路。

下面以图 2–3 所示电路来说明。

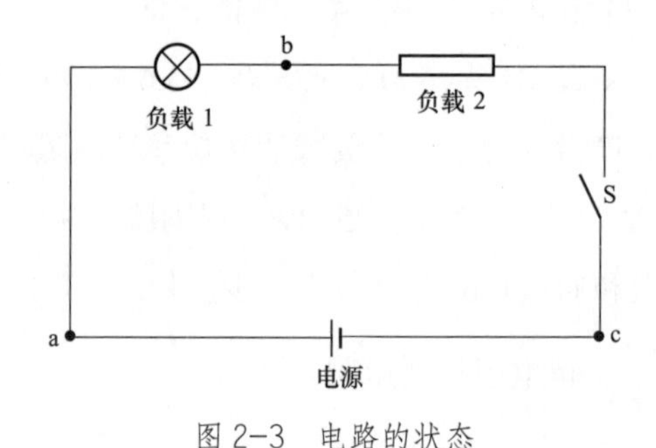

图 2–3　电路的状态

（1）通路：开关 S 闭合，电路构成闭合回路，电流在闭合的电路中才能产生。

（2）开路：开关 S 断开或电路中某处断开，电路被切断，这时电路中没有电流流过，开路又称断路。

（3）短路：在图 2–3 中，若 a、b 两点用导线直接接通，则称为负载 1 被短路。若 a、c 两点用导线直接接通，则称为负载全部被短路，或称为电源被短路。电路发生短路时，电源提供的电流，即电路中的电流将比通路时大很多倍，会造成损坏电源、烧毁导线，甚至造成火灾等严重事故。

2. **电阻串联电路**

在电路中，电阻的连接方法主要有串联、并联和混联。

在一段电路上，将几个电阻的首尾依次相连所构成的一个没有分支的电路，叫做电阻的串联电路。如图 2–4 所示。

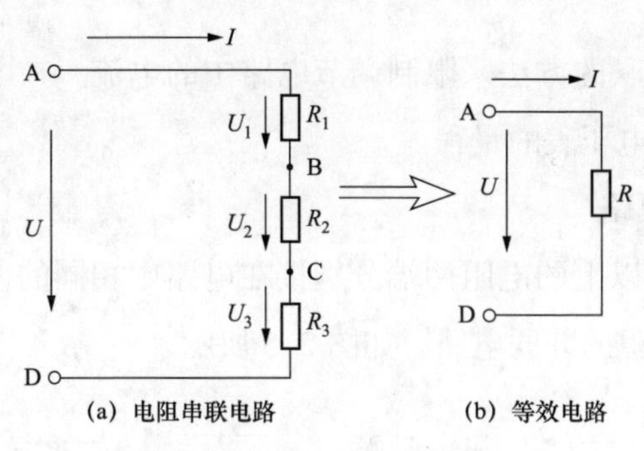

图 2–4 三个电阻串联

电阻串联电路具有以下一些特点：

（1）串联电路中流过每个电阻的电流相等，是同一个电流，即

$$I = I_1 = I_2 = I_3 = \cdots = I_n \qquad (2\text{–}10)$$

式中的下标 1、2、3、…、n 分别代表第 1、第 2、第 3、…、第 n 个电阻。

（2）电路两端的总电压等于各电阻两端电压之和，即

$$U = U_1 + U_2 + U_3 + \cdots + U_n = IR_1 + IR_2 + IR_3 + \cdots + IR_n \qquad (2\text{–}11)$$

从式（2–11）可看出：总电压分布在各个电阻上。电阻值大的分到的电压数值大。

（3）串联电路的等效电阻（即总电阻）等于各串联电阻之和，即

$$R = R_1 + R_2 + R_3 + \cdots + R_n \qquad (2\text{–}12)$$

（4）在电阻串联的电路中，电路的总功率等于各串联电阻的功率之和。

电阻串联的应用极为广泛。例如：

（1）用几个电阻串联来获得阻值较大的电阻。

（2）用串联电阻组成分压器，使用同一电源获得几种不同的电压。

（3）当负载的额定电压（标准工作电压值）低于电源电压时，采用电阻与负载串联的方法，使电源的部分电压分配到串联电阻上，以满足负载额定的使用电压值。例如，一个指示灯额定电压 12V，电阻 10Ω，若将它接在 24V 电源上，必须串联一个阻值为 10Ω 的电阻，指示灯才能正常工作。

（4）用电阻串联的方法来限制调节电路中的电流。在电工测量中普遍用串联电阻法来扩大电压表的量程。

3. 电阻并联电路

将两个或两个以上的电阻两端分别接在电路中相同的两个节点之间，这种连接方式叫做电阻的并联电路。如图 2–5 所示。

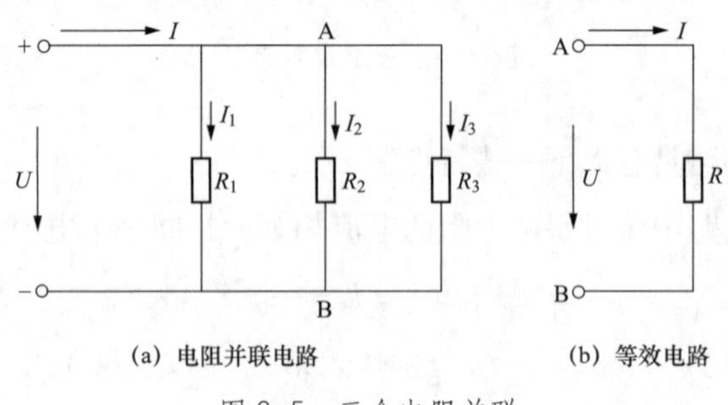

图 2–5　三个电阻并联

电阻并联电路具有下面的一些特点：

（1）并联电路中各电阻两端的电压相等，且等于电路两端的电压，即

$$U=U_1=U_3=\cdots=U_n \tag{2–13}$$

（2）并联电路中的总电流等于各电阻中电流之和

$$I=I_1+I_2+I_3+\cdots+I_n=\frac{U}{R_1}+\frac{U}{R_2}+\frac{U}{R_3}+\cdots+\frac{U}{R_n} \tag{2–14}$$

从式（2–14）可看到，支路电阻大的分支电流小，支路电阻小的分支电流大。

（3）并联电路的等效电阻（即总电阻）的倒数，等于各并联电阻倒数之和，即

$$\frac{1}{R}=\frac{1}{R_1}+\frac{1}{R_2}+\frac{1}{R_3}+\cdots+\frac{1}{R_n} \quad (2\text{-}15)$$

两个电阻 R_1、R_2 并联，其等效电阻 R 可直接按式（2-16）计算

$$R=\frac{R_1R_2}{R_1+R_2} \quad (2\text{-}16)$$

（4）在电阻并联的电路中，电路的总功率等于各分支电路的功率之和。

电阻并联的应用，同电阻串联的应用一样，也很广泛。例如：

（1）因为电阻并联的总电阻小于并联电路中的任意一个电阻，因此，可以用电阻并联的方法来获得阻值较小的电阻。

（2）由于并联电阻各个支路两端电压相等，因此，工作电压相同的负载，如电动机、电灯等都是并联使用，任何一个负载的工作状态既不受其他负载的影响，也不影响其他负载。在并联电路中，负载个数增加，电路的总电阻减小，电流增大，负载从电源取用的电能多，负载变重；负载数目减少，电路的总电阻增大，电流减小，负载从电源取用的电能少，负载变轻。因此，人们可以根据工作需要启动或停止并联使用的负载。

（3）在电工测量中应用电阻并联方法组成分流器来扩大电流表的量程。

4. 电阻混联电路

在一个电路中既有电阻的串联，又有电阻的并联，这种连接方式称为混合连接，简称混联。

计算混联电路时要根据电路的情况，运用串联和并联电路知识，逐步化简，最后求出总的等效电阻，计算出总电流。

【例 2-5】如图 2-6 所示，$U_{ab}=16\text{V}$，$R_1=24\Omega$，$R_2=24$，$R_3=12\Omega$，$R_4=4\Omega$，则总电流 I 等于多少 A？

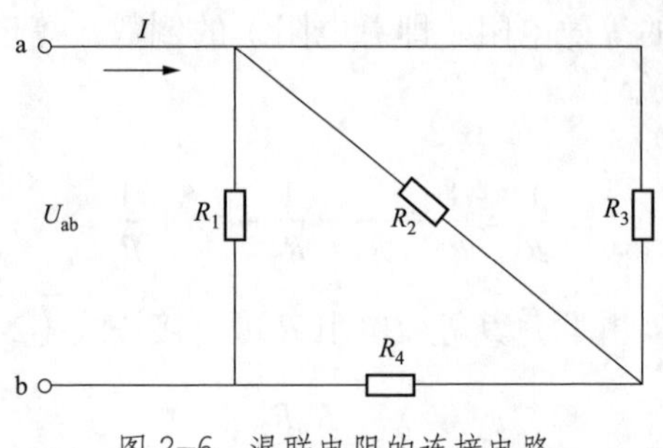

图 2-6 混联电阻的连接电路

解：该题是个混联电阻的连接，由图 2-6 可知 R_3 和 R_2 是并联关系，即

$$R' = \frac{R_3R_2}{R_3+R_2} = \frac{12\times24}{12+24} = 8\ (\Omega)$$

R' 和 R_4 是串联关系，得 $R'' = R' + R_4 = 8+4=12\ (\Omega)$

R'' 和 R_1 又是并联关系，得 $R_{总} = \dfrac{R''R_1}{R''+R_1} = \dfrac{12\times24}{12+24} = 8\ (\Omega)$

则总电流 $I = \dfrac{U_{ab}}{R_{总}} = \dfrac{16}{8} = 2\ (A)$

第二节 电磁感应和磁路

一、磁场

1. 磁体与磁极

物体能够吸引铁、钴、镍及其合金的性质称为磁性，具有磁性的物体称为磁体。

磁体上磁性最强的位置称为磁极，磁体有两个磁极：即南极和北极，通常用字母 S 表示南极（常涂红色），用字母 N 表示北极（常涂绿色或白色）。任何一个磁体的磁极总是成对出现的。若把一个条形磁铁分割成若干段，则每段都会同时出现南极、北极。这叫做磁极的不可分割性。

磁极与磁极之间存在的相互作用力称为磁力。同性磁极相排斥，异性磁极相吸引。

2. 磁场与磁力线

磁体周围存在磁力作用的空间称为磁场，磁场的磁力用磁力线来表示。如果把一些小磁针放在一根条形磁铁附近，就会发现在磁力作用下，小磁针排列成图 2-7（a）的形状，如果连接小磁针在各点上 N 极的指向，就构成一条由 N 极到 S 极的光滑曲线，此曲线称之为磁力线。

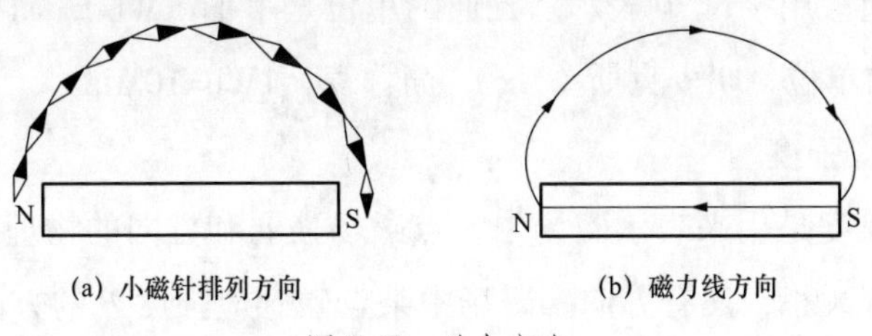

图 2-7 磁力方向

规定在磁体外部，从 N 极出发进入 S 极为磁力线的方向。在磁体内部，磁力线的方向是由 S 极到达 N 极。这样磁体内外形成一条闭合曲线，如图 2-7（b）所示。

磁力线上任何一点的切线方向就是该点的磁场方向。磁力线是人们假想出来的线，可以用实验方法显示出来。在条形磁铁上放一块玻璃或纸板，在玻璃或纸板上撒上铁屑并轻敲，铁屑便会有规则地排列成图 2-8 所示的线条。

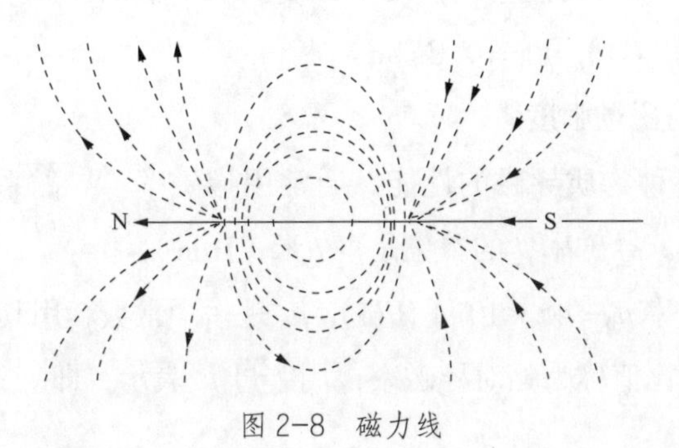

图 2-8 磁力线

从图 2-8 可以看出，磁极附近磁力线最密，表示这儿磁场最强；在磁体中间，磁力线较稀，表示磁场较弱。因此我们可以用磁力线的多少和疏密程度来描绘磁场的强弱。

二、磁场强度

1. 磁通

在磁场中，把通过与磁场方向垂直的某一面积的磁力线总数，称为通过该面积的磁通。用字母 Φ 表示。磁通的单位是韦伯（Wb），简称韦，工程上常用比韦小的单位，叫麦克斯（Mx），简称麦，$1\text{Wb}=10^8\text{Mx}$。

2. 磁感应强度

磁感应强度是用来表示磁场中各点磁场强弱和方向的物理量，用字母 B 表示。它既有大小，又有方向。磁场中某点磁感应强度 B 的方向就是该点磁力线的切线方向。

如果磁场中各处的磁感应强度 B 相同，则这样的磁场称为均匀磁场。在均匀磁场中，磁感应强度可用式（2–17）表示

$$B=\frac{\Phi}{S} \tag{2-17}$$

在均匀磁场中，磁感应强度 B 等于单位面积的磁通量。如果通过单位面积的磁通越多，则磁场越强。所以磁感应强度有时又称磁通密度。磁感应强度的单位是特斯拉，简称“特”，用字母 T 表示。在工程上，常用较小的磁感应强度单位高斯（Gs），$1\text{T}=10^4\ \text{Gs}$。

3. 导磁率与磁场强度

为了衡量各种物质导磁的性能，通常用导磁率（导磁系数）μ 来表示该材料的导磁性能。导磁率 μ 的单位是亨 / 米（H/m）。

真空的导磁率 $\mu_0=4\pi\times10^{-7}$（H/m），μ_0 是一个常数，用其他材料的导磁率和它相比较，其比值称为相对导磁率，用字母 μ_r 表示，即

$$\mu_r = \frac{\mu}{\mu_0} \tag{2-18}$$

根据各种物质的相对导磁率 μ_r 的大小，可以把物质分为三类。第一类叫反磁物质，它们的相对导磁率小于 1，如铜、银、碳和铋等。第二类叫顺磁性物质，它们的相对导磁率略大于 1，如铂、锡和铝等。第三类叫铁磁性物质，它们的相对导磁率远大于 1，如铁、镍、钴和这些金属的合金等。由于铁磁物质的相对磁导率很高，所以铁磁物质被广泛地应用于电工技术方面（如制作变压器、电磁铁、电动机的铁芯等）。

磁场强度是一个矢量，常用字母 H 表示，其大小等于磁场中某点的磁感应强度 B 与媒介质导磁率 μ 的比值。即

$$H = \frac{B}{\mu} \tag{2-19}$$

磁场强度的单位是安 / 米（A/m），较大的单位是奥斯特，简称奥，换算关系为：1 奥斯特 = 80A/m。在均匀媒介质中，磁场强度 H 的方向和所在点的磁感应强度 B 的方向相同。

三、磁场对通电导体的作用

1. 直线电流的磁场

一根直导线通过电流后，在其周围将产生磁场，流过导体的电流越大，周围产生的磁场越强，反之越弱。磁场的方向可用右手螺旋定则确定。如图 2–9 所示，用右手握直导体，大拇指的方向表示电流方向，弯曲四指的指向即为磁场方向。

载流直导线周围的磁场，离导线越近，磁力线分布越密。载流直导线周围磁力线的形状和特点是环绕导线的同心圆。

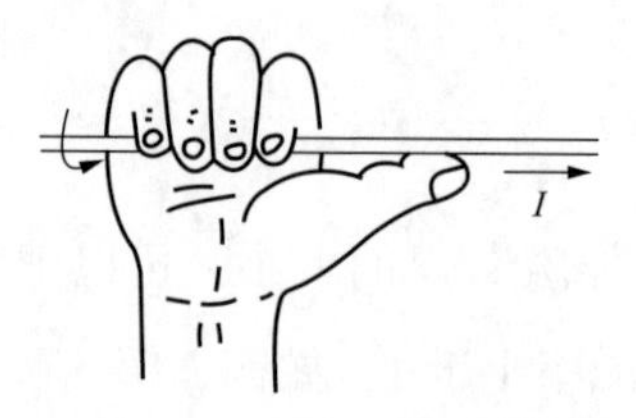

图 2-9　直线电流磁场判别

2. 环形电流的磁场

一个线圈通过电流后，线圈周围会产生磁场。产生磁场的强弱与线圈通电电流的大小有关，通过电流越大，产生的磁场越强，反之越弱。另外与线圈的圈数也有关，圈数越多磁场就越强。磁场的方向也可用右手螺旋定则判别。如图 2-10 所示，用右手握螺旋管，弯曲四指表示电流方向，则拇指方向便是 N 极方向（磁场方向）。

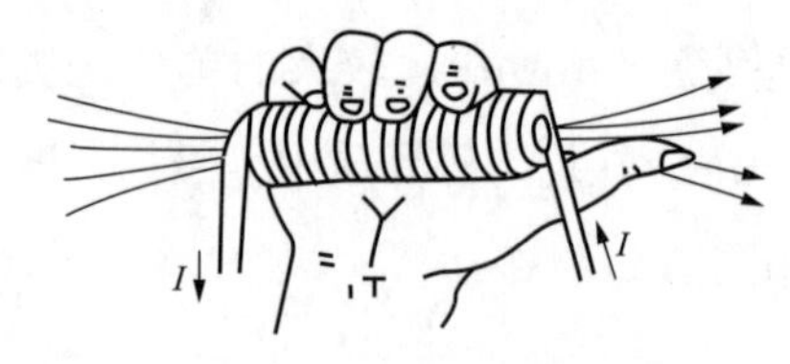

图 2-10　环形电流磁场判别

3. 磁场对通电导体的作用

载流直导线在磁场中所受到的力称为电磁作用力，简称电磁力，用字母 F 表示。电磁力既有大小，也有方向。磁场越强所受的力就越大，磁场越弱所受的力就越小；导体通过的电流大所受的力就大，通过的电流小所受的力就小。在均匀磁场中，载流直导体受力大小可按式（2-20）计算

$$F = BIL\sin\alpha \tag{2-20}$$

式中　F ——导体受到的磁力，N；

B ——均匀磁场的磁感应强度，T；

I ——导体中的电流强度，A；

L ——导体在磁场中的有效长度，m；

α ——导体与磁力线的夹角，(°)。

当导体与磁力线平行时，即 $\alpha = 0°$ 时，$\sin\alpha = 0$，此时导体受到的磁力 $F = 0$。当导体与磁力线垂直时，即 $\alpha = 90°$ 时，$\sin\alpha=1$，此时导体受到的磁力最大，为 $F_m = BIL$。

通电直导体在磁场中受力的方向可用左手定则判断。如图 2–11 示，将左手伸平，大拇指与四指垂直，让磁力线穿过手心，四指指向电流方向，则大拇指所指方向就是导体受力方向。

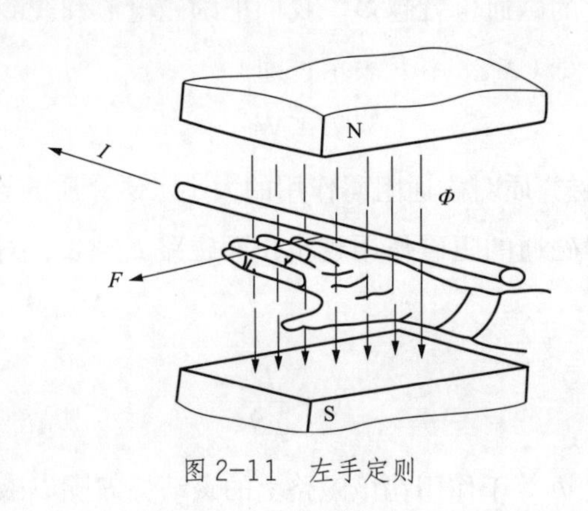

图 2–11　左手定则

四、磁路

磁路是磁通 Φ 的闭合路径。如图 2–12 所示为三种电气设备的磁路。其中图 2–12（a）中变压器的磁路是双回路方形磁路；图 2–12（b）中电磁铁的磁路是单回路磁路，回路中有一小段空气隙；而图 2–12（c）中是磁电式仪表的磁路，回路中有两小段空气隙。

线圈绕在由铁磁材料制成的铁芯上，线圈通以电流，便产生磁通，故此线圈称为励磁线圈。线圈中的电流称为励磁电流。磁路的几何形状决定于铁芯的形状和励磁线圈在铁芯上的安装位置。

励磁线圈通过励磁电流会产生磁通，通过实验发现，线圈匝数越多，励

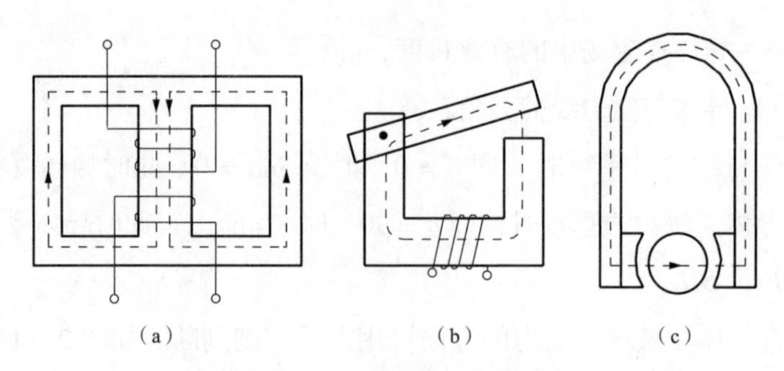

图 2-12　三种电气设备的磁路

磁电流越大，产生的磁通也就越多。我们把励磁电流和线圈匝数 N 的乘积称为磁动势，单位是安（A），用 F 表示，即

$$F = NI \tag{2-21}$$

磁阻 R_m 表示磁介质对磁通阻碍作用的大小。磁介质的导磁率 μ 越大，横截面 S 越大，则对磁通的阻碍作用越小；而磁路 L 越长，对磁通的阻碍作用越大。

$$R_m = \frac{L}{\mu S} \tag{2-22}$$

磁路中的磁通 Φ 等于作用在该磁路上的磁动势 F 除以磁路的磁阻 R_m，这就是磁路的欧姆定律。

$$\Phi = \frac{F}{R_m} \tag{2-23}$$

磁通量总是形成一个闭合回路，但路径与周围物质的磁阻有关。它总是集中于磁阻最小的路径。空气和真空的磁阻较大；而容易磁化的物质，例如软铁，则磁阻较低。

五、电磁感应

当导体相对于磁场运动而切割磁力线或者线圈中磁通发生变化时，在导体或线圈中都会产生感应电动势，若导体或线圈构成闭合回路，则导体或线圈中就有电流产生，这种现象称为电磁感应。由电磁感应产生的电动势称为感应电动势。由感应电动势引起的电流称为感应电流。

对于在磁场中切割磁力线的直导体来说，感应电动势可用式（2–24）计算

$$e = BLv\sin\alpha \tag{2–24}$$

式中 B——磁感应强度，T；

v——导体切割磁力线速度，m/s；

L——导体在磁场中的有效长度，m；

α——导体运动方向与磁力线的夹角，(°)。

当 α=0° 时，表示导线运动方向与磁力线平行，这时 e=0；当 α=90°时，表示导体垂直于磁力线运动，这时切割磁力线最大，感应电动势 e 也最大，$E_m=BLv$。

导体上感应电动势的方向可用右手定则决定，如图 2–13 所示。将右手的掌心迎着磁力线，大拇指指向导线运动速度的方向，四指的方向即是感应电动势 e 的方向。

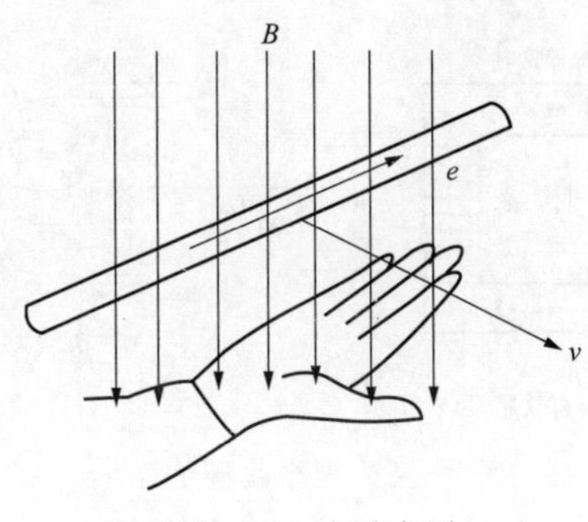

图 2–13 右手定则

六、自感与互感现象

1. 自感现象

图 2–14 所示为一个电感线圈。当线圈电流变化时，由这个电流所产生的磁通 Φ 相应发生变化。根据电磁感应原理，线圈中将产生感应电动势 e_L。由

于 e_L 是线圈自身电流变化产生的，所以称 e_L 为自感电动势。线圈中的这种电磁现象就称为自感现象。

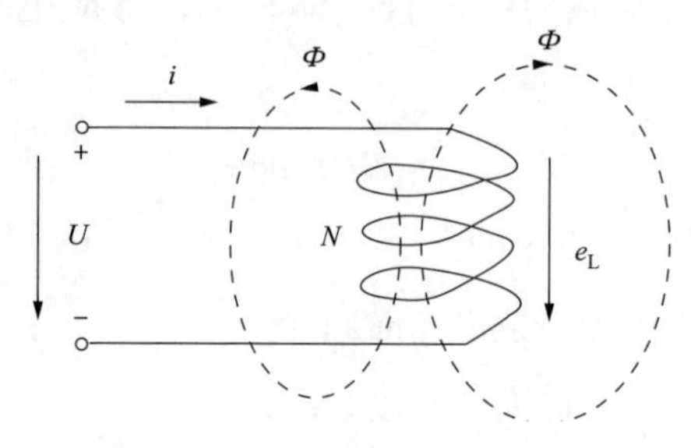

图 2-14 线圈中的自感现象

2. 互感现象

图 2-15 所示，两个线圈同绕在一个铁芯磁路上，或使两个线圈放得很近。那么第一个线圈产生的磁通（用 Φ_{11} 表示）就有一部分穿过第二个线圈（用 Φ_{12} 表示）。

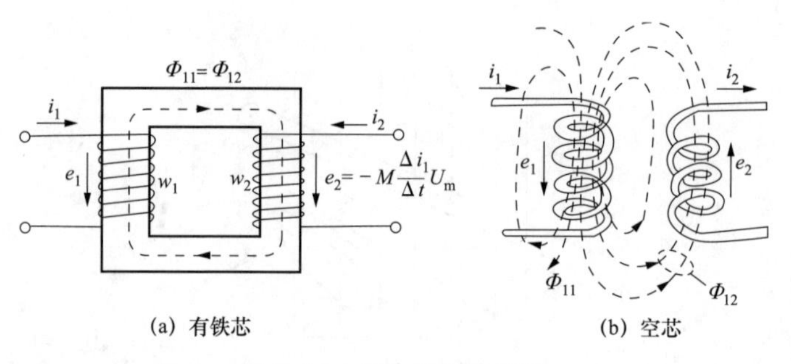

(a) 有铁芯 (b) 空芯

图 2-15 两个线圈的互感

当第一个线圈中电流变化时，会引起第二个线圈中磁通链的变化，在第二个线圈上也有感应电动势。同理，当第二个线圈中电流变化时，也将引起第一个线圈磁通链的变化，在第一个线圈中也出现感应电动势。这种现象叫做互感现象，这个电动势叫互感电动势。

第三节 交流电路

一、交流电的基本概念

交流电是指大小和方向随时间变化而变化的电流或电压（电动势）。通常将交流电分为正弦交流电和非正弦交流电两大类。正弦交流电是指其交流量随时间按正弦规律变化。

人们经常用图形表示电流或电压（电动势）随时间变化的规律，这种图形称为波形图，如图 2–16 所示。

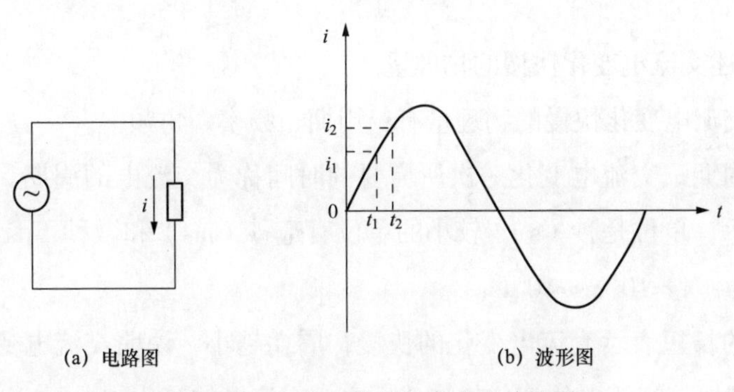

图 2–16 正弦交流电的产生及其波形

1. 描述交流电大小的物理量

（1）瞬时值。交流电在某一瞬时的数值，称为瞬时值。常用英文的小写字母表示，用 i、u、e 分别表示电流、电压、电动势。例如，在图 2–16 中，t_1 时刻的交流电的瞬时值为 i_1，在 t_2 时刻的交流电的瞬时值为 i_2 等。

（2）最大值。交流电的最大瞬时值，称为交流电的最大值。常用英文的大写字母加下标“m”表示。用 E_m、U_m、I_m 分别表示电动势、电压、电流的最大值。

（3）有效值。交流电的有效值是从热效应的角度来描述交流电大小的物理量。它的定义是：将直流电与交流电分别通过同一等值电阻，如果在相等时间内，二者在电阻上产生的热量相等，则此直流电的数值被称为交流电的有效值。也就是说，交流电的有效值，就是与它的热效应相等的直流值。

交流电的有效值常用英文的大写字母表示。交流电压、电流、电动势的有效值分别用字母 U、I、E 表示。交流电的有效值与最大值的数量关系为：

$$U=\frac{1}{\sqrt{2}}U_{\mathrm{m}} \tag{2-25}$$

$$I=\frac{1}{\sqrt{2}}I_{\mathrm{m}} \tag{2-26}$$

$$E=\frac{1}{\sqrt{2}}E_{\mathrm{m}} \tag{2-27}$$

2. 描述交流电变化快慢的物理量

描述交流电变化快慢的物理量有：周期、频率、角频率。

（1）周期。交流电变化一次所需要的时间称为交流电的周期。周期常用符号 T 表示，单位是秒（s），较小的单位有毫秒（ms）和微秒（μs）。它们之间的关系为：$1\mathrm{s}=10^3\,\mathrm{ms}=10^6\,\mu\mathrm{s}$。

周期的长短表示交流电变化的快慢，周期越小，说明交流电变化一周所需的时间越短，交流电的变化越快；反之，交流电的变化越慢。

（2）频率。交流电的频率是指 1s 内交流电重复变化的次数。用字母 f 表示，单位是赫兹（Hz），简称赫。如果某交流电在 1s 内变化了 50 次，则该交流电的频率就是 50Hz。比赫兹大的常用单位是 kHz（千赫）和 MHz（兆赫），换算关系为 $1\mathrm{MHz}=10^3\,\mathrm{kHz}=10^6\,\mathrm{Hz}$。

频率和周期一样，是反映交流电变化快慢的物理量。它们之间的关系为

$$T=\frac{1}{f}\text{ 或 }f=\frac{1}{T} \tag{2-28}$$

（3）角频率。角频率就是交流电每秒内变化的角度，常用 ω 来表示。这

里的角度常用对应的弧度表示（2πrad=360°）。因此角频率的单位是弧度 / 秒（rad/s）。

周期、频率和角频率的关系是：

$$\omega=\frac{2\pi}{T}=2\pi f \text{ 或 } f=\frac{\omega}{2\pi} \tag{2-29}$$

式中 ω ——交流电的角频率，rad/s；

f ——交流电的频率，Hz；

T ——交流电的周期，s。

3. 正弦交流电的初相角、相位、相位差

在如图 2-17 所示中，两个相同的线圈固定在同一个旋转轴上，它们相互垂直，以相同角速度逆时针旋转。

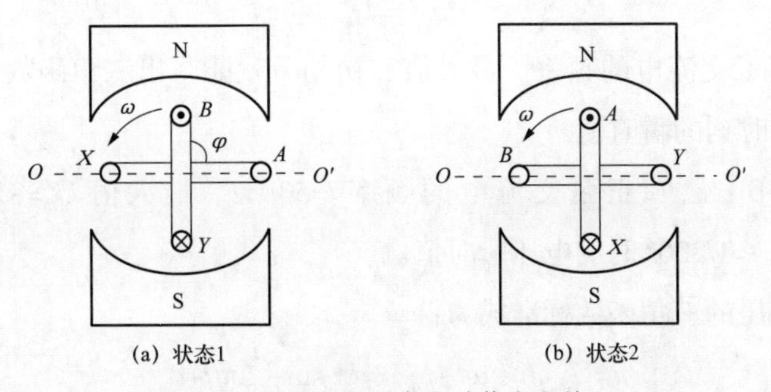

图 2-17 两个线圈中电动势变化情况

在 AX 和 BY 线圈中产生的感应电动势分别为 e_1 和 e_2：

$$e_1=E_{\mathrm{m}}\sin(\omega t+\varphi_1)$$

$$e_2=E_{\mathrm{m}}\sin(\omega t+\varphi_2)$$

公式中，$\omega t+\varphi_1$ 和 $\omega t+\varphi_2$ 是表示交流电变化进程的一个角度，称为交流电的相位或相角，它决定了交流电在某一瞬时所处的状态。

t=0 时的相位叫初相角或初相。它是交流电在计时起始时刻的电角度，反映了交流电的初始值。

两个频率相同的交流电的相位之差叫相位差，相位差就是两个电动势的初相差。

如果交流电的频率、最大值、初相确定后，就可以准确确定交流电随时间变化的情况。因此，频率、最大值和初相称为交流电的三要素。

4. 正弦交流电的表示法

正弦交流电的表示方法主要有三角函数式法和正弦曲线法两种。它们能真实地反映正弦交流电的瞬时值随时间变化的规律，同时也能完整地反映出交流电的三要素。

（1）三角函数式法。正弦交流电的电动势、电压、电流的三角函数式为

$$e = E_{\mathrm{m}} \sin(\omega t + \varphi_{\mathrm{e}})$$

$$u = U_{\mathrm{m}} \sin(\omega t + \varphi_{\mathrm{u}})$$

$$i = I_{\mathrm{m}}$$

若知道了交流电的频率、最大值和初相，就能写出三角函数式，用它可以求出任一时刻的瞬时值。

【例 2-6】已知正弦交流电的频率 f=50 Hz，最大值 U_{m}=310 V，初相 φ=30° 。求 t=1/300s 时的电压瞬时值。

解：电压的三角函数标准式为：

$$u=U_{\mathrm{m}}\sin(\omega t+\varphi_{\mathrm{u}})=U_{\mathrm{m}}\sin(2\pi ft+\varphi_{\mathrm{u}})$$

则其电压瞬时值表达式为：

$$u = 310 \sin(100\pi t + 30^\circ)$$

将 t=1/300s 代入上式可得：

$$\begin{aligned} u &= 310 \sin(100\pi t + 30^\circ) \\ &= 310 \sin\left(100 \times 180^\circ \times \frac{1}{300} + 30^\circ\right) \\ &= 310 \sin(60^\circ + 30^\circ) \\ &= 310\ \mathrm{V} \end{aligned}$$

所以，t=1/300s 时的电压瞬时值为 310V。

（2）正弦曲线法。正弦曲线法就是利用三角函数式相对应的正弦曲线，来表示正弦交流电的方法。

在如图 2–18 所示中，横坐标表示时间 t 或者角度 ωt，纵坐标表示随时间变化的电动势瞬时值。图中正弦曲线反映出正弦交流电的初相 $\varphi=0$、e 最大值 E_m、周期 T 以及任一时刻的电动势瞬时值。这种图也叫做波形图。

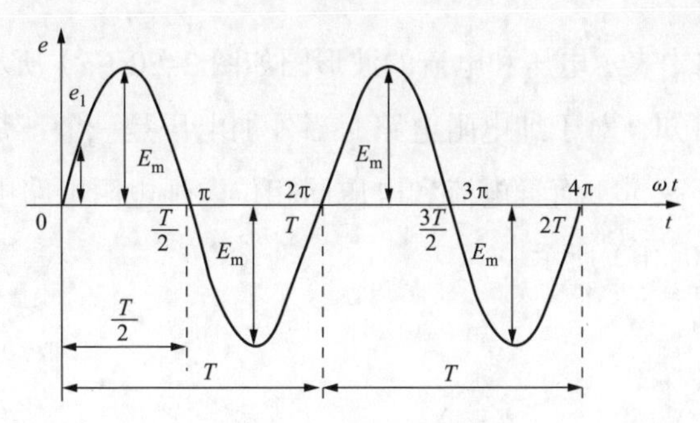

图 2–18　正弦曲线表示法

二、单相交流电路

在交流电路中，电路的参数除了电阻 R 以外，还有电感 L 和电容 C。它们不仅对电流有影响，而且还影响了电压与电流的相位关系。

1. 纯电阻电路

纯电阻电路是只有电阻而没有电感、电容的交流电路。如由白炽灯、电烙铁、电阻炉组成的交流电路都可以近似看成是纯电阻电路。在这种电路中对电流起阻碍作用的主要是负载电阻。

（1）纯电阻电路中电压与电流的关系。纯电阻电路和直流电路基本相似，如图 2–19 所示。

当在电阻 R 的两端施加交流电压 $u = U_m \sin\omega t$ 时，电阻 R 中将通过电流 i，电压 u 与电流 i 的关系满足欧姆定律，$i = I_m \sin\omega t$。如果用电流和电压的有效值表示，则有 $I=U/R$。

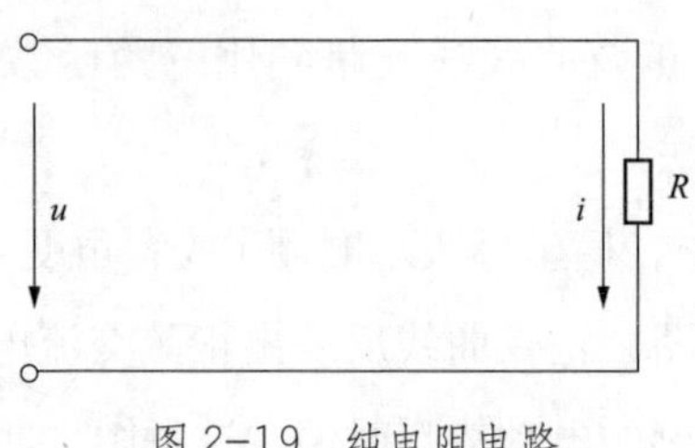

图 2-19 纯电阻电路

纯电阻电路中表示电压和电流的波形图如图 2-20（a）所示。

由上分析可知，对于纯电阻电路，当外加电压是一个正弦量时，其电流也是同频率的正弦量，而且电流和电压同相位。纯电阻电路中电压和电流的相量图如图 2-20（b）所示。

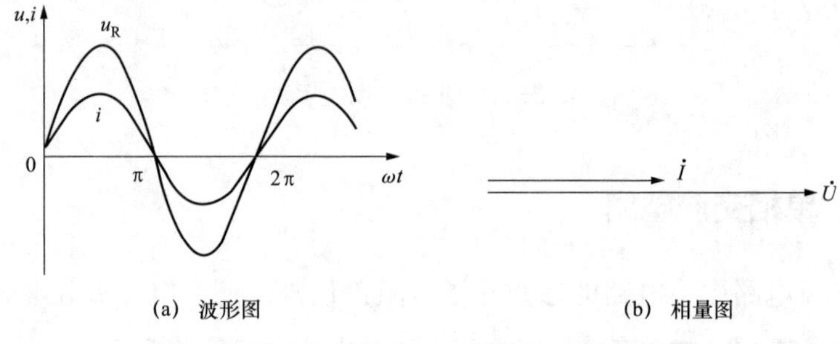

图 2-20 纯电阻电路电压、电流的波形及相量图

（2）纯电阻电路的功率。在纯电阻电路中，电压瞬时值与电流瞬时值的乘积叫瞬时功率。由于瞬时功率随时间不断变化，不易测量和计算，所以通常用瞬时功率在一个周期内的平均值 P 来衡量交流电功率的大小，这个平均值 P 称作有功功率，有功功率的单位是：W（瓦）或 kW（千瓦）。纯电阻电路中有功功率 P 可按下式计算

$$P = UI \tag{2-30}$$

式中 U——交流电压的有效值；

I——交流电流的有效值。

2. 纯电感电路

纯电感电路是电路中只有电感。图 2–21（a）所示为由一个线圈构成的纯电感交流电路。

（1）纯电感电路中电流与电压的关系。在纯电感电路中电流与电压的相位关系是：电流滞后于电压 90°$\left(\frac{\pi}{2}\text{rad}\right)$ 或者说电压超前电流 90°$\left(\frac{\pi}{2}\text{rad}\right)$。波形图如图 2–21（b）所示。电流与电压的相量图如图 2–21（c）所示。

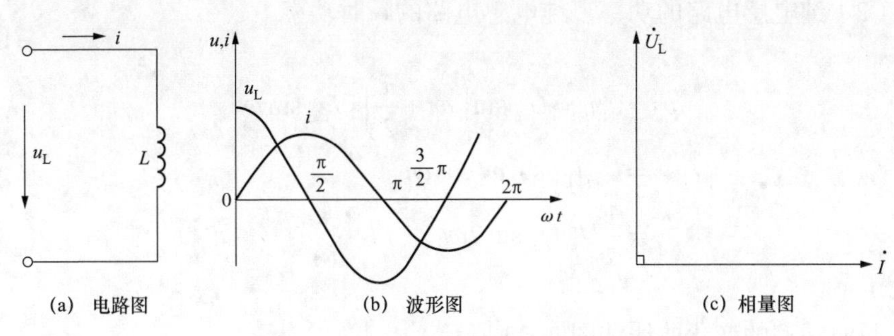

图 2–21　纯电感电路的电路、波形及相量图

在电感电路中，电感 L 呈现出来的影响电流大小的物理量称为感抗，用 X_L 表示，单位为欧姆（Ω）。X_L 按式（2–31）计算

$$X_L = \omega L = 2\pi f L \tag{2–31}$$

式中　ω——加在线圈两端交流电压的角频率，rad/s；

f——加在线圈两端交流电压的频率，Hz；

L——线圈的电感量，H。

当 L 单位是亨（H）时，X_L 的单位是欧姆（Ω）。电感量 L 的单位除 H 外，还有 mH（毫亨）等，$1H=10^3mH$。

在纯电感交流电路中，电流的有效值 I_L 等于电源电压的有效值 U 除以感抗。即

$$I_L = \frac{U}{X_L} \tag{2–32}$$

式（2–32）中，当 U 的单位是 V，X_L 的单位是 Ω 时，I_L 的单位是 A。I_L

称电感电流。

感抗 X_L 是用来表示电感线圈对交流电阻碍作用的物理量。感抗的大小，取决于通过线圈电流的频率和线圈的电感量。对于具有某一电感量的线圈而言，频率越高，感抗越大，通过的电流越小；反之，频率越低，感抗越小，通过的电流越大。在直流电路中，由于频率为零，故线圈的感抗也为零，线圈的电阻很小，可以把线圈看成是短路的。

（2）纯电感电路的功率。纯电感电路的瞬时功率

$$
\begin{aligned}
p_L &= u_L i_L = U_m \sin\left(\omega t + \frac{\pi}{2}\right) \times I_{Lm} \sin \omega t \\
&= U_m I_{Lm} \sin \omega t \cos \omega t \\
&= \frac{1}{2} U_m I_{Lm} \sin 2\omega t
\end{aligned}
$$

瞬时功率的变化曲线如图 2-22 所示。

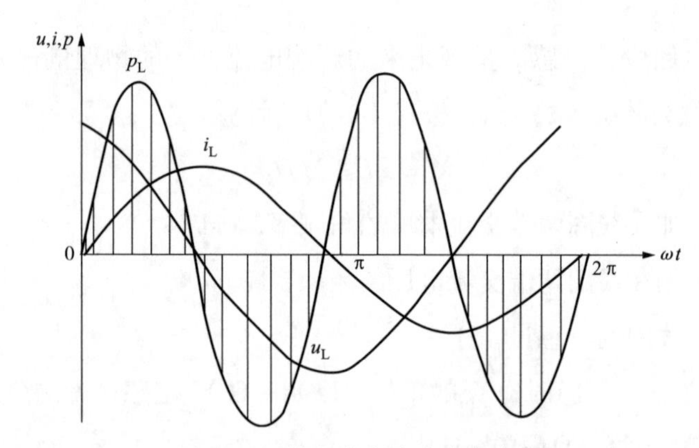

图 2-22　纯电感电路的功率曲线

从图 2-22 可以看到：在第一和第三个 1/4 周期内，p_L 是正值，这表示线圈从电源吸取电能并把它转换为磁场能储存在线圈周围的磁场中，此时线圈起着一个负载的作用。但在第二和第四个 1/4 周期内，p_L 为负值，这表示线圈把储存的磁场能再转换为电能而送回电源，此时线圈起着一个电源的作用。

纯电感线圈在一个周期内的平均功率为零。所以平均功率不能反映线圈能量交换的规模，因而用瞬时功率的最大值来反映这种能量交换的规模，并把它叫做电路的无功功率，用 Q_L 表示。

$$Q_L = I^2 X_L = \frac{U^2}{X_L} \tag{2-33}$$

无功功率的单位为乏（var）。当式（2-33）中，U 的单位为 V、I 的单位为 A、X_L 的单位是 Ω 时，无功功率 Q_L 的单位为 var。

“无功”的含义是“交换”的意思，而不是“消耗”或“无用”，是相对“有功”而言的。

3. 纯电容电路

纯电容电路中只有电容。如图 2-23（a）所示。

（1）纯电容电路中电流与电压的关系 。在纯电容电路中电流与电压的相位关系是：电流超前电压 90° $\left(\frac{\pi}{2}\text{rad}\right)$ 或电压滞后电流 90° $\left(\frac{\pi}{2}\text{rad}\right)$，其波形图如图 2-23（b）所示。电流与电压相量图如图 2-23（c）所示。

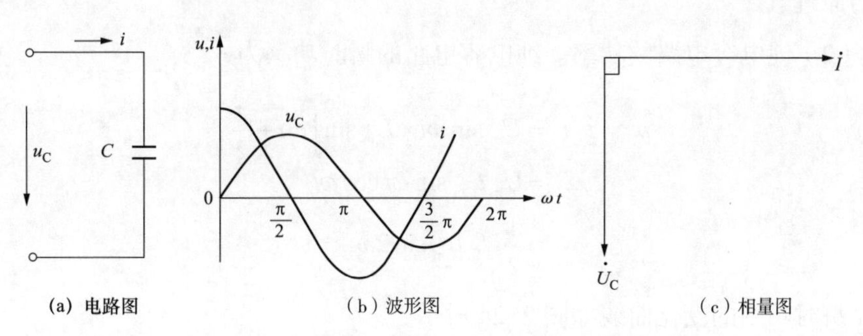

图 2-23 纯电容电路的电压、电流波形及相量图

在纯电容交流电路中，电容 C 呈现出的影响电流大小的物理量称为容抗，用 X_C 表示，单位是欧姆（Ω）。

容抗 X_C 的计算可按下式

$$X_C = \frac{1}{\omega C} = \frac{1}{2\pi f C} \tag{2-34}$$

式（2–34）中，假如电容 C 的单位是 F，则容抗的单位是 Ω。电容的单位除 F（法）外，还有 μF（微法）、pF（皮法），换算关系如下：$1F=10^6\mu F=10^{12}pF$。

在纯电容电路中，电流的有效值 I_C 等于它两端电压的有效值 U 除以它的容抗 X_C，即

$$I_C = \frac{U}{X_C} \tag{2-35}$$

式（2–35）中，当 U 的单位是 V、X_C 的单位是 Ω 时，I_C 的单位为 A。

容抗 X_C 是用来表示电容器对电流阻碍作用大小的一个物理量。容抗的大小与频率及电容量成反比。当电容器的容量一定时，频率越高，容抗越小，电流越大；反之，频率越低，容抗越大，电流越小。在直流电路中，由于直流电频率为零，因此，容抗为无限大。这表明，电容器在直流电路中相当于开路。但在交流电路中，随着电流频率的增加，容抗逐渐减小。因此，电容器在交流电路中相当于通路。这就是电容器隔断直流，通过交流的原理。

（2）纯电容电路的功率。纯电容电路的瞬时功率为

$$\begin{aligned} p_C = u_C i_C &= U_m \sin \omega t \times I_{Cm} \sin\left(\omega t + \frac{\pi}{2}\right) \\ &= U_m I_{Cm} \sin \omega t \cos \omega t \\ &= \frac{1}{2} U_m I_{Cm} \sin 2\omega t \end{aligned}$$

瞬时功率的变化曲线如图 2–24 所示。

从图 2–24 可看到：在第一和第三个 1/4 周期内，p_C 是正值，表示此时电容器被充电，从电源吸取电能，并把它储存在电容器的电场中，此时电容器起着一个负载作用。而在第二和第四个 1/4 周期内，p_C 是负值，表示此时电容器在放电，它把储存的电场能量又送回电源，此时电容器表现出电源的作用。电容器本身不消耗有功功率，在一个周期内的平均功率为零。为了衡量电容器和电源之间的能量交换规模，也是用瞬时功

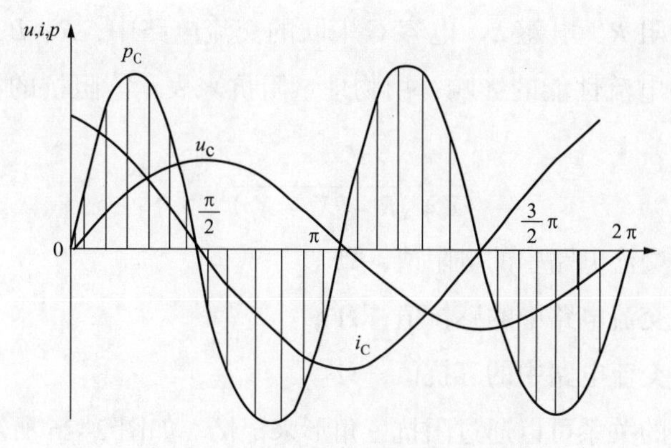

图 2-24 纯电容电路的功率曲线

率的最大值来表示其交换规模大小，并称之为无功功率，用 Q_C 表示，单位也是乏（var）。

$$Q_C = UI_C = I_C^2 X_C = \frac{U^2}{X_C} \tag{2-36}$$

式（2-36）中，当 U 的单位是 V、I_C 的单位是 A、X_C 的单位是 Ω 时，Q_C 的单位为 var。

4. 电阻、电感、电容串联电路

在交流电路中，电阻、电感、电容实际都是同时存在的。其电路图如图 2-25（a）所示。

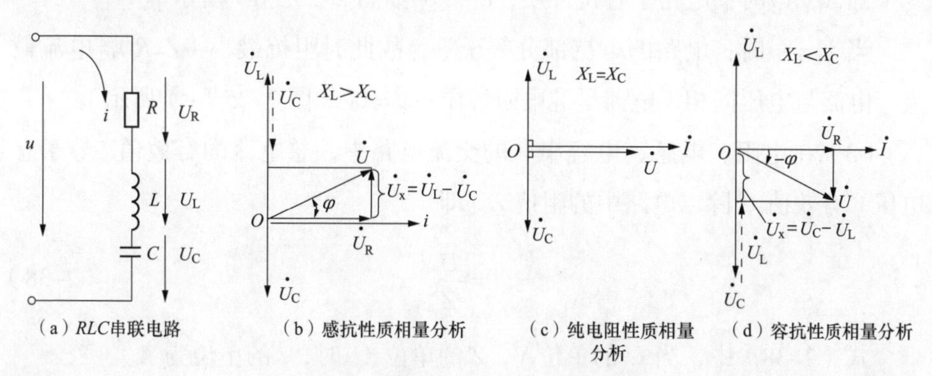

图 2-25 RLC 串联电路的相量分析

（1）在电阻 R、电感 L、电容 C 串联的交流电路中，R、L、C 三个参数同时对电路中电流性能的影响，用物理量阻抗来表示。阻抗的符号为 Z，单位为欧姆（Ω）。

$$Z=\sqrt{R^2+(X_L-X_C)^2} \tag{2-37}$$

式中 R ——交流电路中的电阻值，Ω；

X_L ——交流电路中的感抗值，Ω；

X_C ——交流电路中的容抗值，Ω。

三者之间的关系可以通过阻抗三角形来记忆。如图 2-26 所示。其中电抗部分的大小由感抗 X_L 与容抗 X_C 之差决定。即：$X=X_L-X_C$。

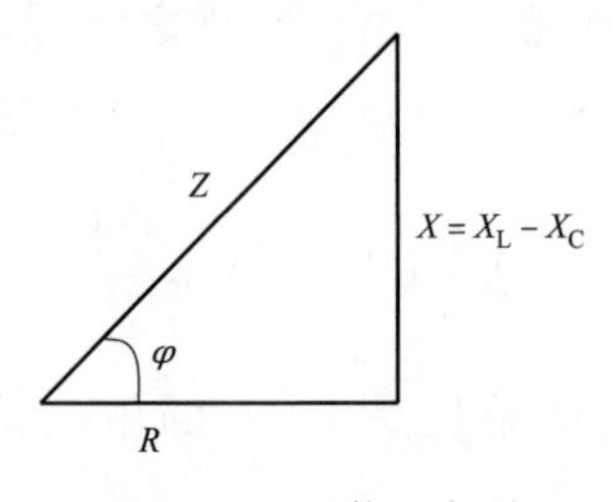

图 2-26 阻抗三角形

（2）串联电路的阻抗性质有三种情况。

当 $X_L>X_C$ 时：电路呈感抗性质；$\varphi>0$[如图 2-25（b）所示]。

当 $X_L<X_C$ 时：电路呈容抗性质；$\varphi<0$[如图 2-25（d）所示]。

当 $X_L=X_C$ 时：电路的电抗部分等于零，故此时阻抗最小（$Z=R$），电流最大，电流与电压同相，电路呈纯电阻性质；$\varphi=0$[如图 2-25（c）所示]。

（3）在电阻、电感、电容串联的交流电路中，总电流的有效值 I 等于总电压的有效值 U 除以电路中的阻抗 Z。即

$$I=\frac{U}{Z} \tag{2-38}$$

式（2-38）中，当 U 的单位 V，Z 的单位 Ω 时，I 的单位为 A。

交流电路中电压 U 和电流 I 之间的相位关系如图 2-25 所示。

电路中电流和总电压的相位差 φ 根据阻抗三角形可按下式计算

$$\varphi = \arctan \frac{X_L - X_C}{R}$$

（4）在含有电阻、电感、电容的交流电路中，功率有三种：有功功率 P、无功功率 Q 和视在功率 S。

有功功率 P 是电路中反映电阻上功率消耗的功率。单位是瓦（W）或千瓦（kW）。

无功功率 Q 是电路中反映电感、电容上能量交换规模的功率。单位是乏（var）或千乏（kvar）。

视在功率 S 是反映电路中总的功率情况。在实际应用中，常将它定为设备的额定容量，并标在铭牌上。例如变压器的额定容量就是指视在功率。视在功率的单位是伏安（VA）或千伏安（kVA）。

这三者之间关系可用直角三角形表示，如图 2-27 所示，称为功率三角形。功率因数 $\cos\varphi$ 与功率之间的关系如下

$$\cos\varphi = \frac{P}{S} \tag{2-39}$$

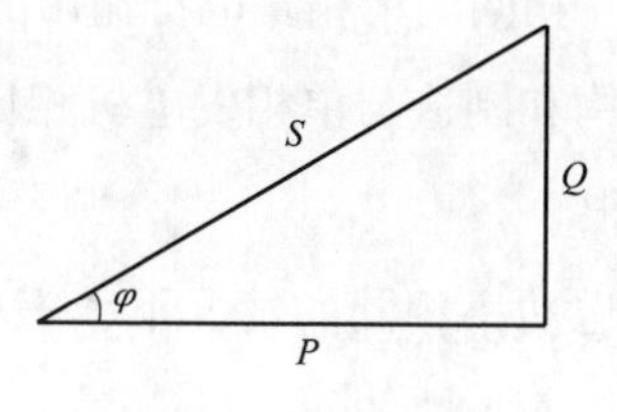

图 2-27　功率三角形

单相交流电路中的有功功率 P、无功功率 Q、视在功率 S 可按下列公式计算

$$P = UI\cos\varphi \tag{2-40}$$

$$Q = UI\sin\varphi \tag{2-41}$$

$$S = UI \tag{2-42}$$

有功功率 P、无功功率 Q、视在功率 S 之间还存在下列关系

$$S=\sqrt{P^2+Q^2} \tag{2-43}$$

（5）RLC 串联电路的分析。在交流电压用下，R、L、C 三个元件上流过同一电流 i，该电流在电阻上的电压 U_R 与电流同相位（有功分量），在电感上的电压 U_L 超前电流 90°，在电容上的电压 U_C 滞后电流 90°（无功分量）。

从图 2–25（b）和图 2–25（d）可看到电感上的电压 U_L 与电容上的电压 U_C 之间相位差 180° ，这两个电压具有“抵消”的作用，若合理选择电感与电容的参数，使 Z_L 与 Z_C 接近，就可以使电源提供的电压尽可能的作用在电阻上。

在高压远距离的输电线路上为了补偿线路的感抗压降，提高线路末端电压，可在线路中串入电容器来提高线路末端电压（即串补）。

三、三相交流电路

三相交流电路中有三个交变电动势，它们频率相同、相位上相互相差 120° ，由三相发电机产生。三相交流电与单相交流电相比，三相交流电具有下列优点：

（1）三相发电机比尺寸相同的单相发电机输出的功率要大。

（2）三相发电机的结构和制造与单相发电机相比，并不复杂，使用方便，维修简单，运转时振动也很小。

（3）在条件相同、输送功率相同的情况下，三相输电线比单相输电线可省约 25%左右的材料。

1. 对称三相交流电路

三相交流电是由三相交流发电机产生。三相交流发电机的结构示意图如图 2–28（a）所示。与之相对应的波形图和相量图如图 2–29 所示。

三相交流发电机主要由定子和转子构成，在定子中嵌入了三个空间相差 120° 的对称绕组，每一个绕组为一相，合称三相对称绕组。三相对称绕组的始端分别为 U1、V1、W1；末端为 U2、V2、W2。转子是一对磁极，它以均

匀的角速度 ω 旋转。若磁感应强度沿转子表面按正弦规律分布，则在三相对称绕组中分别感应出振幅相等、频率相同、相位互差 120° 的三相正弦交流电动势。

若规定三相电动势的正方向都是从绕组的末端指向始端，如图 2–28（b）所示。则三相正弦交流电动势的瞬时值表示为

$$e_U = E_m \sin\omega t \quad (2\text{–}44)$$

$$e_V = E_m \sin(\omega t - 120°) \quad (2\text{–}45)$$

$$e_W = E_m \sin(\omega t + 120°) \quad (2\text{–}46)$$

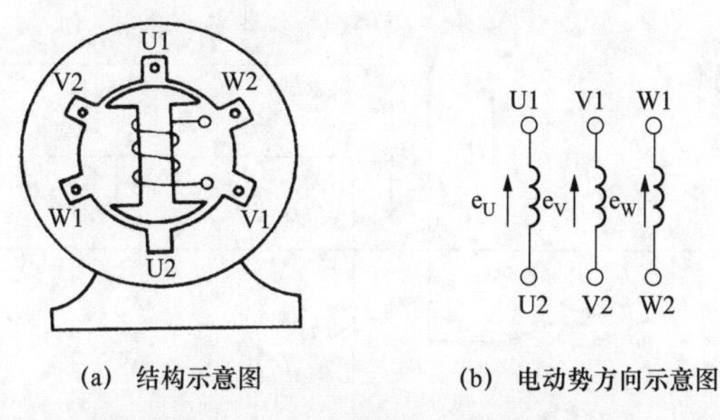

(a) 结构示意图　　(b) 电动势方向示意图

图 2–28　三相交流发电机原理

三相电动势到达最大值的先后次序叫做相序。在图 2–29（a）中，最先到达最大值的是 e_U，其次是 e_V，再次是 e_W，它们的相序是 U — V — W — U，称为正序。若最大值出现的次序是 U — W — V — U，与正序相反，则称为负序。一般三相电动势都是指正序而言，并常用颜色黄、绿、红来表示 U、V、W 三相，即 A、B、C 三相。

2. 三相电源绕组的连接

三相电源绕组的连接方法有两种：星形（Y）联结和三角形（D）联结。

（1）三相电源绕组的星形（Y）联结。如果将发电机三相绕组的末端 U2、V2、W2 连接在一起，形成一个公共点，三相绕组的始端 U1、V1、W1 分别引出，这种连接方式称为星形（Y）联结。如图 2–30 所示。

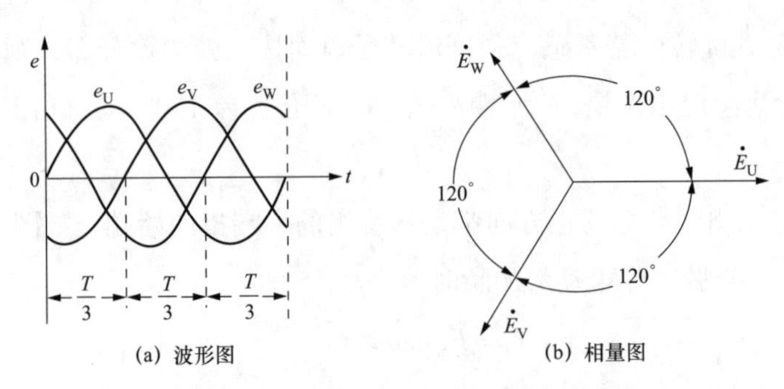

图 2-29 三相交流电的波形及相量图

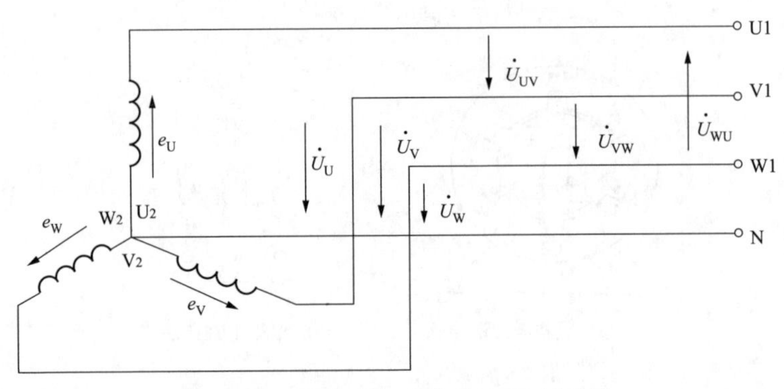

图 2-30 星形（Y）联结（三相四线制）

图 2-30 中，三相绕组末端连接在一起的这个公共点称为中性点，以 N 表示。从三个始端 U1、V1、W1 分别引出的三根导线称为相线。从电源中性点 N 引出的导线称为中性线。如果中性点 N 接地，则中性点改称为零点，用 N0 表示。由零点 N0 引出的导线称为零线。有中性线或零线的三相制系统称为三相四线制系统。中性点不引出，即无中性线或零线的三相交流系统称为三相三线制系统，如图 2-31 所示。

在图 2-30、图 2-31 中，相线与中性线（或零线）间的电压称为相电压，用 U_U、U_V、U_W 表示，相电压的有效值用 U_P 表示。两根相线之间的电压称为线电压，用 U_{UV}、U_{VW}、U_{WU} 表示，线电压的有效值用 U_L 表示。

星形（Y）联结时，线电压在数值上为相电压的$\sqrt{3}$倍，即 $U_L=\sqrt{3}\ U_P$；相位上线电压超前相电压 30°。

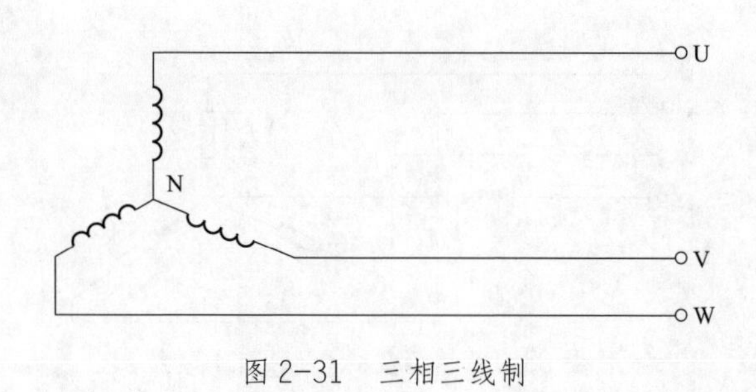

图 2-31 三相三线制

（2）三相电源绕组的三角形（D）联结。如果将三相电源绕组首尾依次相接，则称为三角形（D）联结。例如将 U 相绕组的末端 U2 与 V 相绕组的始端 V1 相接，然后将 V 相绕相的末端 V2 与 W 相绕组的始端 W1 相接，然后再将 W 相绕相的末端 W2 与 U 相绕组的始端 U1 相接，则构成一个三角形（D）接线。三角形的三个角引出导线即为相线，如图 2-32 所示。

从图 2-32 可看到：采用 D 形接法时，线电压在数值上等于相电压，即 $U_L=U_P$。

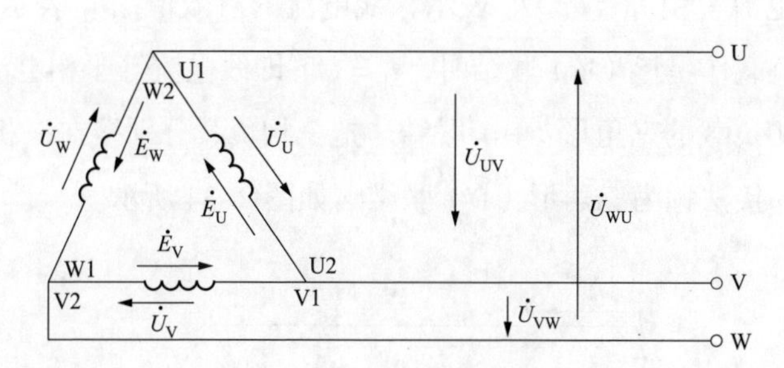

图 2-32 电源绕组的三角形连接

3. 三相负载的连接

三相负载也有两种连接方式：星形（Y）联结和三角形（D）联结。

（1）三相负载的星形（Y）联结。把三相负载分别接在三相电源的一根相线和中性线（或零线）之间的接法称为三相负载星形（Y）联结，如图 2-33 所示。

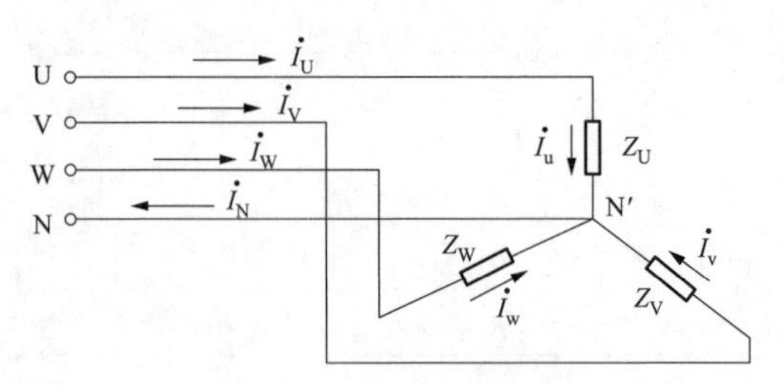

图 2-33　三相负载的星形（Y）联结

Z_U、Z_V、Z_W—各相负载的阻抗值；N′—三相负载的中性点

加在每相负载两端的电压称为负载的相电压。相线之间的电压如前所述称为线电压。负载接成星形（Y）时，相电压等于线电压的 $1/\sqrt{3}$，即

$$U_P = \frac{1}{\sqrt{3}} U_L$$

星形接线的负载接上电源后，就有电流产生。我们把流过每相负载的电流叫做相电流，用 I_u、I_v、I_w 表示，相电流的有效值用 I_P 表示。把流过相线的电流叫做线电流，用 I_U、I_V、I_W 表示，线电流的有效值用 I_L 表示。从图 2-33 中可看到：负载作星形（Y）联结时，$I_L = I_P$。即线电流等于相电流。

（2）三相负载的三角形（D）联结。把三相负载分别接在三相电源的每两根相线之间的接法称为三角形（D）联结，如图 2-34 所示。

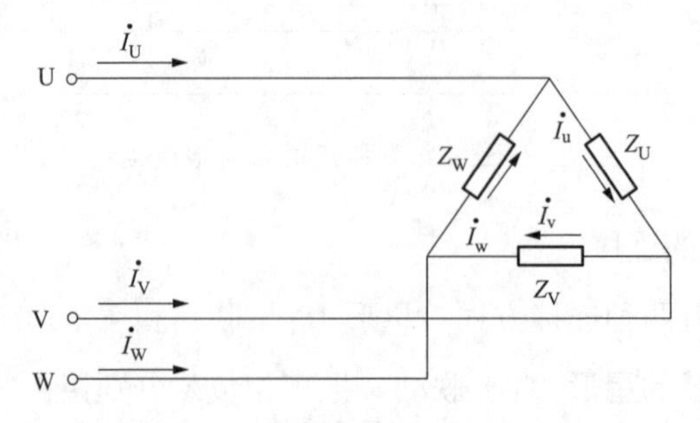

图 2-34　三相负载的三角形连接

在负载作三角形（D）联结的电路中，由于各相负载接在两根相线之间，因此负载的相电压就是电源（电网）的线电压，即 $U_L = U_P$。

三角形连接的负载接上电源后，产生线电流和相电流。在图 2-34 中所示的 I_U、I_V、I_W 即为线电流；I_u、I_v、I_w 为相电流。通过分析可知负载接成三角形（D）接线时，$I_L=\sqrt{3}I_P$ 即：三角形（D）连接时，负载的相电流在数值上等于 $1/\sqrt{3}$ 线电流。

4. 三相电路的功率

在三相交流电路中，三相负载消耗的总功率，为每相负载消耗功率之和。即

$$P=P_U+P_V+P_W$$
$$=U_uI_u\cos\varphi_u+U_vI_v\cos\varphi_v+U_wI_w\cos\varphi_w \tag{2-47}$$

式中 U_u、U_v、U_w ——各相电压；

I_u、I_v、I_w ——各相电流；

$\cos\varphi_u$、$\cos\varphi_v$、$\cos\varphi_w$ ——各相的功率因数。

在对称三相交流电路中，各相电压、相电流的有效值相等，功率因数 $\cos\varphi$ 也相等，所以式（2-47）可写成：

$$P=3U_PI_P\cos\varphi \tag{2-48}$$

式（2-48）表明，在对称三相交流电路中，总的有功功率是每相功率的 3 倍。

在实际工作中，由于测量线电流比测量相电流要方便（指三角形联结的负载），所以三相总有功功率也可用线电流、线电压表示。式（2-48）可改写如下

$$P=\sqrt{3}U_LI_L\cos\varphi \tag{2-49}$$

对称负载不管是连接成星形（Y）还是三角形（D），其三相总有功功率均按式（2-48）或式（2-49）计算。

同理，可得到对称三角形负载总的无功功率计算公式如下

$$Q=3U_PI_P\sin\varphi=\sqrt{3}U_LI_L\sin\varphi \tag{2-50}$$

对称三相负载总的视在功率计算公式为

$$S=3U_PI_P=\sqrt{3}U_LI_L \tag{2-51}$$

在上述分析中，提到的对称三相负载是指各相负载的电阻、感抗（或容抗）相等，即阻抗相等，且性质相同。

在三相功率中，有功功率单位是瓦（W）或千瓦（kW）；无功功率的单位是乏（var）或千乏（kvar）；视在功率的单位是伏安（VA）或千伏安（kVA）。

在三相功率计算中，如前所述，$\cos\varphi = R/Z$，即：每相负载的功率因数等于每相负载的电阻除以每相负载的阻抗；$\sin\varphi = X/Z$，式中 X 是每相负载的电抗，$X = X_L - X_C$，如果 X_C（每组负载的容抗）忽略不计，则 $X = X_L$（每相负载的感抗）。

三相有功功率 P、无功功率 Q、视在功率 S 之间，与单相交流电路一样有下列关系

$$S = \sqrt{P^2 + Q^2} \tag{2-52}$$

如果已知道了三相有功功率 P，视在功率 S，则三相无功率 Q 也可按式（2-53）计算

$$Q = \sqrt{S^2 - P^2} \tag{2-53}$$

【例 2-7】某对称三相负载作三角形（D）联结，接在线电压为 380V 的电源上，测得三相总功率为 12kW，每相功率因数 0.8。请计算负载的相电流和线电流。

解：由题意得 U_L=380V，P =12 kW，已知 D 形接线 $U_L = U_P$，$I_L = \sqrt{3} I_P$，$P = \sqrt{3} U_L I_L \cos\varphi$

线电流：$I_L = \dfrac{P}{\sqrt{3} U_L \cos\varphi} = 22.79$（A）

相电流：$I_P = \dfrac{I_L}{\sqrt{3}} = 13.16$（A）

参考题

一、选择题

1. 电路包含电源、(　　)三个基本组成部分。

A. 开关和负载　　B. 导线和中间环节　　C. 负载和中间环节

2. 已知横截面积为 $40mm^2$ 的导线，该导线中的电流密度为 8 A/mm^2，则导线中流过的电流为(　　)。

A. 0.2A　　B. 5A　　C. 320 A

3. 在三个电阻并联的电路中，已知各电阻消耗的功率分别为 10W、20W 和 30W，则电路的总功率等于(　　)。

A. 20W　　B. 30W　　C. 60W

4. 变压器铁芯中磁通 F 的大小与磁路的性质、铁芯绕组的匝数 N 和(　)有关。

A. 线圈电阻　　B. 线圈的绕制方向　　C. 线圈电流 I

5. 在相同的磁场中，线圈匝数越多，线圈的电感(　　)。

A. 越小　　B. 不变　　C. 越大

6. 当两个线圈放得很近，或两个线圈同绕在一个铁芯上时，如果其中一个线圈中电流变化，在另一个线圈中产生的感应电动势称为(　　)。

A. 自感电动势　　B. 互感电动势　　C. 交变电动势

7. 在交流电路中，无功功率 Q、视在功率 S 和功率因数角 φ 的关系为(　　)。

A. $S=P+Q$　　B. $Q=S\sin\varphi$　　C. $Q=S\cos\varphi$

8. 交流电气设备的铭牌上所注明的额定电压和额定电流都是指电压和电流的(　　)。

A. 有效值　　B. 最大值　　C. 瞬时值

9. 如果三相异步电动机三个绕组首尾相连，这种接线方式称为（　　）。

A. 单相连接　　B. 三角形联结　　C. 星形联结

二、判断题

1. 导体的电阻大小与温度变化无关，在不同温度时，同一导体的电阻相同。（　　）

2. 电功率 P 的大小为一段电路两端的电压 U 与通过该段电路的电流 I 的乘积，表示为 $P=UI$。（　　）

3. 电源能将非电能转换成电能。（　　）

4. 通过同样大小电流的载流导线，在同一相对位置的某一点，若磁介质不同，则磁感应强度不同，但具有相同的磁场强度。（　　）

5. 磁感应强度 B 与垂直于磁场方向的面积 S 的乘积，称为通过该面积的磁通量 F，简称磁通，即 $F=BS$。（　　）

6. 判断载流导体在磁场中运动方向时，应使用左手定则，即伸出左手，大拇指与四指垂直，让磁力线穿过手心，使伸直的四指与电流方向一致，则大拇指所指方向为载流导体在磁场中所受电磁力的方向。（　　）

7. 在电阻电感串联的交流电路中，总电压是各分电压的相量和，而不是代数和。（　　）

8. 交流电流的频率越高，则电感元件的感抗值越小，而电容元件的容抗值越大。（　　）

9. 频率为 50Hz 的交流电，其周期是 0.02s。（　　）

第三章 CHAPTER THREE

电力系统基础知识

本章主要介绍电力系统的基本知识，包括电力系统概述、电力负荷组成与分类、电力系统的中性点接地方式、变配电所的主接线和一次电气设备。

第一节 电力系统概述

一、电力系统及电力网的构成

电力系统是由发电厂、变电站、输配电线路、用户等在电气上相互连接的整体，它包括了从发电、输电、配电直到用电的全过程。电力网（简称电网）是指输配电线路以及由它所联系起来的各类变电站。因此，电力系统和电力网的关系是：电力系统由发电厂、电力网及用户三大部分组成的系统。电力系统示意图如图 3–1 所示。

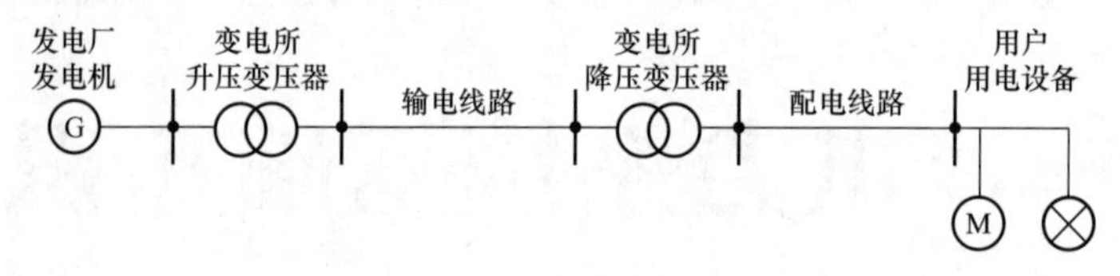

图 3–1 电力系统示意图

二、电力生产的特点

（1）电力生产与国民经济和人民的生活密切相关。随着现代社会的高速发展，电气化程度越来越高，电能因具有清洁高效、使用灵活、控制方便等优点，已经成为社会各部门广泛使用的重要能源。因而，电能供给的中断或不足，轻则影响工业、农业生产，造成人民生活秩序紊乱，重则可能酿成极其严重的社会性灾难。

（2）电能过渡过程非常短暂。电的传播速度为光速。电力系统运行情况发生变化时所引起的电磁方面和机电方面的过渡过程是非常短暂的。

（3）电能难以大量存储。因电能难以存储，所以电力系统中电能的生产、变换、输送、分配及使用是同时进行的，电力系统发电容量和用电容量应随时保持平衡。虽然我们一直在研究电能的存储方式，但目前为止仍未能实现经济高效以及大容量电能的存储。

（4）电力系统区域性强。由于各电力系统的电源结构与能源资源分布情况和特点有关，而负荷结构却与工业布局、城市规划、电气化水平等有关，至于输电线路的电压等级、线路配置等则和电源与负荷间的距离、负荷的集中程度等有关，因而各电力系统的组成情况不尽相同，甚至可能有很大差异。例如，有的电力系统内水能资源丰富，是以水力发电厂为主；而有的电力系统煤、油或天然气资源丰富，是以火力发电厂为主；有的电力系统电源与负荷距离近，联系紧密；而有的电力系统却正好相反。因此，在做电力系统规划设计时，必须针对具体系统的情况和特点进行，如果盲目照搬其他系统或国外系统的一些经验而不加以认真分析，必将违反客观规律，酿成错误。

三、电力系统的电压等级

1. 电力系统额定电压

电力系统额定电压是基于技术经济的合理性、电气制造工业的水平和发展趋势等各种因素而规定的，是电气设备长时间运行的最佳电压。我国规定的电力系统额定电压见表 3–1。

表 3–1 电力系统电压等级 kV

额定电压	0.38	3	6	10	（20）	35	110	220	330	500	（750）

注：括号内数值为用户有要求时使用。

电气设备制造厂根据所规定的电气设备工作条件而确定的电压，称为电气设备的额定电压。电气设备在额定电压下运行时，能获得最佳效益。为了保证电气设备能在偏离其额定电压允许值的范围内工作，在同一电力系统的额定电压下，电气设备的额定电压值是不同的。例如，发电机容量越大，其额定电压值越高，额定电压在 10.5kV 以下的发电机，其额定电压一般比相应的系统额定电压高 5%。升压变压器低压绕组额定电压比电力系统额定电压高

5% 或 10%。这样规定电气设备的额定电压，主要是考虑到变压器约有 5% 的电压损耗，送电线路约有 10% 的电压损耗。

实际电力网接线复杂，输电距离有长有短，负荷又是随时变化的，所以电压的控制与调整非常复杂，实际上要保证所有电气设备在允许的电压变动范围内工作非常困难。因此，确定合理的电气设备额定电压将有利于设备经济高效的运行，以及电力系统电压的控制与调整。

2. 电压等级选择

电压等级的选择关系到电力系统的网架结构、建设费用、运行灵活性、设备制造经济合理性以及系统未来的发展，需要进行经济技术比较。一般来说，传输功率越大，输送距离越远，应选择的电压等级越高。

额定电压与相应的传输功率和传输距离的关系见表 3–2。

表 3–2　　额定电压与相应传输功率和传输距离的关系

额定电压（kV）	输送方式	传输功率（kW）	传输距离（km）
0.22	架空线	小于 50	0.15
0.22	电缆	小于 50	0.20
0.38	架空线	100	0.25
0.38	电缆	175	0.35
3	架空线	100 ~ 1000	3 ~ 1
6	架空线	200 ~ 2000	10 ~ 3
6	电缆	3000	小于 8
10	架空线	200 ~ 2000	20 ~ 5
10	电缆	5000	小于 10
35	架空线	2000 ~ 10000	50 ~ 20
110	架空线	10000 ~ 50000	150 ~ 50
220	架空线	100000 ~ 500000	300 ~ 100
330	架空线	200000 ~ 1000000	600 ~ 200
500	架空线	1000000 ~ 1500000	850 ~ 250
750	架空线	2000000 ~ 2500000	500 以上

第二节 电力负荷组成与分类

电力负荷是用电设备的总称，是指电路中的电功率。在直流电路中，负荷就是电功率。而在交流电路中，电功率包括有功功率和无功功率。有功功率称为有功负荷，单位为 kW；无功功率称为无功负荷，单位为 kvar。

负荷可以从不同的角度进行分类，大多数是按照行业来分，也可以按照重要性来分，还可以按照设备来分，如图 3-2 所示。

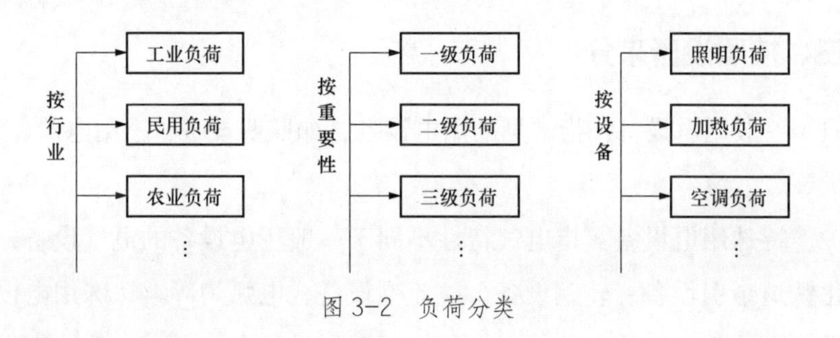

图 3-2 负荷分类

一、按照行业来分

（1）工业负荷：工业负荷体现了强烈的工业生产特性，负荷量大，负荷曲线较平稳；但因各行业生产特性不同，这两大特点在不同行业之间又是不相同的。

（2）农业负荷：农业负荷季节性强，负荷结构变化大，播种和收割季节负荷量大，其余季节负荷量小，所以年最大利用小时数低，负荷密度小，功率因数低。

（3）商业负荷：商业负荷具有很强的时间性和季节性，是电网峰荷的主要组成部分。

（4）市政及居民生活负荷：此类负荷变化大，负荷同时率高，负荷功率因数低。

二、按照重要性来分

（1）一级负荷：若中断供电，可能造成生命危险、重大经济损失或社会混乱，对社会影响极大，对供电连续性要求最高，如大型医院、矿井等。

（2）二级负荷：若中断供电，可能造成大量减产、交道停顿，生活受到影响。

（3）三级负荷：除一、二级以外的其他负荷，若中断供电带来的影响稍小。

三、按照设备来分

（1）一般用电设备：指常见的用电设备，如照明设备、家用电器、手机、计算机等。

（2）特殊用电设备：指电气特性不同于一般用电设备的电气设备，比如电气化铁道牵引设备、轧钢设备、整流型设备、电弧炉等。特殊用电设备对电力系统有特殊的影响，例如电气化铁道牵引设备会引起供电系统产生负序和谐波问题；轧钢设备会引起系统电压剧烈波动，发电机组产生功率振荡等问题。

第三节 电力系统的中性点接地方式

电力系统接地一般可分为工作接地和保护接地。

电力系统中，发电机三相绕组通常是接成星形的，变压器高压绕组多数也是接成星形的。这些发电机和变压器星形绕组的中点就称为电力系统的中性点。电力系统工作接地一般都是通过电力系统中性点接地来实现的。电力系统中性点接地方式的选择与短路电流大小、绝缘水平、供电可靠性、接地保护方式、对通信的干扰、系统接线方式等密切相关，是一项综合性问题。

电力系统工作接地分为直接接地和非直接接地，其中非直接接地又包括不接地、经消弧线圈接地和经电阻接地。工作接地的接地电阻一般不应超过4Ω。

一、中性点直接接地系统

中性点直接接地的电力系统正常运行时的电路如图 3–3 所示。

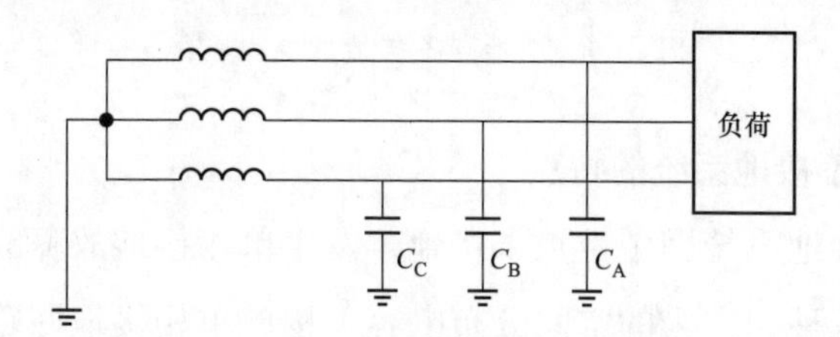

图 3–3　中性点直接接地的电力系统

1. 中性点直接接地系统的特点

中性点直接接地系统正常运行时，系统中性点并没有入地电流（或仅有极小的三相不平衡电流）。当发生单相接地故障时，短路电流很大，从而使继电保护装置动作，迅速切除故障线路。在线路上加装自动重合闸装置，当发生瞬时性接地故障时，重合闸大都可以重合成功，用户停电时间极短，只有 0.5s 左右，几乎感觉不到，因此供电可靠性也得到保障。系统非故障相对地电压基本不变，对设备的绝缘水平要求不变，仍可正常运行。

发生单相短路故障时，单相短路电流会在导线周围产生单相交变电磁场，对附近通信线路和信号设施产生电磁干扰，这是直接接地方式的一大缺点。

2. 中性点直接接地系统的适用范围

我国 110kV 及以上电力系统为降低线路的绝缘水平，基本采用中性点直接接地的运行方式。并且，低压 380/220V 的三相四线制电力网为了避免在单相接地时出现超过 250V 的危险电压，保障人身设备安全，也采用中性点直接接地的方式。

二、中性点不接地系统

中性点不接地的电力系统正常运行时的电路如图 3–4 所示。

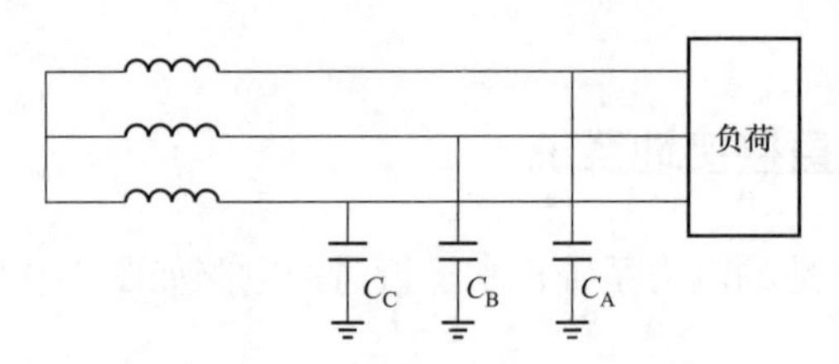

图 3–4　中性点不接地的电力系统

1. 中性点不接地系统的特点

中性点不接地系统因中性点未接地，发生单相接地故障时，只能通过线路对地电容（一种非人为的空间分布电容）构成单相接地回路，故障点流过很小的容性电流，对附近通信线路的电磁干扰也很小。因此，系统发生单相接地故障时不必马上切除故障设备，故而可以提高供电可靠性。我国有关规程规定，中性点不接地系统发生单相接地故障后，允许继续带故障运行不超过 2h，并应在这段时间内尽快找到接地点并消除，以免故障范围扩大。

发生单相接地故障时，三个线电压仍然对称，用电设备仍能正常运行，供电可靠性较高，这是采用中性点不接地方式的主要原因。非故障相对地电压升高$\sqrt{3}$倍，接近或等于线电压，对设备的绝缘水平要求增高。

2. 中性点不接地系统的适用范围

我国 3、6、10、35kV 系统，当单相接地电容电流不大时，都采用中性点不接地方式，具体规定如下：

（1）电压小于 500V 的装置（380/220V 装置除外）；

（2）3 ~ 6kV 电力网，单相接地电流小于 30A。

（3）10kV 电力网，单相接地电流小于 20A。

（4）35kV 电力网，单相接地电流小于 10A。

三、中性点经消弧线圈接地系统

中性点经消弧线圈接地的电力系统正常运行时的电路如图 3-5 所示。

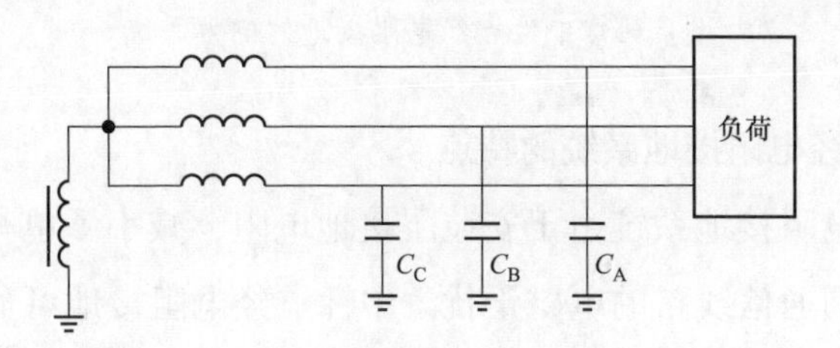

图 3-5 中性点经消弧线圈接地的电力系统

1. 中性点经消弧线圈接地系统的特点

中性点经消弧线圈接地系统的特点与中性点不接地系统类似，由于安装了消弧线圈，电感的感性电流可以补偿部分容性电流，有效减小单相接地电容电流，迅速熄灭故障电弧，防止间歇性电弧接地时产生的过电压。

2. 中性点经消弧线圈接地系统的适用范围

中性点经消弧线圈接地方式广泛应用于 3～35kV 电力网。我国有关规程规定，在 3～35kV 电力网中，当单相接地电流超过下列数值时，中性点应装设消弧线圈。

（1）3～6kV 电力网，单相接地电流大于 30A。

（2）10kV 电力网，单相接地电流大于 20A。

（3）35kV 电力网，单相接地电流大于 10A。

四、中性点经电阻接地系统

中性点经电阻接地的电力系统正常运行时的电路如图 3-6 所示。

20 世纪 80 年代中期我国城市 10kV 配电网中，电缆线路增加，电容电流相继增加，并且运行方式经常变化，消弧线圈调整存在困难，当电缆发生单相接地故障时间一长，往往发展成为两相短路。

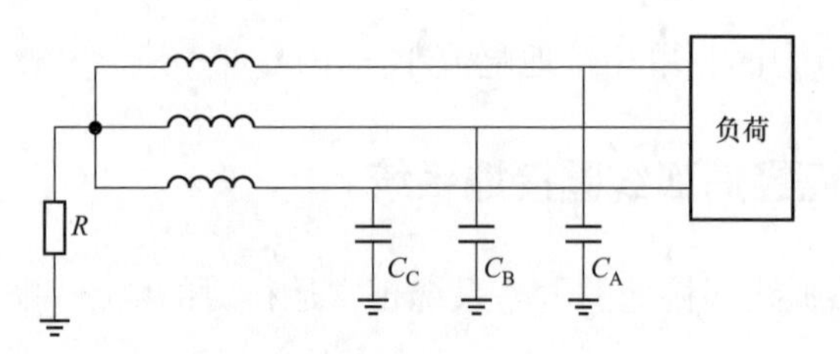

图 3-6 中性点经电阻接地的电力系统

1. 中性点经电阻接地系统的特点

中性点经电阻接地系统由于安装了接地电阻，减小了单相接地电流，因此减弱了对周围通信线路的电磁干扰。中性点经电阻接地可分为经小电阻接地和经大电阻接地。

小电阻接地方式的主要特点是在电网发生单相接地时，能获得较大的阻性电流，直接跳开线路开关，迅速切除单相接地故障，过电压水平低，谐振过电压发展不起来，电网可采用绝缘水平较低的电气设备。

大电阻接地方式的主要特点是能较好地限制单相接地故障电流，抑制弧光接地和谐振过电压，单相接地故障后不立即跳闸，不加重电气设备的绝缘负担。

2. 中性点经电阻接地系统的适用范围

中性点经电阻接地方式主要应用于 35kV 及以下配电网中。

第四节 变配电所的主接线和一次电气设备

一、电气主接线概述

在发电厂和变配电所中，发电机、变压器、断路器、隔离开关、电抗器、电容器、互感器等高压电气设备，以及将它们连接在一起的高压电缆和母线，按其功能要求组成的接收和分配电能的主回路，称为电气一次系统，又叫做电气主接线。

电气主接线的正确与否对电力系统的安全、经济运行，对电力系统的稳定和调度的灵活性，以及对电气设备的选择、配电装置的布置、继电保护及控制方式的拟定等都有重大的影响。电气主接线需要满足的基本要求有：

1. 可靠性要求

保证必要的供电可靠性和电能质量，是电气主接线应满足的最基本要求。一般从以下三个方面对电气主接线的可靠性进行定性分析：

（1）断路器检修时是否影响供电。

（2）设备或线路故障或检修时，停电线路数量的多少和停电时间的长短，以及能否保证对重要用户的供电。

（3）有没有使发电厂或变电所全部停止工作的可能性等。

目前，对电气主接线的可靠性评估不仅可以采用定性分析，还可以进行定量计算。例如，供电可靠性为99.80%，即表示一年中用户中断供电的时间累计不得超过365×24×（1–99.80%）=17.52（h）。

2. 灵活性要求

（1）满足调度时的灵活性要求。在正常情况下，应能根据调度要求，灵活地改变运行方式，实现安全、可靠、经济地供电；而在发生事故时，则能迅速方便地转移负荷、尽快地切除故障，使停电时间最短，影响范围最小，在故障消除后应能方便地恢复供电。

（2）满足检修时的灵活性要求。在某一设备需要检修时，应能方便地将其退出运行，并使该设备与带电运行部分有可靠的安全隔离，保证检修人员检修时的方便和安全。

（3）满足扩建时的灵活性要求。大的电力工程往往要分期建设。从初期的主接线过渡到最终的主接线，每次过渡都应比较方便，对已运行部分的影响应尽可能小，改建的工作量不大。

3. 经济性要求与先进性要求

在确定主接线时，应采用先进的技术和新型的设备，以减少后续重复投资。同时，在保证安全可靠、运行灵活、操作方便的基础上，还应使投资和年运行费用最小、占地面积最少，尽量做到经济合理。

二、电气主接线的基本类型

电气主接线分为有汇流母线和无汇流母两大类，基本形式如图 3-7 所示。

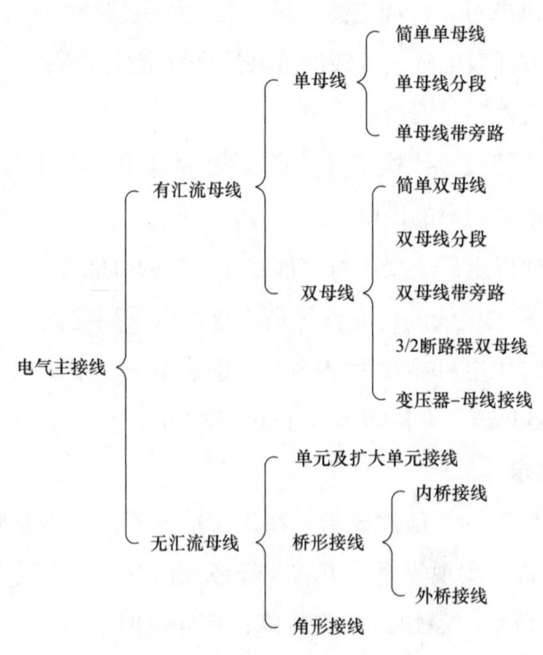

图 3-7 电气主接线的基本类型

1. 单元主接线

该主接线的主要特点：

（1）投资小，维护简单，操作灵活。

（2）接线简单，设备经济。

（3）检修需要全部停电。

该主接线适用于中小容量的变电站。

2. 单母线主接线

单母线主接线分为以下三种类型：

（1）单电源供电单母线主接线，适用于10kV供电的一般用户。

（2）双电源供电单母线主接线，这种主接线分为单母线不分段、单母线用隔离开关分段、单母线用断路器分段三种。其特点是：接线简单，操作方便，投资经济。

（3）单母线加旁路母线主接线。其特点是：

1）断路器故障时，允许不停负荷进行检修。

2）适用于回路较多的变电所。

3）供电可靠，运行灵活。

3. 双母线主接线

双母线主接线适用于电力系统中的枢纽变电所及一类负荷的用户，分为双母线不分段主接线、双母线分段主接线及双母线分段加旁路母线主接线路。

双母线主接线的主要特点是：

（1）运行灵活，供电稳定性好。

（2）可用于供电回路多的变电所。

（3）供电容量大。

（4）投资高，操作复杂。

（5）占地面积大。

因此，双母线主接线多用于110kV及以上的变电站。

4. 桥形主接线

桥形主接线用于电压大于等于35kV的变电所，又分为内桥接线和外桥接线。

（1）内桥接线的特点是：

1）运行灵活。

2）设备简单，投资小。

3）检修时操作烦琐。

4）继电保护复杂。

（2）外桥接线的特点是：

1）检修操作方便。

2）当主变压器断路器外侧发生短路故障时，会影响主系统供电的可靠性。

变配电所主接线的设计，需要根据变配电所在电力系统中的地位、负荷性质、出线回路数等条件和具体情况确定。通常，变配电所主接线的高压侧，应尽可能采用断路器数目较少的接线，以节省投资，根据出线回路数的不同，可采用桥形、单母线、双母线及角形接线等。如果变电所电压为超高压等级，又是重要的枢纽变电所，宜采用双母线分段带旁路接线。变配电所的低压侧常采用单母线分段接线或双母线接线，以便于扩建。

三、一次电气设备

1. 变压器

变压器是电力系统中实现电能传输和分配的核心元件。在电源侧，发电机的端电压一般为 13.8kV 或 20kV，而典型的输电电压有 220、500kV 甚至 750、1000kV 等，发电机发出的电能先要用升压变压器将电压升高到输电电压，从而实现电能的远距离传输。而在用电侧，则要用降压变压器将输电电压逐级降低为配电电压，供用户使用。

变压器常见的分类方式有以下 3 种：

（1）按相数分：

1）单相变压器：用于单相负荷和三相变压器组。

2）三相变压器：用于三相系统的升、降压。

电力系统中使用的变压器大多数是三相的。当容量特别大、运输不便时也有采用 3 个单相变压器接成三相变压器组的。

（2）按绕组结构分：

1）双绕组变压器：用于连接电力系统中的 2 个电压等级。

2）三绕组变压器：一般用于电力系统区域变电站中，连接 3 个电压等级。

3）自耦变压器：用于连接不同电压的电力系统。也可作为普通的升压或降压变压器使用。

（3）按冷却方式分：

1）干式变压器：依靠空气对流进行自然冷却或增加风机冷却，多用于高层建筑、高速收费站点用电及局部照明、电子线路等。

2）油浸式变压器：依靠油作冷却介质，如油浸自冷、油浸风冷、油浸水冷、强迫油循环等。

2. 断路器

断路器是指能够关合、承载和开断正常回路条件下的电流，并能在规定的时间内关合、承载和开断异常回路条件下的电流的开关装置，俗称开关。通过断路器可以将设备投入或退出运行。当电气设备或线路发生故障时，由继电保护动作控制断路器，使故障设备或线路从电力系统中迅速切除，保证电力系统内无故障设备的运行。

断路器常见的分类方式有以下 3 种：

（1）按电压等级分类：按电压等级分为高压断路器与低压断路器（如图 3-8 所示），高低压界限划分比较模糊，一般将 3kV 以上的称为高压断路器。低压断路器俗称自动空气开关，当配电线路、电动机或其他用电设备发生严重过电流、过负荷、短路、断相、漏电等故障时，能自动切断电路，起保护作用。

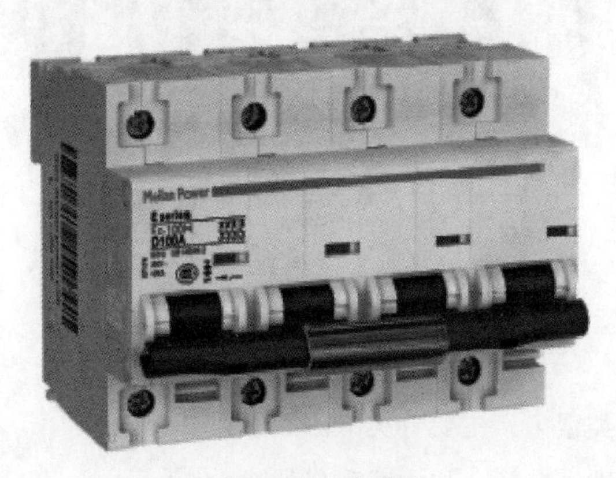

图 3-8 低压断路器

（2）按灭弧介质分类：

1）少油式断路器：油仅用于灭弧，用油少。

2）多油式断路器：油用作灭弧介质和绝缘介质，用油多。

3）空气断路器：压缩空气用作灭弧介质和绝缘介质。

4）六氟化硫断路器：SF_6 气体用作灭弧介质和绝缘介质。

5）真空断路器：高真空用作灭弧介质和绝缘介质。

（3）按照安装场所分类：户内式断路器和户外式断路器。

3. 隔离开关

隔离开关又称作刀闸，是一种没有灭弧装置的开关设备，需要与断路器配合使用，由断路器来关合和开断带负荷线路，隔离开关只能用来关合和开断有电压无负荷的线路，而不能用来开断负荷电流和短路电流。故此，隔离开关可将电气设备与带电部位隔离，以保证电气设备能安全地进行检修或故障处理。另外，隔离开关也可用来改变线路运行方式。隔离开关如图 3-9 所示。

图 3-9 隔离开关

隔离开关种类很多，主要分类方法如下：

（1）按安装地点分类：户内式和户外式。

（2）按绝缘支柱数目分类：单柱式、双柱式和三柱式三种。

（3）按有无接地开关分类：单接地、双接地和不接地三种。

（4）按触头运动方式分类：水平旋转式、垂直旋转式、摆动式和插入式。

（5）按操动机构分类：手动式、电动式和液压式等。

为了确保检修工作的安全，以及倒闸操作的简单易行，隔离开关在结构上应满足以下要求：

（1）结构简单，动作可靠。

（2）有明显的断开点，易于鉴别是否与电源断开。

（3）断开点之间有可靠的绝缘，在恶劣的气候条件下，或者过电压及相间闪络的情况下，不致从断开点击穿而危及人身安全。

（4）有足够的热稳定性和动稳定性，尤其不能因电动力作用而自动断开，否则将会造成事故。

（5）对于有接地开关的隔离开关，必须有闭锁装置，保证先断开隔离开关再合上接地开关，或先断开接地开关再合上隔离开关的操作顺序。

（6）隔离开关和断路器之间要装有闭锁装置，以保证正确的操作顺序，杜绝隔离开关带负荷操作事故的发生。

断路器和隔离开关的操作顺序为：接通电路时，先合上电源侧隔离开关，再合上负荷侧隔离开关，最后合上断路器；切断电路时，先断开断路器，再断开电源侧隔离开关，最后断开负荷侧隔离开关。严禁在未断开断路器的情况下拉合隔离开关。为了防止误操作，除严格执行操作票制度外，还应在隔离开关和相应的断路器之间加装电磁闭锁、机械闭锁等装置。

4. 互感器

互感器分为电流互感器和电压互感器，它们是将电力系统一次侧的高电压、大电流转变为二次侧标准的低电压、小电流，以供测量、监视、控制和保护使用，所以它们既是一次系统与二次系统间的联络元件，又是隔离元件。

具体作用体现在：① 将一次系统各级电压均变成 100V（或对地 $100V/\sqrt{3}$）

以下的低电压，将一次系统各回路电流均变成 5A（或 1A、0.5A）以下的小电流；② 将一次系统与二次系统在电气方面隔离，同时互感器二次侧必须有一点可靠接地，从而保证二次设备及人员的安全。

（1）电流互感器。

电力系统中常采用电磁式电流互感器（TA），其原理接线如图 3-10 所示，包括一次绕组 N_1、二次绕组 N_2 及铁芯。

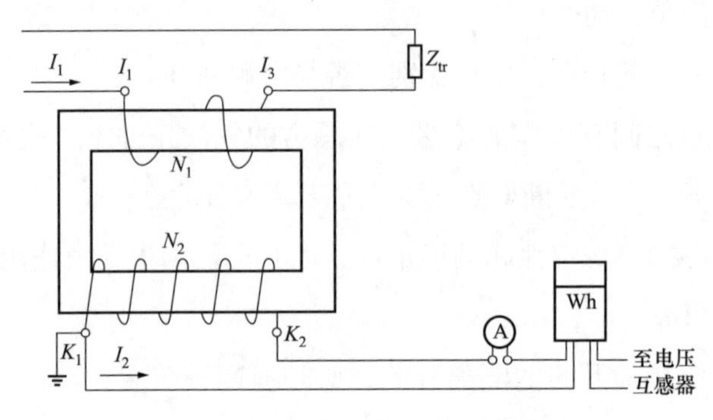

图 3-10 电流互感器原理接线图

由其原理接线可看出电流互感器特点：

1）一次绕组线径较粗而匝数 N_1 很少；二次绕组线径较细而匝数 N_2 较多。

2）一次绕组 N_1 串联接入一次电路，通过一次绕组 N_1 的电流 I_1，只取决于一次回路负载的多少与性质，而与二次侧负载无关；而其二次电流 I_2 在理想情况下仅取决于一次电流 I_1。

3）电流互感器的额定电流比（即一、二次侧额定电流之比）近似等于二次与一次匝数之比，即

$$K_{\mathrm{L}}=\frac{I_{1\mathrm{N}}}{I_{2\mathrm{N}}}\approx\frac{N_2}{N_1}$$

为便于生产，电流互感器的一次额定电流已标准化，二次侧额定电流也规定为 5A（1A 或 0.5A），所以电流互感器的额定电流比也已经标准化。

4）电流互感器二次绕组所接仪表和继电器的电流线圈阻抗都很小，均为串联关系，正常工作时，电流互感器二次侧接近于短路状态，故而二次绕组绝对不允许开路运行。

（2）电压互感器。电压互感器（TA）是将高电压变成低电压的设备，分为电磁式电压互感器和电容分压式电压互感器两种。

1）电磁式电压互感器工作原理。电磁式电压互感器原理与变压器相同，其接线如图 3-11 所示。由图中可以看出其特点：

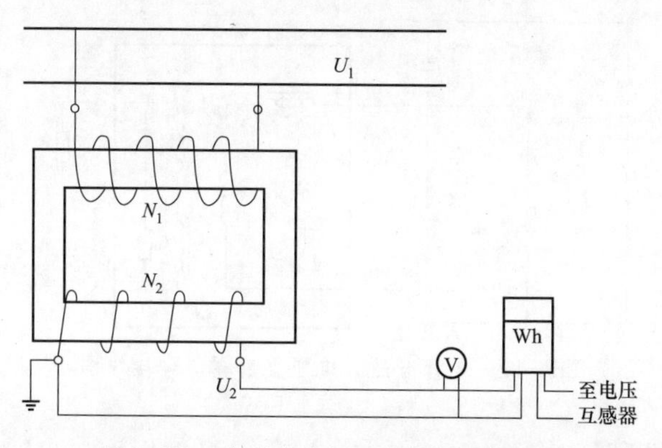

图 3-11　电磁式电压互感器原理接线图

a. 电磁式电压互感器就是一台小容量的降压变压器。一次绕组匝数 N_1 很多，而二次绕组匝数 N_2 较少。

b. 一次绕组并接于一次系统，二次侧各仪表也为并联关系。

c. 电压互感器一、二次侧额定电压之比，称为额定电压比，即：

$$K_u = \frac{U_{1N}}{U_{2N}}$$

d. 二次绕组所接负荷均为高阻抗的电压表及电压继电器，故正常运行时二次绕组接近于空载状态（开路）。

2）电容分压式电压互感器工作原理。图 3-12 所示为电容分压式电压互感器原理图。若忽略流经小型电磁式电压互感器一次绕组的电流，则 U_1 经电容 C_1、C_2 分压后得到的 U_2 为

$$U_2=\frac{C_1}{C_1+C_2}U_1$$

但这仅是理想状况，当电磁式电压互感器一次绕组有电流时，U_2 会比上述值小，故在该回路中又加了补偿电抗器，尽量减小误差。阻尼电阻 r_d 是为了防止铁磁谐振而引起过电压。放电间隙是防止过电压对一次绕组及补偿电抗器绝缘的威胁。闸刀闭合或打开仅仅影响通信设备的工作（S 合上通信不能工作），不影响互感器本身的运行。

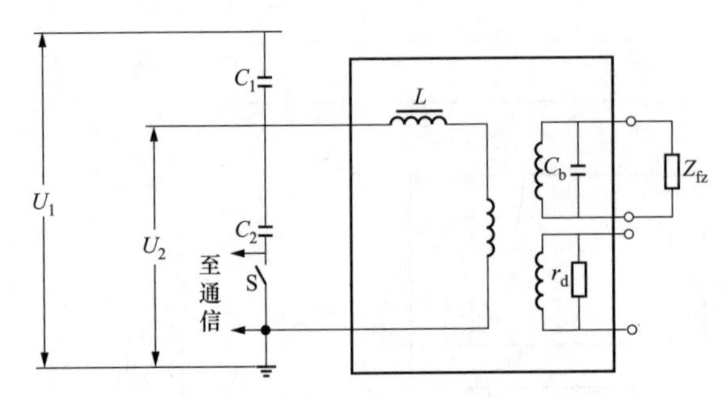

图 3-12　电容分压式电压互感器原理接线图

5. 高压熔断器

熔断器是最简单和最早使用的一种保护器件。作为短路和过负荷的保护器，其广泛应用于配电系统、控制系统及用电设备中，但因其容量小、保护特性较差，一般仅适用于 35kV 及以下的电压等级中。

熔断器的核心部件是装于外壳中的熔体。断路器串联在电路中，当电路发生短路或过负荷，电流超过规定值时，其本身产生的热量使熔体熔断，切断故障电路，使电气设备免遭损坏，并维持系统其余部分的正常工作。

6. 高压负荷开关

高压负荷开关是一种结构比较简单，具有一定开断和关合能力的开关电器，常用于配电电压等级。它具有灭弧装置和一定的分、合闸速度，能开断正常的负荷电流和过负荷电流，也能关合一定的短路电流，但不能开断短路电流。因此，高压负荷开关可用于控制供电线路的负荷电流，也可以用来控制空载线路、空载变压器及电容器等。高压负荷开关在分闸时有明显的断口，可起到隔离开关的作用，与高压熔断器串联使用，前者作为操作电器投切电路的正常负荷电流，而后者作为保护电器开断电路的短路电流及过负荷电流。在功率不大或可靠性要求不高的配电回路中可用于代替断路器，以便简化配电装置，降低设备费用。

参考题

一、选择题

1. 电力系统的电源结构与（　　）有关。

A. 工业布局　　B. 能源分布　　C. 城市规划

2. 电力系统是由发电厂、（　　）和用户组成的相互连接的整体。

A. 变电站　　B. 电力网　　C. 输配电线路

3. 电力系统运行的首要任务是（　　）。

A. 保证功率因数不变

B. 满足用户对供电可靠性的要求

C. 提高运行经济性

4. 电力系统中，在任意时刻应保持（　　）。

A. 发电功率与用电功率平衡　　B. 发电功率大于用电功率

C. 发电功率小于用电功率

5. 提高电力系统运行经济性的措施之一是（　　）。

A. 保证电能质量　　B. 降低电网损耗　　C. 加快电网建设

6. 通常，传输功率越大，输送距离越远，则选择的电压等级（　　）。

A. 越低　　B. 不受影响　　C. 越高

7. 为保证对用户提供充足的电能，首先要（　　）。

A. 做好电力系统规划　　B. 提高电压等级　　C. 提高运行操作水平

8. 我国 1kV 以上三相交流系统中包含（　　）电压等级的额定电压。

A. 10kV　　B. 400kV　　C. 600kV

9. 由发电厂、变电站、输配电线路、用户等在电气上相互连接组成的整体称为（　　）。

A. 电力系统　　B. 动力系统　　C. 电力网

10. 特殊用电设备包括（　　）。

A. 照明设备　　B. 电气化铁道　　C. 小型电动机

11. 一般用电设备包括（　　）。

A. 轧钢设备　　B. 电气化铁道　　C. 小型电动机

12. 电力系统中性点接地方式与（　　）有关。

A. 供电可靠性　　B. 电能质量　　C. 能源类型

13. 中性点直接接地方式适用于（　　）电力系统。

A. 10kV　　B. 35kV　　C. 220kV

14. 电流互感器一次侧绕组和二次侧绕组匝数之比为 1∶10，测量出二次侧电流为 5A，则一次侧系统电流为（　　）A。

A. 50　　B. 0.5　　C. 500

15. 下列（　　）不是一次电气设备。

A. 变压器　　B. 断路器　　C. 测量仪表

二、判断题

1. 10.5kV 以下发电机额定电压一般比相应的系统额定电压高 5%。（　　）

2. 电力系统正常运行时，依靠人工调整和切换操作可以达到满意的效果。（　　）

3. 电能具有使用灵活、易转换、易储存、易控制等优点。（　　）

4. 矿井属于二级负荷。（　　）

5. 交流电路中，电力负荷只有有功功率。(　　)

6. 电力系统中性点经消弧线圈接地的优点是减小接地电流。(　　)

7. 中性点不接地电力系统的优点是供电可靠性高，通信干扰小。(　　)

8. 中性点直接接地电力系统的优点是接地电流小、供电可靠性高。(　　)

9. 隔离开关可以开断短路电流。(　　)

10. 电气主接线要求灵活可靠。(　　)

CHAPTER FOUR

第四章

电力电缆基础知识

本章介绍了电力电缆的基础知识，主要叙述了电力电缆的作用和特点、电力电缆的种类和结构、电力电缆组成的主要材料，介绍了电力电缆的绝缘理论、型号和应用场合、金属护层的接地方式。

第一节 电力电缆的作用和特点

一、电力电缆的作用

电力电缆是用于传输和分配电能的电缆，在电力线路中，电缆所占比重正逐渐增加，包括 1～500kV 各种电压等级、各种绝缘的电力电缆。

电力电缆常用于输电线路密集的发电厂和变电站、位于市区的变电站和配电所，用于国际化大都市、现代大中城市的繁华市区、高层建筑区和主要道路，用于建筑面积大、负荷密度高的居民区和城市规划不能通过架空线的街道或地区，用于重要线路和重要负荷用户，用于重要风景名胜区等地方。

二、电力电缆的特点

1. 电缆线路的优点

（1）占用地面和空间少。这体现了电缆线路最突出的优点。如一个 110kV 及以上进线的普通变电站常有二三十条的 10kV 出线，如果全部采用架空线路出线的话，为了安全与检修方便就不能过多的进行同杆架设，这样多的架空线路走廊所需的占地简直是超乎想象的，也是不可能的。现在城市里的地价步步升高，为了少占地，变电站设备一般都采用 GIS 设备，变电站外楼房林立，根本没有架空线路走廊，如果采用电缆线路，只需建设一条 2m×2m 的隧道或者排管就能将全部出线容纳。又如机场、港口等无法用架空线路的地方，只能用电缆来供电，因而电缆越来越被广泛使用。

（2）供电安全可靠。架空线路易受强风、暴雨、雪、雷电、污秽、交通事故、放风筝、外力损坏和鸟害等自然或人为的外界影响，造成断线、短路、接地而停电或其他故障。而电缆线路除了露出地面暴露于大气中的户外终端部分外，其余部分不会受到自然环境的影响，外力破坏也可减少到较低的程度，因此电缆线路供电的可靠性好。

（3）触电可能性小。当人们在架空线路附近或下面放风筝、钓鱼或起重作业时，就有可能触及导体而触电，而电缆的绝缘层和保护层保护人们即使触及了电缆也不会触电。架空导线断线时常常会引发人、畜触电伤亡事故，而电缆线路埋于地下，无论发生何种故障，由于带电部分在接地屏蔽部分和大地内，只会造成跳闸，不会对人、畜有任何伤害，所以比较安全。

（4）有利于提高电力系统的功率因数。架空线路相当于单根导体，其电容量很小（可忽略不计），呈感性电路的特征，远距离送电后，功率因数明显下降，需采取并联电容器组等措施来提高功率因数。而电缆的结构相当于一个电容器，如一条长 1km 的 10kV 三芯（$240mm^2$）电缆，其电容量达 0.58μF，相当于一台 31kvar 的电容器组，因此电缆线路整体特征呈容性，有较大的无功输出，对改善系统的功率因数、提高线路输送容量、降低线路损耗大有好处。

（5）运行、维护工作简单方便。电缆线路在地下，维护量小，故一般情况下（充油电缆线路除外）只需定期进行路面观察、路径巡视防止外力损坏及 2～3 年做一次预防性试验即可，而架空线路易受外界影响和污染，为保证安全、可靠地供电，必须经常做维护和试验工作。

（6）有利于美化城市。架空线路影响城市的美观，而电缆线路埋于地下，街道易整齐美观。

2. 电缆线路的缺点

（1）一次性投资费用大。在同样的导线截面积情况下，电缆的输送容量比架空线小。如采用成本最低的直埋方式安装一条 35kV 电缆线路，其综合投资费用为相同输送容量架空线路的 4～7 倍。如果采用隧道或排管敷设综合投资在 10 倍以上。

（2）线路不易变更。电缆线路在地下一般是固定的，所以线路变更的工作量和费用是很大的。因电缆的绝缘层的特殊性，来回搬迁将影响电缆的使用寿命，故安装后不宜再搬迁。

（3）线路不易分支。一条供电线路往往需接上很多用户，在架空线路上可通过分支线夹或绑扎连接进行分支接到用户。然而，要进行电缆线路的分支，必需建造特定的保护设施，采用专用的分支中间接头进行分支，或者在特定的地点采用电缆分接箱，制作电缆终端进行分支。

（4）故障测寻困难、修复时间长。架空线路发生故障时，通过直接观察一般都能找到故障点，并且在较短时间内即可修复。而电缆线路在地下，故障点是无法直接看到的，必须使用专用仪器进行粗测（测距）、定点，并且有一定专业技术水平的人员才能测的准确，比较费时。而且找到故障点后还要挖出电缆，做接头和进行试验，一般修复时间比较长。对于敷设于隧道、电缆沟中的电缆，虽然可以直接看到故障点，但重新敷设电缆、做接头和试验的时间也是比较长的。

（5）电缆附件的制作工艺要求高、费用高。电缆导电部分对地和相间的距离都很小，因此对绝缘强度的要求就很高。同时为了使电缆的绝缘部分能长期使用，故又需对绝缘部分加以密封保护，对电缆附件也必须同样要求密封保护，为此电缆的接头制作工艺要求高，必须由经过严格技术培训的专业人员进行，以保证电缆线路的绝缘强度和密封保护的要求。

第二节 电力电缆种类和结构

一、电力电缆的种类

随着电力电缆应用范围的不断扩大和电网对电力电缆提出的新要求，制造电力电缆的新材料、新工艺不断出现，电缆的电压等级逐渐增高，功能不断增强和细分，电力电缆的品种越来越多。电力电缆可以有多种分类方法，如按绝缘材料、电缆结构、导体标称截面积、电压等级、功能特点和使用场所分类等。

1. 按电缆的绝缘材料分类

电力电缆按绝缘材料不同，可分为油纸绝缘电缆、挤包绝缘电缆和压力电缆三大类。

（1）油纸绝缘电缆。油纸绝缘电缆是绕包绝缘纸带后浸渍绝缘剂（油类）作为绝缘的电缆。

根据浸渍剂不同，油纸绝缘电缆可以分为黏性浸渍纸绝缘电缆和不滴流浸渍纸绝缘电缆两类。其二者结构完全一样，制造过程除浸渍工艺有所不同外，其他均相同。不滴流电缆的浸渍剂黏度大，在工作温度下不滴流，能满足高差较大的环境（如矿山、竖井等）使用。

按绝缘结构不同，油纸绝缘电缆主要分为统包绝缘电缆、分相屏蔽电缆和分相铅包电缆。

1）统包绝缘电缆，又称带绝缘电缆。统包绝缘电缆的结构特点，是在每相导体上分别绕包部分带绝缘后，加适当填料经绞合成缆，再绕包带绝缘，以补充其各相导体对地绝缘厚度，然后挤包金属护套。

统包绝缘电缆结构紧凑，节约原材料，价格较低。缺点是内部电场分布很不均匀，电力线不是径向分布，具有沿着纸面的切向分量。所以这类电缆又叫非径向电场型电缆。由于油纸的切向绝缘强度只有径向绝缘强度的 1/2 ~ 1/10，所以统包绝缘电缆容易产生移滑放电。因此这类电缆只能用于 10kV 及以下电压等级。

2）分相屏蔽电缆和分相铅包电缆。分相屏蔽电缆和分相铅包电缆的结构基本相同，这两种电缆特点是，在每相绝缘芯制好后，包覆屏蔽层或挤包铅套，然后再成缆。分相屏蔽电缆在成缆后挤包一个三相共用的金属护套，使各相间电场互不相关，从而消除了切向分量，其电力线沿着绝缘芯径向分布，所以这类电缆又叫径向电场型电缆。径向电场型电缆的绝缘击穿强度比非径向型要高得多，多用于 35kV 电压等级。

（2）挤包绝缘电缆。挤包绝缘电缆又称固体挤压聚合电缆，它是以热塑性或热固性材料挤包形成绝缘的电缆。

目前，挤包绝缘电缆有聚氯乙烯（PVC）电缆、聚乙烯（PE）电缆、交联聚乙烯（XLPE）电缆和乙丙橡胶（EPR）电缆等，这些电缆使用在不同的电压等级。

交联聚乙烯电缆是20世纪60年代以后技术发展最快的电缆品种，与油纸绝缘电缆相比，它在加工制造和敷设应用方面有不少优点。其制造周期较短，效率较高，安装工艺较为简便，导体工作温度可达到90℃。由于制造工艺的不断改进，如用干式交联取代早期的蒸汽交联，采用悬链式和立式生产线，使得110~220kV高压交联聚乙烯电缆产品具有优良的电气性能，能满足城市电网建设和改造的需要。目前在220kV及以下电压等级，交联聚乙烯电缆已逐步取代了油纸绝缘电缆。

（3）压力电缆。压力电缆是在电缆中充以能流动，并具有一定压力的绝缘油或气体的电缆。在制造和运行过程中，油纸绝缘电缆的纸层间不可避免地会产生气隙。气隙在电场强度较高时，会出现游离放电，最终导致绝缘层击穿。压力电缆的绝缘处在一定压力（油压或气压）下，抑制了绝缘层中形成气隙，使电缆绝缘工作场强明显提高，可用于63kV及以上电压等级的电缆线路。

为了抑制气隙，用带压力的油或气体填充绝缘，是压力电缆的结构特点。按填充压缩气体与油的措施不同，压力电缆可分为自容式充油电缆、充气电缆、钢管充油电缆和钢管充气电缆等品种。

2. 按电缆的结构分类

电力电缆按照电缆芯线的数量不同，可以分为单芯电缆和多芯电缆。

（1）单芯电缆。指单独一相导体构成的电缆。一般在大截面导体、高电压等级电缆中多采用此种结构。

（2）多芯电缆。指由多相导体构成的电缆，有两芯、三芯、四芯、五芯等。该种结构一般在小截面、中低压电缆中使用较多。

3. 按导体标称截面积分类

电力电缆的导体是按一定等级的标称截面积生产制造的，这样做是为了形成一定的规范，既便于制造，也便于施工。

我国电力电缆标称截面积系列分为1.5、2.5、4、6、10、16、25、35、50、70、95、120、150、185、240、300、400、500、630、800、1000、1200、1400、1600、1800、2000、2500mm^2，共27种。高压和超高压电力电缆标称截面积系列分为240、300、400、500、630、800、1000、1200、1600、2000、2500mm^2，共11种。

在选择电缆导体的截面积时，能采用一个大的截面积电缆时，就不要采用两个或两个以上的小截面积电缆来代替。

4. 按电压等级分类

电缆的额定电压以U_0/U（U_m）表示。其中：U_0表示电缆导体对金属屏蔽之间的额定电压；U表示电缆导体之间的额定电压；U_m是设计采用的电缆任何两导体之间可承受的最高系统电压的最大值。根据IEC标准推荐，电缆按照额定电压U分为低压、中压、高压和超高压四类。

（1）低压电缆：额定电压U小于1kV，如0.6/1kV。

（2）中压电缆：额定电压U介于6～35kV之间，如6/6、6/10、8.7/10、21/35、26/35kV。

（3）高压电缆：额定电压U介于45～150kV之间，如38/66、50/66、64/110、87/150kV。

（4）超高压电缆：额定电压U介于220～500kV之间，如127/220、190/330、290/500kV。

5. 按特殊需求分类

按对电力电缆的特殊需求，主要有输送大容量电能的电缆、防火电缆和光纤复合电力电缆等。

（1）输送大容量电能的电缆。

1）管道充气电缆。管道充气电缆（GIC）是以压缩的六氟化硫气体为绝缘的电缆，也称六氟化硫电缆。这种电缆又相当于以六氟化硫气体为绝缘的封闭母线。这种电缆适用于电压等级在400kV及以上的超高压、传送容量

100 万 kVA 以上的大容量电站，高落差和防火要求较高的场所。管道充气电缆由于安装技术要求较高，成本较高，对六氟化硫气体的纯度要求很严，仅用于电厂或变电站内短距离的电气联络线路。

2）低温有阻电缆。低温有阻电缆是采用高纯度的铜或铝作为导体材料，将其处于液氮温度（77K）或者液氢温度（20.4K）状态下工作的电缆。在极低温度下，导体材料的电阻随绝对温度的 5 次方急剧变化。利用导体材料的这一性能，将电缆深度冷却，以满足传输大容量电力的需要。

3）超导电缆。指以超导金属或超导合金为导体材料，将其处于临界温度、临界磁场强度和临界电流密度条件下工作的电缆。利用超低温下出现失阻现象的某些金属及其合金为导体的电缆称为超导电缆，在超导状态下导体的直流电阻为零，以提高电缆的传输容量。

（2）防火电缆。防火电缆是具有防火性能电缆的总称，它包括阻燃电缆和耐火电缆两类。

1）阻燃电缆。指能够阻滞、延缓火焰沿着其外表蔓延，使火灾不扩大的电缆。在电缆比较密集的隧道、竖井或电缆夹层中，为防止电缆着火酿成严重事故，35kV 及以下电缆应选用阻燃电缆。有条件时，应选用低烟无卤或低烟低卤护套的阻燃电缆。

2）耐火电缆。是当受到外部火焰以一定高温和时间作用期间，在施加额定电压状态下具有维持通电运行功能的电缆，用于防火要求特别高的场所。

（3）光纤复合电力电缆。将光纤组合在电力电缆的结构层中，使其同时具有电力传输和光纤通信功能的电缆称为光纤复合电力电缆。光纤复合电力电缆集两方面功能于一体，因而降低了工程建设投资和运行维护费用。

二、电力电缆的基本结构

不论是何种种类的电力电缆，其最基本的组成有三部分，即导体、绝缘层和护层。对于中压及以上电压等级的电力电缆，导体在输送电能时具有高电位，为了改善电场的分布情况，减小导体表面和绝缘层外表面处的电场畸变，避免尖端放电，电缆还要有内外屏蔽层。总的来说，电力电缆的基本结构必须有导体（也可称线芯）、绝缘层、屏蔽层和护层四部分组成，这四部分在组成和结构上的差异，就形成了不同类型、不同用途的电力电缆，多芯电缆绝缘线芯之间，还需要添加填芯和填料，以利于将电缆绞制成圆形，便于生产制造和施工敷设。以下是这四个组成部分的作用和要求。

1. 导体

（1）导体作用。导体的作用是传输电流，电缆导体（线芯）大都采用高电导系数的金属铜或铝制造。

（2）导体形状。有圆形、扇形、椭圆形和中空圆形四种。

1）圆形导体。圆形绞合导体几何形状固定，稳定性好，表面电场比较均匀。在 10kV 以上电压等级的电缆中一般采用圆形线芯，这是因为圆形线芯有利于电缆绝缘内部的电场均匀分布。

2）扇形导体。在 10kV 及以下电压等级的油纸电缆中基本采用扇形线芯，这是因为扇形线芯在统包绝缘结构电缆中，结构更加紧凑，能够有效减小电缆的外径，进而减少电缆的重量、造价和便于安装。

3）椭圆形导体。椭圆形绞合导体用于外充气钢管电缆，椭圆形导体较圆形导体能更好的经铅护套向绝缘传送压力。

4）中空圆形导体。中空圆形导体用于自容式充油电缆，其圆形导体中央以硬铜带螺旋管支撑形成中心油道，或者以型线（Z 形线和弓形线）组成中空圆形导体。

（3）导体结构。为了满足电缆柔软性和可曲性的要求，电缆导体一般由多根导线绞合而成，这样的结构既能使电缆的柔软性大大增加，又可使弯曲时的曲度不集中在一处，而分布在每根单丝上，每根单丝的直径越小，弯曲时产生的弯曲应力也就越小，因而在允许弯曲半径内弯曲不会发生塑性变形，从而电缆的绝缘层也不致损坏。若用单根实心的金属材料制成电缆的线芯，线芯的柔软性就会很差而不能随意弯曲，截面越大弯曲越困难，这样必然给生产制造和电缆敷设施工带来无法克服的困难。采用多股导线单丝绞合线作为线芯是最好的结构，同时弯曲时每根单丝间能够滑移，各层方向相反绞合（相邻层一层右向绞合，一层左向绞合），使得整个导体内外受到的拉力和压力分解，这就是采用多股导线绞合形式的线芯的原因。

简单规则圆形绞合的线芯是使用最广、结构最简单的一种绞合形式，其绞合规律为中心层是 1 根，其他各层以 6 为单位随层数递增，总根数计算公式如下

$$K=1+6+12+18+\cdots+6n$$

式中　n——中心（1 根）外算起的层数，其值为正整数 1、2、3…。

2. 绝缘层

电缆绝缘层具有承受电网电压的功能。电缆运行时绝缘层应具有稳定的特性，较高的绝缘电阻、击穿强度，优良的耐树枝放电和局部放电性能，电缆绝缘有挤包绝缘、油纸绝缘、压力电缆绝缘三种。

3. 屏蔽层

6kV 及以上的电缆一般都有导体屏蔽层和绝缘屏蔽层，也称为内屏蔽层和外屏蔽层。

（1）导体屏蔽层。导体屏蔽层的作用是能够将电场控制在绝缘内部，同时能够使绝缘界面处表面光滑，并借此消除界面空隙的导电层。电缆导体由多根导线绞合而成，它与绝缘层之间易形成气隙，而导体表面不光滑会造成电场集中。在导体表面加一层半导电材料的屏蔽层，它与被屏蔽的导体等电位，并与绝缘层良好接触，从而可避免在导体与绝缘层之间发生局部放电。这层屏蔽又称为内屏蔽层。

（2）绝缘屏蔽层。在绝缘表面和护套接触处，也可能存在间隙；电缆弯曲时，油纸电缆绝缘表面易造成裂纹或折皱，这些都是引起局部放电的因素。在绝缘层表面加一层半导电材料的屏蔽层，它与被屏蔽的绝缘层有良好接触，与金属护套等电位，从而可避免在绝缘层与护套之间发生局部放电。这层屏蔽又称为外屏蔽层。

4. 护层

（1）作用。电缆护层是覆盖在电缆绝缘层外面的保护层，是密封保护电缆免受外界杂质和水分的侵入以及防止外力直接损坏电缆绝缘层，有些电缆的外护套还具有阻燃的作用，因此它的制造质量对电缆的使用寿命有很大的影响。

（2）结构。典型的护层结构包括内护套和外护层。内护套贴紧绝缘层，是绝缘的直接保护层。包覆在内护套外面的是外护层，通常，外护层又由内衬层、铠装层和外被层组成。外护层的三个组成部分以同心圆形式层层相叠，成为一个整体。

1）内护套。内护套的作用是阻止水分、潮气及其他有害物质侵入绝缘层，以确保绝缘层性能不变，所以应采用密封性能好、不透气、耐热、耐寒、耐腐蚀、具有一定机械强度且柔软又可多次弯曲的材料。

2）外护层。

a. 内衬层：它在内护套和铠装层之间，其作用是为了防止内护套受腐蚀和防止电缆在弯曲时被铠装损坏。

b. 铠装层：它在内衬层和外被层之间，其作用为防止机械外力损坏内护套。

c. 外被层或外护套：它在铠装层外，是电缆的最外层，其作用是为防止铠装层受外界环境的腐蚀。

d. 加强层：这层结构是充油电缆所特有的，它是直接包绕在内护套外，以增强内护套承受电缆油压的机械强度，它应有足够的机械强度、柔韧性和不易腐蚀。

三、几种常用电力电缆的结构

1. 交联聚乙烯绝缘电力电缆

交联聚乙烯绝缘电力电缆（简称交联电缆）的主绝缘层是由交联聚乙烯绝缘材料挤出制成的。电缆电场分布均匀，没有切向应力，重量轻，载流量大，已用于500kV及以下的电缆线路中。交联聚乙烯绝缘电力电缆有单芯、二芯、三芯、四芯和五芯共5种。当额定电压 U_0 为6kV以上时，电缆线芯导体表面和绝缘表面均有半导电屏蔽层，同时在绝缘屏蔽层外面还有金属带组成的屏蔽层，以承受故障时的短路电流，避免因短路电流引起电缆温升过高而损坏绝缘。

交联聚乙烯作为一种绝缘介质，虽然在理论上具有十分优越的电气性能，但作为制成品的电缆，其性能受工艺过程的影响很大。从材料生产、处理到绝缘层（包括屏蔽层）挤塑的整个生产过程中，绝缘层内部难以避免出现杂质、水分和微孔，且电缆的电压等级越高，绝缘层厚度越厚，挤压后冷却收缩过程产生空隙的概率也越大。运行一定时期后，由于“树枝”老化现象，将使整体绝缘水平下降。

（1）35kV及以下交联聚乙烯绝缘电力电缆。1kV交联聚乙烯绝缘电力电缆多为多芯结构，一般多芯共用内护套，即多芯电缆的绝缘线芯增加填料绞合呈圆形成缆后，再挤包PE或PVC护套作为内护套，外面再逐层施加铠装层和外护套。6～35kV交联聚乙烯绝缘电力电缆有单芯和三芯结构，以三芯结构为主。当为三芯时，每芯可以有单独的内护套，也可以三芯共用内护套。

图4-1所示是6～35kV单芯、三芯交联聚乙烯钢丝铠装电力电缆的结构图。

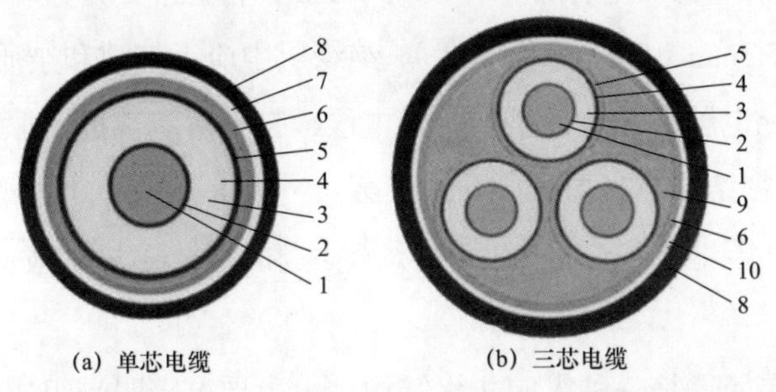

图4-1　6~35kV单芯、三芯交联聚乙烯钢丝铠装电力电缆结构图

1—导体线芯；2—内半导电屏蔽；3—绝缘层；4—外半导电屏蔽；5—金属屏蔽；6—内护层；7—钢丝铠装；8—外护层；9—填充料；10—金属铠装

（2）110kV 及以上交联聚乙烯绝缘电力电缆。图 4–2 所示是 110kV 交联聚乙烯绝缘电力电缆的结构图。

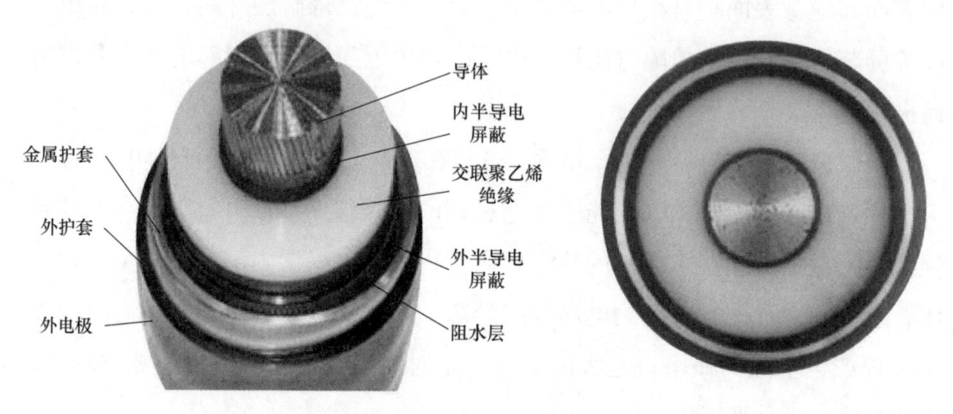

图 4-2 110kV 单芯交联聚乙烯绝缘电力电缆的结构图

1）导体。导体为无覆盖的退火铜单线绞制，紧压成圆形。为减小导体集肤效应，提高电缆的传输容量，对于大截面导体采用分裂导体结构。

2）内半导电屏蔽。紧贴导体绕包 1 ~ 2 层半导电聚酯带，再挤包半导电层，由挤出的交联型超光滑半导电材料均匀地包覆在聚酯带上。

3）交联聚乙烯绝缘。电缆的主绝缘由挤出的交联聚乙烯组成，采用超净料。110kV 电压等级的绝缘标称厚度为 17mm，任意点的厚度不得小于规定的最小厚度值 15.3mm（90% 标称厚度）。绝缘层中应无气隙和杂质。

4）外半导电屏蔽。也为挤包半导电层，是不可剥离的交联型材料，以确保与绝缘层紧密结合。其要求同导体屏蔽。

要求内半导电屏蔽、交联聚乙烯绝缘和外半导电屏蔽必须三层同时挤出。

5）阻水层。这是一种纵向防水结构，由半导电膨胀带组成。一旦电缆的金属护套破损造成水分进入电缆，半导电膨胀阻水带吸水后会立即急剧膨胀，填满空隙，阻止水分在电缆内纵向扩散。

6）金属护套。铝金属护套最为常用，有无缝波纹铝套、焊缝波纹铝套，都是良好的径向防水层，铝的最低纯度为99.6%，高质量的铝不应含有微孔、杂质等；铝护套任意点的厚度不小于其标称厚度的85%左右。由于铝护套更容易受到氧化和腐蚀，所以在铝护套的表面都涂敷有沥青保护。

7）外护套。外护套一般采用挤出的聚乙烯或聚氯乙烯护套。外护套厚度不小于其标称厚度的85%，能通过相应的直流耐压和冲击耐压试验。

8）外电极。在外护套的外面涂覆石墨涂层或挤出半导电层，就构成了电缆的外电极。其作用是作为外护套耐压试验的一个电极。石墨涂层在电缆敷设过程中容易脱落，挤出型外电极相对牢固，不宜脱落，尤以外护套和半导电层两层共同挤出的工艺最佳。

2. 聚氯乙烯绝缘电力电缆

由聚氯乙烯绝缘材料挤包制成绝缘层的电力电缆叫聚氯乙烯绝缘电力电缆。聚氯乙烯绝缘电力电缆有单芯、二芯、三芯、四芯和五芯共5种。

多芯电缆的绝缘线芯增加填料绞合呈圆形成缆后，再挤包PVC或PE护套作为内护套，外面再逐层施加铠装层和PVC或PE外护套。

1kV单芯聚氯乙烯绝缘电力电缆结构如图4-3所示。

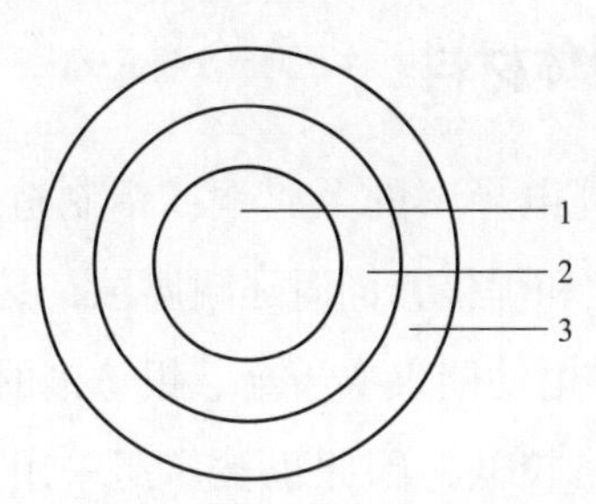

图4-3 1kV单芯聚氯乙烯绝缘电力电缆结构图

1—导体；2—聚氯乙烯绝缘；3—聚氯乙烯护套

1kV三芯聚氯乙烯绝缘电力电缆结构如图4-4所示。

3. 橡胶绝缘电力电缆

6～35kV的橡胶绝缘电力电缆，导体表面有半导电屏蔽层，绝缘层表面有

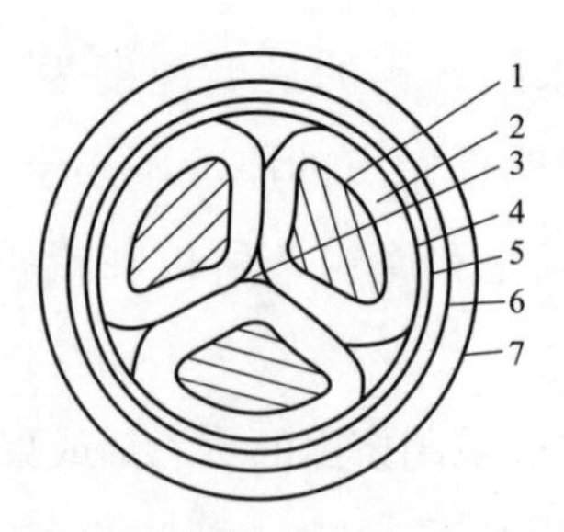

图 4-4 1kV 三芯聚氯乙烯绝缘电力电缆结构图

1—导体；2—聚氯乙烯绝缘；3—填充物；4—聚氯乙烯包带；5—聚氯乙烯内护套；6—钢带铠装；7—聚氯乙烯外护套

半导电材料和金属材料组合而成的屏蔽层。多芯电缆绝缘线芯绞合时，采用具有防腐性能的纤维填充，并包以橡胶布带或涂胶玻璃纤维带。橡胶绝缘电缆的绝缘一般为乙丙橡胶，硬护套一般为聚氯乙烯或氯丁橡胶护套。

第三节 电力电缆的材料

一、电力电缆的导体材料

电力电缆导体采用高电导率的金属铜或铝制造。铜的电导率大，机械强度高，易于压延、拉丝和焊接，同时还耐腐蚀，是作为电缆线芯被最广泛采用的金属材料。铝是导电性能仅次于金、银、铜的导电材料，它的矿产资源比铜的更为丰富，价格较低，因此也被广泛采用。铜与铝的物理性能见表 4-1。

表 4-1 铜、铝主要物理性能

名称	20℃时的密度	20℃时的电阻率	电阻温度系数	抗拉强度
铜	8.89g/cm^3	$1.724\times10^{-8}\Omega\cdot m$	0.00393/℃	200～210N/mm^2
铝	2.70g/cm^3	$2.80\times10^{-8}\Omega\cdot m$	0.00407/℃	70～95N/mm^2

从表 4–1 中可以看出，铝的机械性能与导电性能均比铜的略差，但对于敷设安装后固定的电缆线路来说，导体在运行过程中一般并不承受很大的拉力，只要导体具有一定的柔软性和机械强度，易于生产制造和施工安装，就能满足作为电缆导体的基本要求。所以铜和铝这两种导体均能用来制作电缆线芯。

从导电性能看，铜在 20℃时电阻率为 $1.724\times10^{-8}\Omega\cdot m$，铝的电阻率比铜大，为 $2.80\times10^{-8}\Omega\cdot m$，是铜的 1.62 倍。要使同样长度的铜线与铝线具有相同的电阻，铝线芯的截面积是铜线芯的 1.62 倍。但由于铝的密度比铜小很多，即使截面积增大到 1.62 倍，铝线芯的重量也只有铜线芯的 1/2。铝的电阻温度系数比铜的大，换言之就是随着温度的升高，铝的通流能力比铜的下降得快。在城市中，电力通道越来越拥挤和珍贵，为了节省空间，主网中基本上只采用铜芯电力电缆。从安装运行来看，铜的性能比铝优越。铜线芯的连接容易，无论采用压接还是焊接，均容易满足运行要求。而铝线芯连接就比较困难，运行中的接头还容易因接触电阻增大而发热。

二、电力电缆的绝缘材料

挤包绝缘、油纸绝缘和压力绝缘的材料性能如下：

1. 挤包绝缘材料

挤包绝缘材料主要是各类塑料、橡胶，为高分子聚合物，经挤包工艺一次成型紧密地挤包在电缆导体上。主要有聚氯乙烯、聚乙烯、交联聚乙烯和乙丙橡胶，其性能如下：

（1）聚氯乙烯（PVC）塑料以聚氯乙烯树脂为主要原料，加入适量配合剂、增塑剂、稳定剂、填充剂、着色剂等经混合塑化而制成。聚氯乙烯具有较好的电气性能和较高的机械强度，具有耐酸、耐碱、耐油性，工艺性能也比较好；缺点是耐热性能较低，绝缘电阻率较小，介质损耗较大，因此仅用于 6kV 及以下的电缆绝缘。

（2）聚乙烯（PE）是由单体乙烯聚合而成的高聚物，可耐酸（盐酸、氢氟酸以及硫酸）、碱及盐类水溶液的腐蚀作用，具有优良的电气性能，介电常数小、介质损耗小、加工方便；缺点是耐热性差、机械强度低、耐电晕性能差、容易产生环境应力开裂。

（3）交联聚乙烯（XLPE）是聚乙烯经过交联反应后的产物。采用交联的方法，将线形结构的聚乙烯加工成网状结构的交联聚乙烯。交联聚乙烯与一般聚乙烯相比，它可以提高耐热性能，改善高温下的机械性能，改进耐环境应力开裂和耐老化性能，增强耐化学稳定性和耐溶剂性，减少冷流性，而电气性能基本保持不变。用交联聚乙烯做绝缘材料的电缆，长期工作温度可提高到90℃，瞬时短路温度可达250℃。

聚乙烯交联反应的基本机理是：利用物理的方法（如用高能粒子射线辐照）或者化学的方法（如加入过氧化物化学交联剂或用硅烷接枝等）来夺取聚乙烯中的氢原子，使其成为带有活性基的聚乙烯分子，而后带有活性基的聚乙烯分子之间交联成三度空间结构的大分子。

（4）乙丙橡胶（EPR）是一种合成橡胶。用作电缆绝缘的乙丙橡胶是由乙烯、丙烯和少量第三单体共聚而成。乙丙橡胶具有良好的电气性能、耐热性能、耐臭氧和耐气候性能；缺点是不耐油，可以燃烧。

2. 油纸绝缘材料

油纸绝缘电缆的绝缘层采用窄条电缆纸带，绕包在电缆导体上，经过真空干燥后浸渍矿物油或合成油而形成。纸带的绕包方式，除仅靠导体和绝缘层最外面的几层外，均采用间隙式绕包，这使电缆在弯曲时，在纸带层间可以相互移动，在沿半径为电缆本身半径的12～25倍的圆弧弯曲时，不至于损伤绝缘。

电缆纸是木纤维纸，经过绝缘浸渍剂浸渍之后成为油浸纸。油浸纸绝缘实际上是木质纤维素与浸渍剂的夹层结构决定的。35kV及以下的油纸电力电缆采用黏性浸渍剂，即松香光亮油复合剂。这种浸渍剂的特性是，在电缆工作温度范围内具有较高的黏度以防止流失，而在电缆浸渍温度下，则具有较低的黏度，以确保良好的浸渍性能。

3. 压力绝缘材料

在我国，压力电缆的生产和应用基本上是单一品种，即充油电缆。充油电缆是利用补充浸渍剂原理来消除气隙，以提高电缆工作场强的一种电缆。按充油通道不同，充油电缆分为自容式充油电缆和钢管充油电缆两类。我国生产应用自容式充油电缆已有近50年的历史，而钢管充油电缆尚未付诸工业性应用。运行经验表明，自容式充油电缆具有电气性能稳定、使用寿命较长的优点。自容式充油电缆油道位于导体中央，油道与补充浸渍油的设备（供油箱）相连，当温度升高时，多余的浸渍油流进油箱中，以借助油箱降低电缆中产生的过高压力；当温度降低时，油箱中浸渍油流进电缆中，以填补电缆中因负压而产生的空隙。充油电缆中浸渍剂的压力必须始终高于大气压。保证一定的压力，不仅使电缆工作场强提高，而且可以有效防止一旦护套破裂潮气浸入绝缘层。

三、电力电缆的屏蔽材料

屏蔽层的材料是半导电材料，其体积电阻率为103～106Ω·m。油纸电缆的屏蔽层为半导电纸，半导电纸有吸附离子的作用，有利于改善绝缘电气性能。挤包绝缘电缆的屏蔽层材料是加入碳黑粒子的聚合物。没有金属护套的挤包绝缘电缆，除半导电屏蔽层外，还要增加用铜带或铜丝绕包的金属屏蔽层。金属护套或金属屏蔽层的作用是：在正常运行时通过电容电流；当系统发生短路时，作为短路电流的通道，同时也起到屏蔽电场的作用。在电缆结构设计中，要根据系统短路电流的大小，采用相应截面积的金属屏蔽层。

交联聚乙烯半导电层呈空间网状结构，用砂纸打磨后，导电性能明显降低，可通过加热的方法使内层炭黑析出，恢复导电性能。

四、电力电缆的护层材料

1. 常用的金属内护套

按照加工工艺不同，有热压（连铸连轧）金属护套和焊接金属护套两种。

金属材料的选择主要从4个方面进行考虑，即容易加工、机械强度高，非磁性材料，较好的导电性、较低的电阻率，良好的化学稳定性。目前投入实际应用的有铅护套、铝护套、铜护套和不锈钢护套。其中，铅护套和铝护套是最常用的两种金属护套。

（1）铅护套加工工艺主要采用热挤包。其厚度受电压等级、截面积、载流量、系统接地电流、机械强度等的影响。110kV交联聚乙烯电缆一般是2.6～3.3mm，220kV交联聚乙烯电缆一般是2.7～3.4mm。铅容易加工、化学稳定性好、耐腐蚀。缺点是机械强度较差，具有蠕变性和疲劳龟裂性。

（2）铝护套加工工艺主要采用热压连铸连轧和氩弧焊接两种。其厚度也受电压等级、截面积、载流量、系统接地电流、机械强度等的影响。110kV交联聚乙烯电缆一般是2.0～2.3mm，220kV交联聚乙烯电缆一般是2.4～2.8mm。铝的蠕变性和疲劳龟裂性比铅合金要小得多，因此，铝护套电缆的外护套结构可以大大简化，直埋敷设时无需用铜带或不锈钢带铠装。缺点是铝比铅容易遭受腐蚀；搪铅工艺比铅护套电缆要复杂。

2. 外护层

（1）内衬层：它在内护套和铠装层之间，主要是由麻布或塑料带等软性织物涂敷沥青后包绕在内护套上，只要求它具有柔软和无腐蚀性能，防火要求高的电缆还需阻燃。

（2）铠装层：它在内衬层和外被层之间，材料主要为钢带或钢丝，要求它应具有较高的机械强度。

（3）外被层或外护套：它在铠装层外，是电缆的最外层，材料有聚氯乙烯或聚乙烯等。在侧重防火要求的地方采用聚氯乙烯外护套，在侧重防水要求的地方多采用聚乙烯外护套，对于白蚁和鼠害严重的地方应添加防白蚁和老鼠啮咬的填料。

（4）加强层：这层结构是充油电缆所特有的，它是直接包绕在内护套外，一般用铜带或不锈钢带作为材料。

五、电缆相关其他材料

1. 防火涂料和防火带

膨胀型防火涂料，以较薄的覆盖层起到较好的防火、阻燃效果，几乎不影响电缆的载流量。由于涂料在高温下比常温时膨胀许多倍，因此能充分发挥其隔热作用，更有利于防火阻燃，却不妨碍电缆的正常散热。这种涂料具有刷涂和喷涂施工方便的优点，即使在狭窄沟道、隧道空间也可进行施工。涂刷前应先将电缆表面的泥砂、油渍清除掉，然后用漆刷刷涂或喷枪喷涂。防火效果的关键是必须保证涂料层的厚度。由于涂料的黏度有限，要分多次涂刷才能达到要求的厚度，每次涂刷漆膜厚度在 0.2 ~ 0.3mm 左右。第一次涂刷后经 12 ~ 24h 再涂第二次，以后依次循环。第一次涂刷的厚度宜薄不宜厚，否则会使整个涂层的附着力降低。涂膜的机械强度有限，需设法维护，使其不受外力损伤。然而对于大截面积电缆，对电缆的热胀冷缩涂膜也不一定能适应，故防火涂料多应用于中低压电缆，不适用于大截面积的高压电缆。

防火包带的主要特点在于弥补涂料的缺点，适合于大截面的高压电缆，具有加强机械强度的保护作用。施工比涂料简便，能准确把握缠绕厚度，质量易得到保证。缺点是缠绕时需要有一定的活动空间，在密集的电缆支架上施工不方便。

2. 防火堵料、填料

防火堵、填料有 7551–II 型发泡型电缆密封填料、DMT 灌注型电缆耐燃密封填料、DMT–J2 嵌塞型填料和 DFD–II 型电缆防火堵料等。

7551–II 型填料的特点是物料渗透性强，发泡时涨力大，密封性能好，尤其对根数较多的成束电缆穿过墙壁的填料盒或电缆洞时具有优良的水密封性能。成型后的填料质轻，阻水性好，填料固化成型时间短，可拆性好。DMT 灌注型电缆耐燃密封填料是用于舰船电缆密封装置中阻火防火的密封填料，也用作建筑物或电力部门电缆穿孔处的密封填料。该填料灌注方便，硬化后硬度适中，具有弹性，有极其良好的水密性能。DMT–J2 嵌塞型填料可广泛应用于金属、塑料管的密封，和地下建筑、高层建筑电缆贯穿部位的密封、防火和阻燃。DFD-II 型电缆防火堵料具有良好的阻火堵烟性能，主要用于工矿企业、民用与高层建筑各种供电系统中堵塞电缆孔洞的缝隙。

3. 硅油

硅油是一种不同聚合度链状结构的聚有机硅氧烷。它是由二甲基二氯硅烷加水水解制得初缩聚环体，环体经裂解、精馏制得低环体，然后把环体、封头剂、催化剂放在一起调聚就可得到各种不同聚合度的混合物，经减压蒸馏除去低沸物就可制得硅油。可将硅油细分为硅油和硅脂。在电缆工程中，硅油可用作电缆终端中的绝缘剂，硅脂可用作润滑剂和填充绝缘缝隙。

4. 电瓷

电瓷是陶瓷的一种，主要是由硅酸盐即黏土、长石、石英（或铝氧原材料）等铝硅酸盐原料混合配制，经过加工成一定形状，在较高温度下烧结而得到的无机绝缘材料。这种材料的共同特点是比较硬和脆，但是这种材料更能耐高温和耐严酷的环境。

第四节 电力电缆绝缘理论

一、电力电缆绝缘层中的电场分布

根据电磁场理论，交流电缆的场域为缓变场，缓变电磁场中的电场符合静电场的规律，而磁场符合恒定磁场的变化规律。单芯或三芯的圆形导体 XLPE 电缆，绝缘介质是均匀介质，且导体和绝缘层表面均具有均匀电场分布的屏蔽层，其电场是标准的同心圆柱形电场，即电缆导体、绝缘层和外屏蔽层构成同心圆柱体，在绝缘层中的电场方向和导体相垂直。因此，单芯或分相屏蔽型圆形线芯电缆的电场均可看作同心圆柱体场。电场的电力线全是径向的，如图 4-5 所示。垂直于轴向的每个截面的电场分布均是一样的，由于

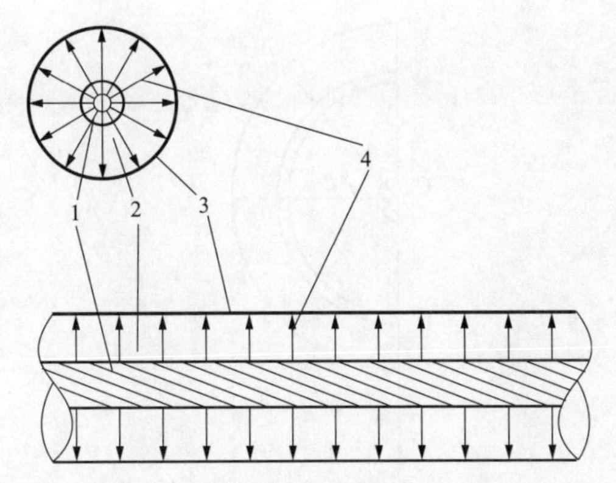

图 4-5 单芯电缆绝缘层中电场的分布

1 —导体；2—绝缘；3—外半导电屏蔽；4 —径向电力线

截面为轴对称的缘故，这个平面电场分布仅与半径有关，经过数学推导，计算单芯电缆绝缘层内在距线芯中心点为 r 处的电场强度的公式为

$$E=\frac{U}{r\ln\frac{R}{r_c}} \tag{4-1}$$

式中 E——电场强度；

U——电压；

R——绝缘层的外径，也即绝缘屏蔽层的内径；

r_c——导体屏蔽层的外径。

当 $r=r_c$ 时，E 最大；当 $r=R$ 时，E 最小。所以单芯电缆绝缘层中的最大电场强度 E_{max} 位于线芯表面上，最小电场强度 E_{min} 位于绝缘层外表面上，电缆绝缘层中电场强度的分布情况如图 4-6 所示。

绝缘层中的平均电场强度与最大电场强度之比称为该绝缘层的利用系数。利用系数越大，说明电场分布越均匀，也就是说绝缘材料的利用越充分。对于均匀电场分布的绝缘结构，如平行电容极板间电场，其绝缘材料利用最充分，它的利用系数等于 1，电缆绝缘层的利用系数均小于 1，绝缘层越厚，利用系数越小。当导电线芯外径 r_c 与绝缘层外径 R 之比等于 0.37 时，线芯导体

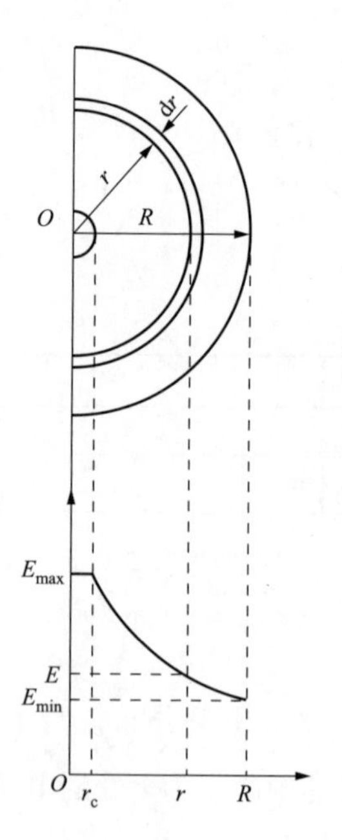

图 4-6 电缆绝缘层中电场强度的分布

表面的最大电场强度 E_{max} 最小，当 r_c 与 R 之比在 0.25 ~ 0.5 之间时，导体表面最大电场强度变化范围不大。对于 10kV 电缆，在制造电缆时，不论其导体截面积的大小，采用相同的绝缘厚度。

二、电力电缆绝缘层厚度的确定

1. 设计电缆绝缘层厚度应考虑的因素

（1）制造工艺允许的最小厚度。根据制造工艺的可能性，绝缘层必须有一个最小厚度。例如，黏性纸绝缘的层数不得少于 5 ~ 10 层，聚氯乙烯最小厚度是 0.25mm。1kV 及以下电缆的绝缘厚度基本上是按工艺上规定的最小厚度来确定的，如果按照材料平均电场强度的公式来计算低压电缆的绝缘厚度则太薄。例如 500V 的聚氯乙烯电缆，按聚氯乙烯击穿场强是 10kV/mm 计，安全系数取 1.7，则绝缘厚度只有 0.085mm，这样小的厚度是无法生产的。

（2）电缆在制造和使用过程中承受的机械力。电缆在制造和使用过程中，要受到拉伸、剪切、压、弯、扭等机械力的作用。1kV 及以下的电缆，在确定绝缘厚度时，必须考虑其可能承受的各种机械力。大截面低压电缆比小截面低压电缆的绝缘厚度要大一些，原因就是前者所受的机械力比后者大。满足了所承受的机械力的绝缘厚度，其绝缘击穿强度的安全裕度是足够的。

（3）电缆在电力系统中所承受的电压因素。电压等级在 6kV 及以上的电缆，绝缘厚度的主要决定因素是绝缘材料的击穿强度。在讨论这个问题的时候，首先要搞清楚电力系统中电缆所承受的电压情况。

电缆在电力系统中要承受工频电压 U_0，U_0 是电缆设计导体对地或金属屏蔽之间的额定电压。在进行电缆绝缘厚度计算时，我们要取电缆的长期工频试验电压，它是（2.5 ~ 3.0）U_0。

电缆在电力系统中还要承受大气过电压和内部过电压。大气过电压即雷电过电压，电缆线路一般不会遭到直击雷，雷电过电压只能从连接的架空线侵入。装设避雷器能使电缆线路得到有效保护，因此电缆所承受的雷电过电压取决于避雷器的保护水平 U_P（U_P 是避雷器的冲击放电电压和残压两者之中数值较大者）。通常，取（120% ~ 130%）U_P 为线路基本绝缘水平 BIL（basic insulation level），也即电力电缆雷电冲击耐受电压。电力电缆雷电冲击耐受电压值见表 4–2。

表 4–2　　电力电缆雷电冲击耐受电压值

额定电压（kV）	8.7/10	12/20	21/35	26/35	64/110	127/220	190/330	290/500
雷电冲击耐受电压（kV）	95	125	200	250	550	950	1175	1550

注：对于 220kV 及以上电缆的 BIL 数值，应根据避雷器的保护特性、变压器及架空线路的冲击绝缘水平等因素经计算适当选取。

2. 绝缘层厚度的计算

确定电缆绝缘层厚度，要同时依据长期工频试验电压和线路基本绝缘水平 BIL 来计算，然后取其厚者。在具体设计中，一般采用最大场强和平均场强两种计算方法。

（1）用最大场强公式计算。电缆绝缘层中，最大场强出现在线芯表面，也就是说靠近导体表面的绝缘层所承受的场强最大，若所用绝缘材料的击穿强度大于最大场强，利用最大场强公式可计算绝缘层厚度，即

$$\frac{G}{m} \geqslant E_{\max} = \frac{U}{r_c \ln \frac{R}{r_c}} \tag{4-2}$$

式中　G——绝缘材料击穿强度，kV/mm；

m——安全裕度，一般取 1.2 ~ 1.6；

$E_{\max}$——绝缘层最大场强，kV/mm；

U——工频试验电压或雷电冲击耐受电压，kV；

r_c——导体半径，mm；

R——绝缘外半径，mm。

经数学推导得出，绝缘外半径可以用以 e 为底的指数函数表达，即

$$R = r_c \exp \frac{mU}{Gr_e} \tag{4-3}$$

则绝缘厚度为

$$d = R - r_c = r_c [\exp\left(\frac{mU}{Gr_e}\right) - 1] \tag{4-4}$$

式中的 U 应取试验电压值，即取长期工频试验电压（2.5 ~ 3.0）U_0，或取雷电冲击耐受电压（见表 4–2）。

绝缘材料的击穿强度按不同的材料取值，严格地讲，材料的击穿强度应根据材料性质经试验确定，而且还与材料本身的厚度、导体半径等因素有关。表 4–3 列出了几种绝缘材料的击穿强度值，供参考。

表 4–3　绝缘材料的击穿强度值

电压（kV）	工频击穿强度（kV/mm）			冲击击穿强度（kV/mm）		
	黏性纸绝缘	充油	交联	黏性纸绝缘	充油	交联
35 及以下	10	—	10 ~ 15	100	—	40 ~ 50
110 ~ 220	—	40	20 ~ 35	—	100	50 ~ 60

（2）以平均场强公式计算。挤包绝缘电缆的绝缘厚度，习惯上采用平均强度的公式进行计算。这是因为挤包绝缘电缆的击穿强度受导体半径等几何尺寸的影响较大。以平均场强公式计算时，也需按工频电压和冲击电压两种情况分别进行计算，然后取其厚者。

在长期工频电压下，绝缘厚度 d 为

$$d=\frac{U_{0m}}{G}k_1k_2k_3 \quad (4-5)$$

在冲击电压下，绝缘厚度为

$$d=\frac{BIL}{G'}k_1'k_2'k_3' \quad (4-6)$$

式中 BIL——基本绝缘水平，kV；

U_{0m}——最大设计电压（其值一般为 $1.15U_0$），kV；

G、G'——工频、冲击电压下绝缘材料击穿强度，参见表 4–3，kV/mm；

k_1、k_1'——工频、冲击电压作用下击穿强度的温度系数，是室温下与导体最高温下击穿强度的比值，对于交联聚乙烯电缆，k_1=1.1，k_1'=1.13 ~ 1.20；

k_2、k_2'——工频、冲击电压下的老化系数，根据各种电缆的寿命曲线得出，对于交联聚乙烯电缆 k_2=4，k_2'=1.1；

k_3、k_3'——为工频、冲击电压下不定因素影响引入的安全系数，一般均取 1.1。

三、绝缘击穿特性及影响因素

1. 交联聚乙烯固体绝缘击穿特性的划分

交联聚乙烯固体绝缘的击穿形式有电击穿、热击穿和电化学击穿。这几种击穿形式都与电压的作用时间密切相关。

（1）电击穿。电击穿理论是建立在固体绝缘介质中发生碰撞电离的基础上的，固体介质中存在的少量传导电子，在电场加速下与晶格结点上的原子碰撞，从而击穿。电击穿理论本身又分为两种解释碰撞电离的理论，即固有击穿理论与电子崩击穿理论。

电击穿的特点是电压作用时间短，击穿电压高，击穿电压和绝缘介质温度、散热条件、介质厚度、频率等因素都无关，但和电场的均匀程度关系极大。此外和绝缘介质特性也有很大关系，如果绝缘介质内有气孔或其他缺陷，会使电场发生畸变，导致绝缘介质击穿电压降低。在极不均匀电场及冲击电压作用下，绝缘介质有明显的不完全击穿现象。不完全击穿导致绝缘性能逐渐下降的效应称为累积效应。绝缘介质击穿电压会随冲击电压施加次数的增多而下降。

（2）热击穿。由于绝缘介质损耗的存在，固体绝缘介质在电场中会逐渐发热升温，温度的升高又会导致固体绝缘介质电阻下降，使电流进一步增大，损耗发热也随之增大。在绝缘介质不断发热升温的同时，也存在一个通过电极及其他介质向外不断散热的过程。当发热较散热快时，介质温度会不断升高，以致引起绝缘介质分解炭化，最终击穿。这一过程即为绝缘介质的热击穿过程。

（3）电化学击穿（电老化）。在电场的长期作用下逐渐使绝缘介质的物理、化学性能发生不可逆的劣化，最终导致击穿，这种过程称电化学击穿。电化学击穿的类型有电离性击穿（电离性老化）、电导性击穿（电导性老化）和电解性击穿（电解性老化）。前两种主要在交流电场下发生，后一种主要在直流电场下发生。有机绝缘介质表面绝缘性能破坏的表现，还有表面漏电起痕。

1）电离性老化。如果绝缘介质夹层或内部存在气隙或气泡，在交变电场下，气隙或气泡内的场强会比邻近绝缘介质内的场强大得多，但气体的起始电离场强又比固体介质低得多，所以在该气隙或气泡内很容易发生电离。

此种电离对固体介质的绝缘有许多不良后果。例如，气泡体积膨胀使介质开裂、分层，并使该部分绝缘的电导和介质损耗增大；电离的作用还可使有机绝缘物分解，新分解出的气体又会加入到新的电离过程中；还会产生对绝缘材料或金属有腐蚀作用的气体；还会造成电场的局部畸变，使局部介质承受过高的电压，对电离的进一步发展起促进作用。

气隙或气泡的电离，通过上述综合效应会造成邻近绝缘物的分解、破坏（表现为变酥、炭化等形式），并沿电场方向逐渐向绝缘层深处发展。在有机绝缘材料中，放电发展通道会呈树枝状，称为“电树枝”。这种电离性老化过程和局部放电密切相关。

2）电导性老化。如果在两极之间的绝缘层中存在水分，则当该处场强超过某定值时，水分会沿电场方向逐渐深入到绝缘层中，形成近似树枝状的痕迹，称为“水树枝”。水树枝呈绒毛状的一片或多片，有扇状、羽毛状、蝴蝶状等多种形式。

产生和发展水树枝所需的场强比产生和发展“电树枝”所需的场强低得多。产生水树枝的原因是水或其他电解液中离子在交变电场下反复冲击绝缘物，使其发生疲劳损坏和化学分解，电解液便随之逐渐渗透、扩散到绝缘深处。

3）电解性老化。在直流电压的长期作用下，即使所加电压远低于局部放电的起始电压，由于绝缘介质内部进行着电化学过程，绝缘介质也会逐渐老化，导致击穿。当有潮气侵入绝缘介质时，水分子本身就会离解出 H^+ 和 O^{2-}，从而加速电解性老化。

4）表面漏电起痕及电蚀损。这是有机绝缘介质表面的一种电老化问题。在潮湿、脏污的绝缘介质表面会流过泄漏电流，在电流密度较大处会先形成干燥带，电压分布随之不均匀，在干燥带上分担较高电压，从而会形成放电小火花或小电弧。此种放电现象会使绝缘体表面过热，局部炭化、烧蚀，形成漏电痕迹，漏电痕迹的持续发展可能逐渐形成沿绝缘体表面贯通两端电极的放电通道。

交联聚乙烯电缆绝缘老化原因及形态见表 4–4。

表 4–4　　交联聚乙烯电缆绝缘老化原因及形态

引起老化的主要原因	老化形态
电气的原因（工作电压、过电压、负荷冲击、直流分量等）	局部放电老化、电树枝老化、水树枝老化
热的原因（温度异常、热胀冷缩等）	热老化，热－机械引起的变形、损伤
化学的原因（油、化学物品等）	化学腐蚀、化学树枝
机械的原因（外伤、冲击、挤压等）	机械损伤、变形及电－机械复合老化
生物的原因（动物的吞食、成孔等）	蚁害、鼠害

2. 油纸绝缘的击穿特性

油纸电缆的优点主要是优良的电气性能，干纸的耐电强度仅为 10～13kV/mm，纯油的耐电强度也仅为 10～20kV/mm，二者组合以后，由于油填充了纸中薄弱点的空气隙，纸在油中又起到了屏蔽作用，从而使总体耐电强度提高很多。油纸绝缘工频短时耐电强度可达 50～120kV/mm。

油纸绝缘的击穿过程如同一般固体绝缘介质那样，可分为短时电压作用下的电击穿、稍长时间电压作用下的热击穿及更长时间电压作用下的电化学击穿。

油纸绝缘的短时电气强度很高，但在不同介质的交界处，或层与层、带与带交接处等，都容易出现气隙，因而容易产生局部放电。局部放电对油纸绝缘的长期电气强度是很大的威胁，它对油浸纸有着电、热、化学等腐蚀作用，十分有害。

油纸绝缘在直流电压下的击穿电压常为工频电压（幅值）下的 2 倍以上，这是因为工频电压下局部放电、损耗等都比直流电压下严重得多。

3. 温度对绝缘性能的影响

一般随着温度的升高，电缆绝缘材料性能，如绝缘电阻、击穿场强等，均呈明显下降趋势。为防止电缆绝缘加速老化或发生热击穿，电缆的运行温度必须控制在绝缘材料所允许的最高工作温度以下。

4. 水分对绝缘性能的影响

电缆绝缘中含有水分，无论是油纸绝缘还是挤包绝缘，都会对绝缘性能产生不良影响。水分会使油纸绝缘的电气性能明显降低。含水率大，会使油纸绝缘击穿电压下降，电缆纸损耗角正切值 $\tan\delta$ 增大，体积电阻率 ρ_v 下降。电缆纸含水，其机械性能也有明显变化，抗拉断强度下降。水分的存在，还可使铜导体对电缆油的催化活性提高，从而加速绝缘油老化过程的氧化反应。

挤包绝缘中如果渗入了水分，在电场作用下会引发树枝状物质——水树枝。水树枝逐渐向绝缘内部伸展，导致挤包绝缘加速老化直至击穿。当导体表面含有水分时，由于温度较高的缘故，由此引发的水树枝对挤包绝缘产生的加速老化过程要更快些。

5. 气隙、杂质的影响

如果电缆绝缘中含有气隙，由于气隙的相对介电常数远小于电缆绝缘的相对介电常数，在工频电场的作用之下，气隙承受的电压降要远大于附近绝缘中的电压降，即承受较大的电场强度，而气隙的击穿强度比电缆绝缘的击穿强度小很多，就会造成气隙的击穿，也就是局部放电，随着气隙的多次击穿，气隙会不断扩大，放电量逐渐增加，直至发生电击穿或热击穿而损坏电缆。

杂质的击穿强度比绝缘的击穿强度小得多，如果电缆中含有微量的杂质，在电场的作用下，杂质首先发生击穿，随着杂质的炭化和气化，会在绝缘中生成气隙，引发局部放电，最终导致电缆损坏。如果电缆中含有大量的杂质，在电场的作用下会直接导致电击穿而损坏电缆。

四、电力电缆局部放电

1. 局部放电产生原因

电力电缆绝缘中部分被击穿的电气放电称为局部放电。对于被气体包围的导体附近发生的局部放电称之为电晕。局部放电可能发生在导体边上，也可能发生在绝缘体的表面或内部，发生在绝缘体表面的称为表面局部放电，发生在绝缘体内部的称为内部局部放电。

电力电缆局部放电的产生主要有以下几个原因：

（1）由于绝缘体内部或表面存在气泡而导致气泡内的放电。在电力电缆绝缘中因制造工艺、材料分解、机械振动、热胀冷缩等而产生气泡，因为气体的介电常数总是小于液体或固体的介电常数，在交变电场下，电场强度的分布反比于介电常数，则气泡的电场强度要比周围液体或固体介质的高，而气泡的击穿场强在大气压力附近总是比液体或固体介质低很多，因此气泡在电场的作用下就会产生局部放电。

下面以电缆绝缘中含有气隙为例，简要解释局部放电的过程。

厚度为 L 的绝缘中存在一个厚度为 δ 的气隙 c，与气隙 c 并联的绝缘用 a 表示，与气隙 c 串联的绝缘用 b 表示。气隙的存在可以简化为气隙的电容 C_c 和气隙电阻 R_c 并联，然后与绝缘 b 的电容 C_b 和电阻 R_b、绝缘 a 的电容 C_a 和电阻 R_a 并联后的串联回路，如图 4-7 所示。

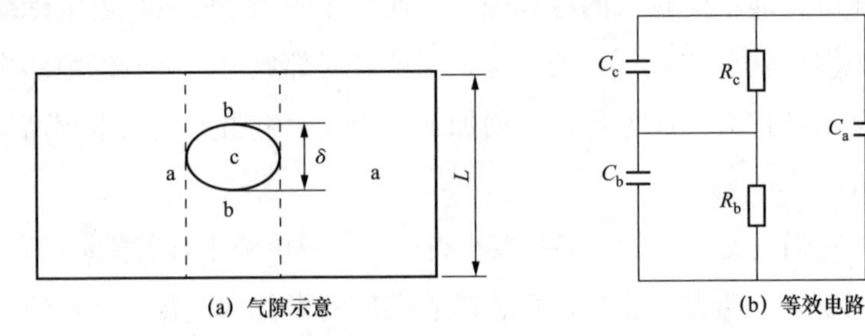

图 4-7 气隙及其等效电路图

在一般情况下，气隙的尺寸较小，等值电路中的参数满足如下关系：

$$C_a \gg C_b\ ,\ C_a \gg C_c\ ,\ C_c > C_b$$

当在电缆上施加交流工频电压时，气隙上电压由其电容分压，并随外施电压变化而变化，由于气泡的电容量大于电缆绝缘的电容量，电容分压后气泡上的电压大于电缆绝缘上的电压。当分压电压的数值足够大（大于气隙的击穿电压）时，气隙发生瞬间放电，并使气隙中气体电离，产生正负离子或电子。这些带电的质点在电场作用下，迁移到气隙壁上，形成与外加电压方向相反的内部电压。这时气隙上总电压是两者叠加的结果。当总电压小于气隙的击穿电压时，气隙放电就停止。以后气隙上电压又随外加电压升高而增大，重新达到击穿电压，出现第二次放电。由于一次放电时间很短，这样在1/4周期内可能出现多次放电。当电缆上的外施电压达到峰值而后下降时，气隙中的反向电压使气隙重新击穿放电，所产生的带电离子或电子迁移方向和前面放电时迁移方向相反，于是带电质点到达气泡壁时，中和原来的积累电荷，使内部建立的电压减少了，放电又停止。到外施电压又下降，并且气隙上的反向电压再次大于气隙的击穿电压时，气隙又发生放电。这样在这个1/4周期内可能出现多次放电。在电缆外加电压过零时，气隙上所积累的电荷全部被中和。下半周期又开始和上半周期一样的放电过程。

当局部放电的能量足够大，在较短时间内引起绝缘内温度急剧上升，使绝缘性能严重下降，从而导致电缆绝缘的热击穿。当局部放电的能量不够大，不能引起电缆绝缘的热击穿，但在较长的时间内，局部放电会使气隙不断扩大，所剩好的绝缘层不断减少，当所剩的绝缘层不能承受外施的电压时，就会发生电击穿。

（2）绝缘体中若有杂质存在，则在此杂质边缘由于电场集中，会出现局部放电。导体表面毛刺，则在针尖附近电场集中，也会产生局部放电。

（3）在电缆的端头等部位，由于电场集中，而且沿面放电的场强又比较低，往往就沿着介质与空气的交界面上产生表面局部放电。

2. 局部放电危害

局部放电是绝缘介质中的一种强场效应，通常介质在局部放电的作用下能引起电气性能的老化（电老化）和击穿，它对绝缘的严重影响是不容忽视的，大致有以下几方面的影响：

（1）电的作用，即带电粒子（电子、离子等）的直接轰击作用。空气中的局部放电从放电形式看属于流柱状的高压辉光放电，其中产生大量的带电粒子，在这些粒子的轰击下，对于固体介质来说，这些粒子在电场作用下加速运动轰击介质表面，使介质发生老化。由于加速运动的电子轰击作用能使高分子固体介质的分子主键断裂而分解成低分子，同时又使介质温度升高发生热降解外，还在介质表面形成凹坑且不断加深，最后导致介质击穿。

（2）热的作用，在靠近介质表面 5×10^{-17}m 的局部因发生一次局部放电，在 10^{-7}s 内能使介质温度升为170℃，有时因放电作用甚至达到1000℃的高温，因此有可能引起介质的热熔解或化学分解。

除热的作用之外，局部放电产生的光作用（主要在紫外线范围），还能使塑料有机介质发生光老化、龟裂等现象。

（3）化学作用，受局部放电产生的受激分子和二次生成物的作用，介质受到的侵蚀可能比电、热造成的侵蚀更大，聚乙烯会加速老化。金属电极附近的放电比介质内部气隙放电的危害大得多，前者的侵蚀能力约为后者的10倍左右。聚乙烯介质在放电作用下，会产生 H_2O、CO 和 CO_2 等分解物，如果有潮气，还会生成二元酸（COOHCOOH）。在局部放电作用下生成的氧离子、受激的氧分子或氧原子对暴露在外的介质表面发生氧化作用，使聚乙烯分解出 H_2O 和 CO 等，表现为重量减轻。因为这些活性氧的寿命很短，所以仅限于对直接暴露表面的作用，而二次生成的臭氧 O_3、NO 则与聚乙烯反应生成羰基化合物，特别是 O_3 与空气和水分作用所产生的硝酸和亚硝酸等硝基化合物，不仅对介质有强烈的腐蚀破坏作用，而且会在铜导体等金属材料表面形成铜绿及硝酸铜粉末。

局部放电使绝缘材料老化，所以必须加以防止。其方法就是合理选用材料，确定几何尺寸和采用严格的工艺过程制造不含气隙或其他杂质的绝缘材料，可是后者往往有很大困难。这就需要采取降低气隙中电场强度的措施，并期望研制出耐局部放电性能优良的介质材料和提高耐放电性的添加剂等。

第五节 电力电缆的型号和应用场合

一、电力电缆的产品命名

电力电缆产品命名用型号、规格和标准编号表示，电缆产品型号一般由绝缘、导体、护层的代号构成，因电缆种类不同型号的构成有所区别；规格由额定电压、芯数、标称截面积构成，以字母和数字为代号组合表示。

1. 额定电压 1（$U_{\mathrm{m}}=1.2\mathrm{kV}$）~35kV（$U_{\mathrm{m}}=40.5\mathrm{kV}$）挤包绝缘电力电缆命名方法

（1）产品型号的组成和排列顺序如下：

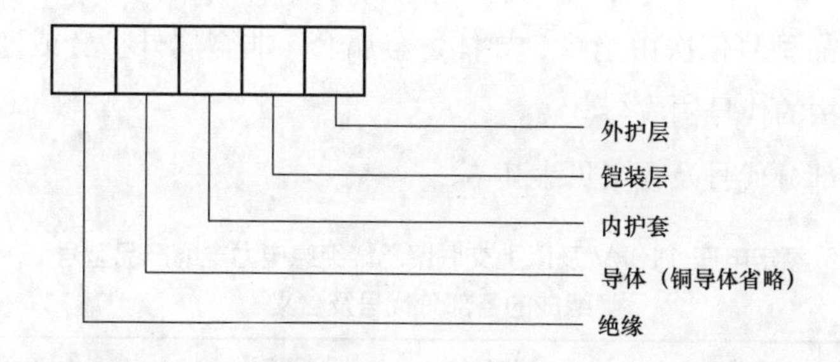

（2）各部分代号及含义见表 4-5。

表 4-5 额定电压 1~35kV 挤包绝缘电力电缆产品型号组成的各部分代号及含义

代号类别	代号含义	代号	代号类别	代号含义	代号
导体代号	铜导体	（T）省略	铠装代号	双钢带铠装	2
	铝导体	L		细圆钢丝铠装	3
绝缘代号	聚氯乙烯绝缘	V		粗圆钢丝铠装	4
	交联聚乙烯绝缘	YJ		双非磁性金属带铠装	6

续表

代号类别	代号含义	代号	代号类别	代号含义	代号
绝缘代号	乙丙橡胶绝缘	E	铠装代号	非磁性金属丝铠装	7
	硬乙丙橡胶绝缘	HE	外护层代号	聚氯乙烯外护套	2
护套代号	聚氯乙烯护套	V		聚乙烯外护套	3
	聚乙烯护套	Y		弹性体外护套	4
	弹性体护套	F			
	挡潮层聚乙烯护套	A			
	铅套	Q			

举例：铜芯交联聚乙烯绝缘聚乙烯护套电力电缆，额定电压为26/35kV，单芯，标称截面300mm^2，表示为：YJY–26/35 1 × 300。

2. 额定电压110kV及以上交联聚乙烯绝缘电力电缆命名方法

（1）产品型号依次由绝缘、导体、金属套、非金属外护套或通用外护层以及阻水结构的代号构成。

（2）各部分代号及含义见表4–6。

表4–6 额定电压110kV及以上交联聚乙烯绝缘电力电缆产品型号组成的各部分代号及含义

代号类别	代号含义	代号	代号类别	代号含义	代号
导体代号	铜导体	（T）省略	非金属外护套代号	聚氯乙烯外护套	02
	铝导体	L		聚乙烯外护套	03
绝缘代号	交联聚乙烯绝缘	YJ	阻水结构代号	纵向阻水结构	Z
金属护套代号	铅套	Q			
	皱纹铝套	LW			

举例：

（1）额定电压64/110kV，单芯，铜导体标称截面积800mm^2，交联聚乙烯绝缘皱纹铝套聚氯乙烯护套电力电缆，表示为：YJLW02 64/110 1 × 800。

（2）额定电压 64/110kV，单芯，铜导体标称截面积 630mm²，交联聚乙烯绝缘铅套聚乙烯护套纵向阻水电力电缆，表示为：YJQ03-Z 64/110 1×630。

3. 额定电压 35kV 及以下铜芯、铝芯纸绝缘电力电缆命名方法

（1）产品型号依次由绝缘、导体、金属套、特征结构、外护层代号构成。

（2）各部分代号及含义见表 4-7 和表 4-8。

表 4-7 额定电压 35kV 及以下铜芯、铝芯纸绝缘电力电缆产品型号组成的各部分代号及含义

代号类别	代号含义	代号	代号类别	代号含义	代号
导体代号	铜导体	（T）省略	特征结构代号	分相电缆	F
	铝导体	L		不滴流电缆	D
绝缘代号	纸绝缘	Z		黏性电缆	省略
金属护套代号	铅套	Q			
	铝套	L			

表 4-8 纸绝缘电缆外护层代号及含义

代号	铠装层	外被层或外护套	代号	铠装层	外被层或外护套
0	无	—	4	粗圆钢丝	—
1	联锁钢带	纤维外被	5	皱纹钢带	—
2	双钢带	聚氯乙烯外套	6	双铝带或铝合金带	—
3	细圆钢丝	聚乙烯外套			

外护层代号编制原则是：一般外护层按铠装层和外被层结构顺序，以两个阿拉伯数字表示，每一个数字表示所采用的主要材料。

举例：铜芯不滴流油浸纸绝缘分相铅套双钢带铠装聚氯乙烯套电力电缆，额定电压 26/35kV，三芯，标称截面积 150mm²，表示为：ZQFD22-26/353×150。

4. 交流 330kV 及以下油纸绝缘自容式充油电缆命名方法

（1）产品型号依次由产品系列代号、导体、绝缘、金属套、外护层代号构成。

（2）各部分代号及含义见表 4-9。

表 4-9 交流 330kV 及以下油纸绝缘自容式充油电缆产品型号组成的各部分代号及含义

代号类别	代号含义	代号	代号类别	代号含义	代号
产品系列代号	自容式充油电缆	CY	绝缘代号	纸绝缘	Z
导体代号	铜导体	（T）省略	金属护套代号	铅套	Q
	铝导体	L		铝套	L

外护层代号：充油电缆外护层型号按加强层、铠装层和外被层的顺序，通常以三个阿拉伯数字表示。每一个数字表示所采用的主要材料。

外护层以数字为代号的含义见表 4-10。

表 4-10 充油电缆外护层代号含义

代号	加强层	铠装层	外被层或外护套
0	—	无铠装	—
1	铜带径向加强	联锁钢带	纤维外被
2	不锈钢带径向加强	双钢带	聚氯乙烯外套
3	铜带径向加强窄铜带纵向加强	细圆钢丝	—
4	不锈钢带径向窄不锈钢带纵向加强	粗圆钢丝	—

举例：铜芯纸绝缘铅包铜带径向窄铜带纵向加强聚氯乙烯护套自容式充油电缆，额定电压 220kV，单芯，标称截面积 400mm^2，表示为：CYZQ302 220/1×400。

二、各种型号电力电缆的应用场合

电缆采用各种不同的敷设方式安装运行，例如直埋在地下土壤中，敷设在电缆沟槽、排管中，安装在高落差的竖井、矿井里和水底等，其所处环境和运行条件存在很大差异。电缆厂设计生产各种不同型号的电缆以适应各种敷设与运行条件，如钢带铠装电缆适应直埋于地下，塑料护套电缆适应在腐蚀严重的地区，钢丝铠装电缆能承受较大的拉力适合高落差和水底等。选择电缆型号既要能适应周围环境、运行条件和安装方式的要求，保证运行安全可靠，又要节约成本，经济合理。电缆的型号实在太多，在此仅说明常用型号电缆的应用场合，见表 4-11。

表 4-11　　常用各种型号电缆的应用场合

型号	名称	应用场合
ZQ ZLQ	铜（铝）芯纸绝缘裸铅包电力电缆	适用于敷设在室内、沟道中及管子内，对电缆没有一般机械外力作用，对铅包具有中性的环境
ZQ02 ZLQ02	铜（铝）芯纸绝缘裸铅包聚氯乙烯护套电力电缆	适用于敷设在室内、沟道中及管子内，对电缆没有一般机械外力作用，能使用于严重腐蚀的环境
ZQ03 ZLQ03	铜（铝）芯纸绝缘裸铅包聚乙烯护套电力电缆	适用于敷设在室内、沟道中及管子内，对电缆没有一般机械外力作用，能使用于严重腐蚀的环境
ZQ20 ZLQ20	铜（铝）芯纸绝缘铅包裸钢带铠装电力电缆	适用于敷设在室内、沟道中及管子内，能承受一般机械外力作用，但不能承受大的拉力
ZQ22 ZLQ22	铜（铝）芯纸绝缘铅包钢带铠装聚氯乙烯护套电力电缆	适用于敷设在土壤、室内、沟道中及管子内，能承受一般机械外力作用，但不能承受大的拉力，能使用于严重腐蚀的环境
ZQ23 ZLQ23	铜（铝）芯纸绝缘铅包钢带铠装聚乙烯护套电力电缆	适用于敷设在土壤、室内、沟道中及管子内，能承受一般机械外力作用，但不能承受大的拉力，能使用于严重腐蚀的环境
ZQ30 ZLQ30	铜（铝）芯纸绝缘铅包裸细钢丝铠装电力电缆	适用于竖井及矿井中敷设，能承受一般机械外力作用，能承受相当的拉力
ZQ32 ZLQ32	铜（铝）芯纸绝缘铅包细钢丝铠装聚氯乙烯护套电力电缆	适用于竖井及矿井中、水底敷设，能承受一般机械外力作用，能承受相当的拉力，能使用于严重腐蚀的环境
ZQ33 ZLQ33	铜（铝）芯纸绝缘铅包细钢丝铠装聚乙烯护套电力电缆	适用于竖井及矿井中、水底敷设，能承受一般机械外力作用，能承受相当的拉力，能使用于严重腐蚀的环境
ZQ41 ZLQ41	铜（铝）芯纸绝缘铅包粗钢丝铠装纤维外被电力电缆	适用于水底敷设，能承受一般机械外力作用，能承受相当的拉力

续表

型号	名称	应用场合
ZQF20 ZLQF20	铜（铝）芯纸绝缘分相铅包裸钢带铠装电力电缆	适用于敷设在室内、沟道中及管子内，能承受一般机械外力作用，但不能承受大的拉力
ZQF22 ZLQF22	铜（铝）芯纸绝缘分相铅包钢带铠装聚氯乙烯护套电力电缆	适用于敷设在土壤、室内、沟道中及管子内，能承受一般机械外力作用，但不能承受大的拉力，能使用于严重腐蚀的环境
ZQF23 ZLQF23	铜（铝）芯纸绝缘分相铅包钢带铠装聚乙烯护套电力电缆	适用于敷设在土壤、室内、沟道中及管子内，能承受一般机械外力作用，但不能承受大的拉力，能使用于严重腐蚀的环境
ZQF41 ZLQF41	铜（铝）芯纸绝缘分相铅包粗钢丝铠装纤维外被电力电缆	适用于水底敷设，能承受一般机械外力作用，能承受相当的拉力
ZQD ZLQD	铜（铝）芯不滴流纸绝缘裸铅包电力电缆	适用于敷设在室内、沟道中及管子内，对电缆没有一般机械外力作用，对铅包具有中性的环境
ZQD02 ZLQD02	铜（铝）芯不滴流纸绝缘裸铅包聚氯乙烯护套电力电缆	适用于敷设在室内、沟道中及管子内，对电缆没有一般机械外力作用，能使用于严重腐蚀的环境
ZQD03 ZLQD03	铜（铝）芯不滴流纸绝缘裸铅包聚乙烯护套电力电缆	适用于敷设在室内、沟道中及管子内，对电缆没有一般机械外力作用，能使用于严重腐蚀的环境
ZQD20 ZLQD20	铜（铝）芯不滴流纸绝缘铅包裸钢带铠装电力电缆	适用于敷设在室内、沟道中及管子内，能承受一般机械外力作用，但不能承受大的拉力
ZQD22 ZLQD22	铜（铝）芯不滴流纸绝缘铅包钢带铠装聚氯乙烯护套电力电缆	适用于敷设在土壤、室内、沟道中及管子内，能承受一般机械外力作用，但不能承受大的拉力，能使用于严重腐蚀的环境
ZQD23 ZLQD23	铜（铝）芯不滴流纸绝缘铅包钢带铠装聚乙烯护套电力电缆	适用于敷设在土壤、室内、沟道中及管子内，能承受一般机械外力作用，但不能承受大的拉力，能使用于严重腐蚀的环境
ZQD30 ZLQD30	铜（铝）芯不滴流纸绝缘铅包裸细钢丝铠装电力电缆	适用于竖井及矿井中敷设，能承受一般机械外力作用，能承受相当的拉力
ZQD32 ZLQD32	铜（铝）芯不滴流纸绝缘铅包细钢丝铠装聚氯乙烯护套电力电缆	适用于竖井及矿井中、水底敷设，能承受一般机械外力作用，能承受相当的拉力，能使用于严重腐蚀的环境
ZQD33 ZLQD33	铜（铝）芯不滴流纸绝缘铅包细钢丝铠装聚乙烯护套电力电缆	适用于竖井及矿井中、水底敷设，能承受一般机械外力作用，能承受相当的拉力，能使用于严重腐蚀的环境
ZQD41 ZLQD41	铜（铝）芯不滴流纸绝缘铅包粗钢丝铠装纤维外被电力电缆	适用于水底敷设，能承受一般机械外力作用，能承受相当的拉力

续表

型号	名称	应用场合
ZQFD20 ZLQFD20	铜（铝）芯不滴流纸绝缘分相铅包裸钢带铠装电力电缆	适用于敷设在室内、沟道中及管子内，能承受一般机械外力作用，但不能承受大的拉力
ZQFD22 ZLQFD22	铜（铝）芯不滴流纸绝缘分相铅包钢带铠装聚氯乙烯护套电力电缆	适用于敷设在土壤、室内、沟道中及管子内，能承受一般机械外力作用，但不能承受大的拉力，能使用于严重腐蚀的环境
ZQFD23 ZLQFD23	铜（铝）芯不滴流纸绝缘分相铅包钢带铠装聚乙烯护套电力电缆	适用于敷设在土壤、室内、沟道中及管子内，能承受一般机械外力作用，但不能承受大的拉力，能使用于严重腐蚀的环境
ZQFD41 ZLQFD41	铜（铝〉芯不滴流纸绝缘分相铅包粗钢丝铠装纤维外被电力电缆	适用于水底敷设，能承受一般机械外力作用，能承受相当的拉力
XQ XLQ	铜（铝〉芯橡皮绝缘裸铅包电缆	适用于敷设在室内、隧道内及管道中，电缆不能受到振动和一般外力作用，且对铅包应有中性的环境
XQ20 XLQ20	铜（铝）芯橡皮绝缘铅包裸钢带铠装电缆	适用于敷设在室内、隧道内及管道中，电缆不能承受大的拉力
XV XLV	铜（铝）芯橡皮绝缘聚氯乙烯护套电缆	适用于敷设在室内、隧道内及管道中，电缆不能承受机械外力作用；有防腐能力
XV20 XLV20	铜（铝）芯橡皮绝缘聚氯乙烯护套裸钢带铠装电缆	适用于敷设在室内、隧道及管道中，电缆能承受一般机械外力作用，但不能承受大的拉力
XHF XLHF	铜（铝）芯橡皮绝缘 非燃性橡套电缆	适用于敷设在要求防燃的室内、隧道及管道中，电缆不能承受机械外力作用，有防腐能力
XHF20 XLHF20	铜（铝）芯橡皮绝缘非燃性橡套裸钢带铠装电缆	适用于敷设在要求防燃的室内、隧道及管道中，电缆能承受机械外力作用，但不能承受大的拉力
VV VLV	铜（铝）芯聚氯乙烯绝缘聚氯乙烯护套电力电缆	适用于敷设在室内、隧道内及管道中，电缆不能承受机械外力作用，有防腐能力
VY VLY	铜（铝）芯聚氯乙烯绝缘聚乙烯护套电力电缆	适用于敷设在室内、隧道内及管道中，电缆不能承受机械外力作用，有防腐能力
VV22 VLV22	铜（铝）芯聚氯乙烯绝缘钢带铠装聚氯乙烯内外护套电力电缆	适用于敷设在室内、隧道内、管道中及地下，电缆不能承受大的拉力，有防腐能力
VV23 VLV23	铜（铝）芯聚氯乙烯绝缘钢带铠装聚氯乙烯内护套聚乙烯外护套电力电缆	适用于敷设在室内、隧道内、管道中及地下，电缆不能承受大的拉力，有防腐能力
VV32 VLV32	铜（铝）芯聚氯乙烯绝缘细钢丝铠装聚氯乙烯内外护套电力电缆	适用于敷设在竖井、矿井、水底及地下，电缆能承受一定的拉力，有防腐能力

续表

型号	名称	应用场合
VV33 VLV33	铜（铝）芯聚氯乙烯绝缘细钢丝铠装聚氯乙烯内护套聚乙烯外护套电力电缆	适用于敷设在竖井、矿井、水底及地下，电缆能承受一定的拉力，有防腐能力
VV42 VLV42	铜（铝）芯聚氯乙烯绝缘粗钢丝铠装聚氯乙烯内外护套电力电缆	适用于敷设在竖井、矿井及水底，电缆能承受大的拉力，有防腐能力
VV43 VLV43	铜（铝）芯聚氯乙烯绝缘粗钢丝铠装聚氯乙烯内护套聚乙烯外护套电力电缆	适用于敷设在竖井、矿井及水底，电缆能承受大的拉力，有防腐能力
YJV YJLV	铜（铝）芯交联聚乙烯绝缘聚氯乙烯护套电力电缆	适用于敷设在室内、外，隧道内，管道中及松散土壤中，电缆不能承受机械外力作用
YJY YJLY	铜（铝）芯交联聚乙烯绝缘聚乙烯护套电力电缆	适用于敷设在室内、外，隧道内，管道中及松散土壤中，电缆不能承受机械外力作用
YJV22 YJLV22	铜（铝）芯交联聚乙烯绝缘钢带铠装聚氯乙烯内外护套电力电缆	适用于敷设在室内、隧道内、管道中及地下，电缆不能承受大的拉力，有防腐能力
YJV23 YJLV23	铜（铝）芯交联聚乙烯绝缘钢带铠装聚氯乙烯内护套聚乙烯外护套电力电缆	适用于敷设在室内、隧道内、管道中及地下，电缆不能承受大的拉力，有防腐能力
YJV32 YJLV32	铜（铝）芯交联聚乙烯绝缘细钢丝铠装聚氯乙烯内外护套电力电缆	适用于敷设在竖井、矿井、水底及地下，电缆能承受一定的拉力，有防腐能力
YJV33 YJLV33	铜（铝）芯交联聚乙烯绝缘细钢丝铠装聚氯乙烯内护套聚乙烯外护套电力电缆	适用于敷设在竖井、矿井、水底及地下，电缆能承受一定的拉力，有防腐能力
YJV42 YJLV42	铜（铝）芯交联聚乙烯绝缘粗钢丝铠装聚氯乙烯内外护套电力电缆	适用于敷设在竖井、矿井及水底，电缆能承受大的拉力，有防腐能力
YJV43 YJLV43	铜（铝）芯交联聚乙烯绝缘粗钢丝铠装聚氯乙烯内护套聚乙烯外护套电力电缆	适用于敷设在竖井、矿井及水底，电缆能承受大的拉力，有防腐能力
CYZQ102	纸绝缘铜芯铅包、铜带径向加强、聚氯乙烯外护套自容式充油电缆	敷设在土壤、隧道中，能承受机械外力，垂直落差小于或等于 30m
CYZQ202	纸绝缘铜芯铅包、不锈钢带径向加强、聚氯乙烯外护套自容式充油电缆	敷设在土壤、隧道中，能承受机械外力，垂直落差小于或等于 30m
CYZQ143	纸绝缘铜芯铅包、铜带径向加强粗钢丝铠装、聚乙烯外护套自容式充油电缆	敷设在水底或竖井中，能承受较大拉力

续表

型号	名称	应用场合
YJLW02	铜芯交联聚乙烯绝缘皱纹铝套聚氯乙烯外护套电力电缆	适用于敷设在室内、隧道内、电缆沟及保护管中，电缆能承受一般机械外力作用
YJLW03	铜芯交联聚乙烯绝缘皱纹铝套聚乙烯外护套电力电缆	适用于敷设在室内、隧道内、电缆沟及保护管中，电缆能承受一般机械外力作用
YJQ02	铜芯交联聚乙烯绝缘铅套聚氯乙烯外护套电力电缆	适用于敷设在室内、隧道内、电缆沟及保护管中，电缆能承受一般机械外力作用
YJQ03	铜芯交联聚乙烯绝缘铅套聚乙烯外护套电力电缆	适用于敷设在室内、隧道内、电缆沟及保护管中，电缆能承受一般机械外力作用

注：对于在有防火要求场所使用的聚氯乙烯和交联聚乙烯阻燃电缆，在型号前加 ZR-。

第六节 电力电缆线路金属护层接地方式

当电缆线芯流过交流电流时，在与导体平行的金属护套中必然产生感应电压。三芯电缆具有良好的磁屏蔽，在正常运行情况下其金属护套的电位基本相等，为零电位，而由三根单芯电缆组成的电缆线路中情况则不同。

一、金属护层感应电压概念及产生原因

单芯电缆在三相交流电网中运行时，当电缆导体中有电流通过时，导体电流产生的一部分磁通与金属护套相交链，与导体平行的金属护套中必然纵向感应电压。这部分磁通使金属护套产生的感应电压与电缆排列中心距离和金属护套平均半径之比的对数成正比，并且与导体负荷电流、频率及电缆的长度成正比。在等边三角形排列的线路中，三相感应电压相等；在水平排列线路中，边相的感应电压比中相感应电压高。

二、金属护套接地方式对感应电压的影响

单芯电缆金属护套如采用两端接地，金属护套感应电压会在金属护套中

产生循环电流，此电流大小与电缆线芯中负荷电流大小密切相关，同时还与间距等因素有关，循环电流致使金属护套因产生损耗而发热，将降低电缆的输送容量。

如果采取金属护套一端接地，另一端对地绝缘，则护套中没有电流流过。但是感应电压与电缆长度成正比，当电缆线路较长时，过高的感应电压可能危及人身安全，并可能导致设备事故。因此必须妥善处理金属护套感应电压。

三、改善电缆金属护套电压的措施

金属护套感应电压与其接地方式有关，可通过金属护套不同的接地方式，将感应电压合理改善。《电力工程电缆设计规程》（GB 50217—2018）规定：单芯电缆线路的金属护套只有一点接地时，金属护套任一点的感应电压（未采取能有效防止人员任意接触金属层的安全措施时）不得大于 50V；除上述情况外，不得大于 300V 并应对地绝缘。如果大于此规定电压，应采取金属护套分段绝缘或绝缘后连接成交叉互联的接线。为了减小单芯电缆线路对邻近辅助电缆及通信电缆的感应电压，应尽量采用交叉互联接线。

对于电缆线路不长的情况下，可采用单点接地的方式，同时为保护电缆外层绝缘，在不接地的一端应加装护层保护器。

对于较长的电缆线路，应用绝缘接头将金属护套分隔成多段，使每段的感应电压限制在小于 50V 的安全范围内。通常将三段相等或基本相等的电缆组成一个换位段，其中有两套绝缘接头，每套绝缘接头的绝缘隔板两侧不同相的金属护套用交叉跨越法相互连接。

金属护套交叉互联的方法是：将一侧 A 相金属护套连接到另侧 B 相；将一侧 B 相金属护套连接到另侧 C 相；将一侧 C 金属护套连接到另一 A 相。

金属护套交叉互联后，举例说，第Ⅰ段 C 相连接到第Ⅱ段 B 相，然又接第Ⅲ段 A 相，如图 4-8 所示，由于 A、B、C 三相的感应电动势的相角差为 120°，如果三段电缆长度相等，则在一个大段中金属护套三相合成电动势理论上应等于零。

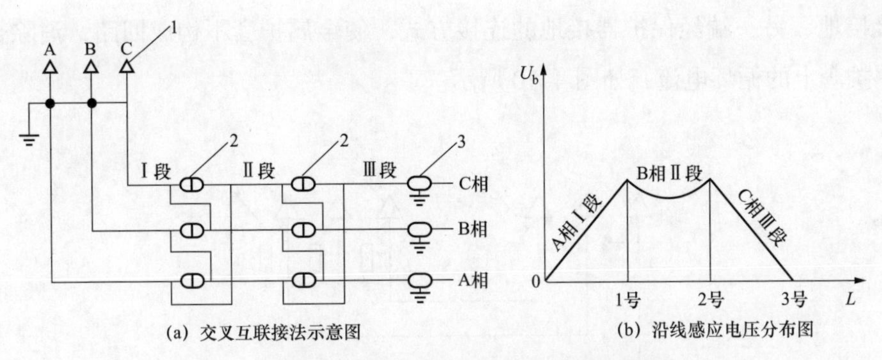

图 4-8 单芯电缆金属护套交叉互联原理接线图

1—电缆终端；2—绝缘接头；3—直通接头

金属护套采用交叉互联后，与不实行交叉互联相比较，电缆线路的输送容量可以有较大提高。为了减少电缆线路的损耗，提高电缆的输送容量，高压单芯电缆的金属护套一般均采取交叉互联或单点互联方式。

单芯电缆金属护套的常见连接方式如下：

1. 金属护套两端接地

金属护套两端接地电缆如图 4-9 所示。

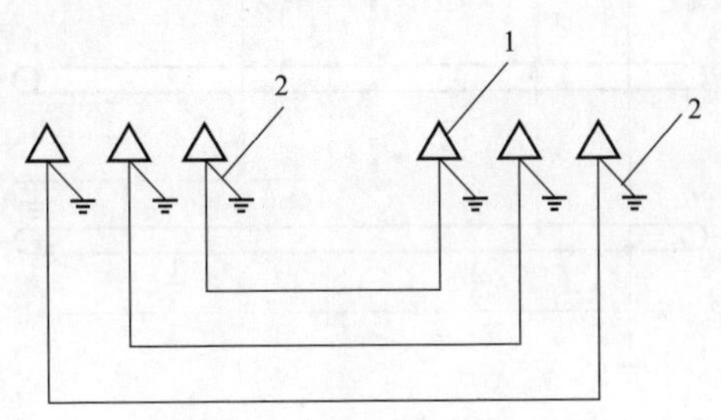

图 4-9 金属护套两端接地

1—电缆终端；2—直接接地

当电缆线路长度不长，负荷电流不大时，金属护套上的感应电压很小，造成的损耗不大，对载流量的影响也不大。

2. 金属护套一端接地

当电缆线路长度不长，负荷电流不大时，电缆金属护套可以采用一端直接接地、另一端经保护器接地的连接方式，使金属护套不构成回路，消除金属护套上的循环电流，如图 4-10 所示。

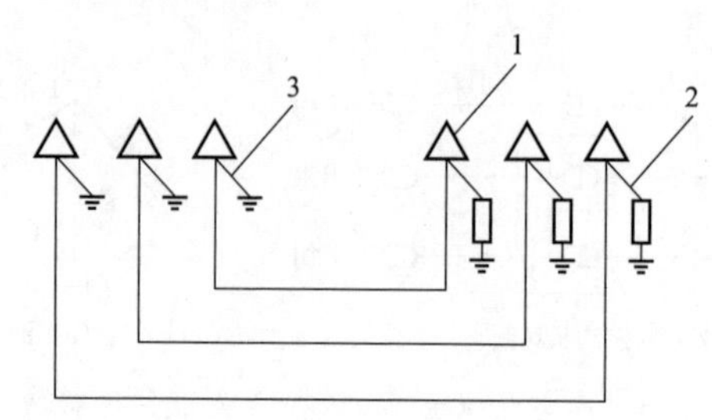

图 4-10 金属护套一端接地

1—电缆终端；2—经保护器接地；3—直接接地

金属护套一端接地的电缆线路，还必须安装一条回流线。

当单芯电缆线路的金属护套只在一处互连接地时，在沿线路间距内敷设一根阻抗较低的绝缘导线，并两端接地，该接地的绝缘导线称为回流线（D）。回流线的布置如图 4-11 所示。

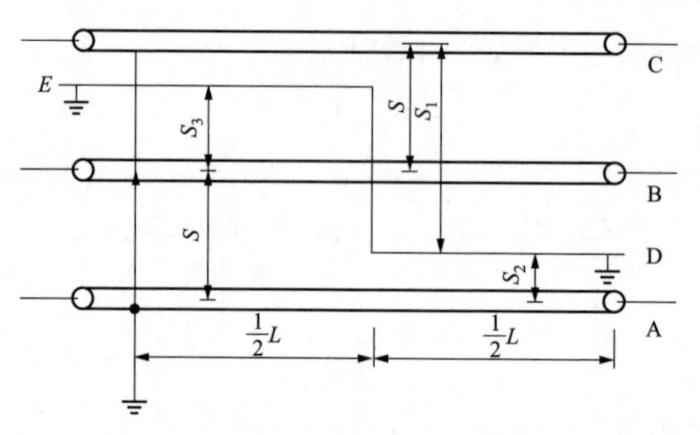

图 4-11 金属护套一端接地时回流线布置图

S—电缆边相至中相中间距离；S_1=1.7S；S_2=0.3S；S_3=0.7S

当电缆线路发生接地故障时短路接地电流可以通过回流线流回系统的中性点，这就是回流线的分流作用。同时，由于电缆导体中通过的故障电流在回流线中产生感应电压，形成了与导体中电流逆向的接地电流，从而抵消了大部分故障电流所形成的磁场对邻近通信和信号电缆产生的影响，所以，回流线实际又起了磁屏蔽的作用。

在正常运行情况下，为了避免回流线本身因感应电压而产生以大地为回路的循环电流，回流线应敷设在两个边相电缆和中相电缆之间，并在中点处换位。根据理论计算，回流线与边相、中相之间的距离，应符合“三七”开的比例，即回流线到各相的距离应为：S_1=1.7S，S_2=0.3S，S_3=0.7S。

安装了回流线之后，可使邻近通信、信号电缆导体上的感应电压明显下降，仅为不安装回流线的27%。

一般选用铜芯大截面的绝缘线作为回流线。

在采取金属护套交叉互联的电缆线路中，由于各小段护套电压的相位差为120°，而幅值相等，因此两个接地点之间的电位差是零，这样就不可能产生循环电流。电缆线路金属护套的最高感应电压就是每一小段长度上的感应电压。当电缆发生单相接地故障时，接地电流从护套中通过，每相通过1/3的接地电流，这就是说，交叉互联后的电缆金属护套起了回流线的作用，因此，在采取交叉互联的一个大段之间不必安装回流线。

3. 金属护套中点接地

金属护套中点接地的方式是在电缆线路的中间将金属护套直接接地，一端直接接地，一端经保护器接地。金属护套中点接地的电缆线路长度可以看作金属护套一端接地的电缆线路的2倍，如图4-12所示。

当电缆线路不适合金属护套中点接地时，可以在电缆线路的中部装设一

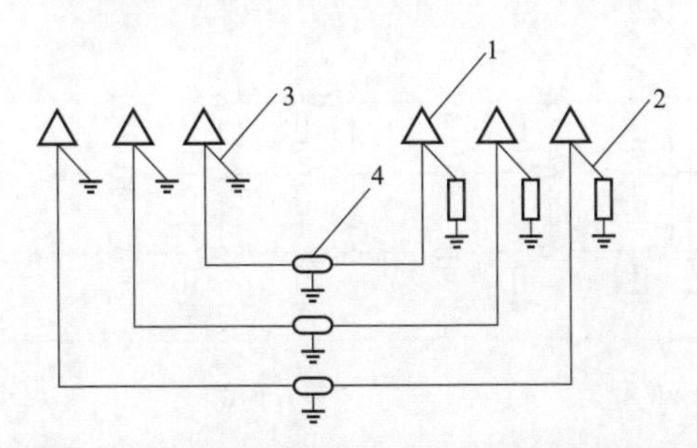

图4-12　金属护套中点接地电缆线路示意图

1—电缆终端；2—金属屏蔽层电压限制器；3—直接接地；4—直通接头

个绝缘接头，使其两侧电缆的金属护套在轴向断开并分别经保护器接地，电缆线路的两端一端直接接地，一端经保护器接地，如图 4-13 所示。

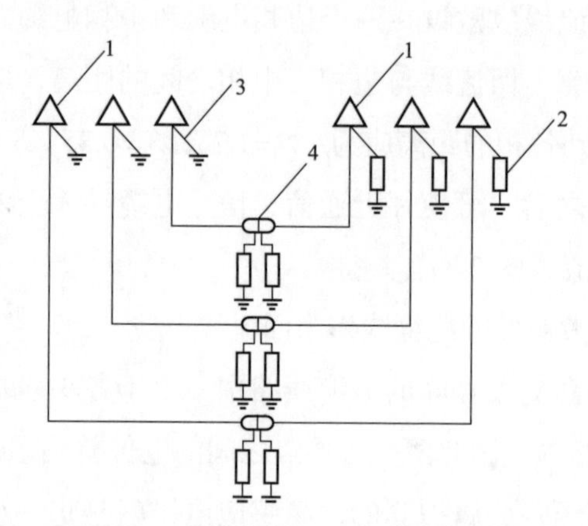

图 4-13 金属护套断开电缆线路示意图

1—电缆终端；2—金属屏蔽层电压限制器；3—直接接地；4—绝缘接头

4. 金属护套交叉互联

电缆线路长度较长时，金属护套应交叉互联。这种方法是将电缆线路分成若干大段，每一大段原则上分成长度相等的三小段，每小段间装设绝缘接头，绝缘接头处三相金属护套用同轴电缆进行换位连接，绝缘接头处装设一组保护器，每一大段的两端金属护套直接接地，如图 4-14 所示。

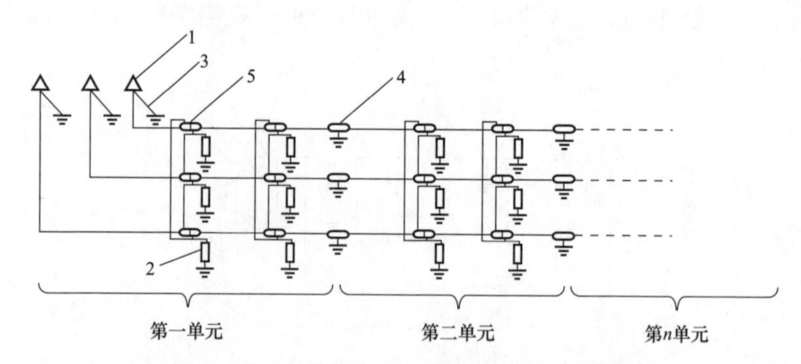

图 4-14 金属护套交叉互联电缆线路示意图

1—电缆终端；2—金属屏蔽层电压限制器；3—直接接地；4—直通中间接头；5—绝缘接头

参考题

一、选择题

1. 电缆线路的缺点之一是（　　）。

A. 不易分支　　B. 供电不可靠　　C. 维护工作复杂

2. 用于输送和分配大功率电能的电缆称为（　　）。

A. 电力电缆　　B. 控制电缆　　C. 通信电缆

3.6 ~ 35kV 交联聚乙烯电缆有（　　）结构。

A. 单芯　　B. 多芯　　C. 单芯和三芯

4.110 kV 交联聚乙烯电缆的阻水层由（　　）组成。

A. 导电膨胀带　　B. 半导电膨胀带　　C. 绝缘膨胀带

5.110 kV 交联聚乙烯电缆的金属护套常用（　　）材料。

A. 钢或铝　　B. 铝或铜　　C. 铝或铅

6. 交联聚乙烯电缆长期工作最高允许温度为（　　）。

A . 65℃　　B. 90℃　　C. 250℃

7. 交联聚乙烯绝缘电缆进水受潮时，由于电场和温度的作用而使绝缘内形成树枝老化现象，称为（　　）。

A. 电化树枝　　B. 水树枝　　C. 电树枝

8. 单芯电缆绝缘层中最大电场强度位于（　　）上。

A. 线芯中心　　B. 绝缘层外表面　　C. 线芯表面

9. 使交联聚乙烯电缆绝缘内部空隙处形成电树枝，发展为电击穿或热击穿，称为（　　）。

A. 绝缘干枯　　B. 热老化　　C. 局部放电

10. 在电缆型号中，表示交联聚乙烯绝缘的字母是（　　）。

A . YJ　　B. Y　　C. J

11.ZQ23 和 ZLQ23 型电缆能敷设于（　　）环境。

A. 水下　　B. 严重腐蚀　　C. 承受较大拉力

12. 长度不长的单相交流电力电缆的接地方式宜采用（　　）。

A. 两端直接接地

B. 一端直接接地，一端加保护器接地

C. 两端加保护器接地

13. 交流单相电力电缆金属护层的接地必须保证其任一点感应电压在未采取安全措施的情况下不得大于（　　）。

A. 50V　　B. 72V　　C. 100V

二、判断题

1. 电缆特别适合用于大都市。(　　)

2.10kV 及以上电压等级电缆线芯截面一般采用扇形。(　　)

3. 电缆线芯采用多股导线单丝绞合时，单丝数目越多越好。(　　)

4.110 kV 交联聚乙烯电缆的外电极是在外护套的外面挤出聚乙烯或聚氯乙烯。(　　)

5. 电缆内护套的作用是密封和防腐。(　　)

6.110 kV 交联聚乙烯电缆为防止铝护套氧化和腐蚀，在其表面涂敷沥青。(　　)

7.1kV 单芯聚氯乙烯绝缘电力电缆由导体、聚氯乙烯绝缘、聚氯乙烯护套构成。(　　)

8. 电缆用采聚氯乙烯护套的优点是耐热性、耐寒性好，而聚乙烯护套阻燃性好。(　　)

9. 当电缆局部放电能量不够大，在较长时间内引起绝缘性能逐渐下降时，导致电缆绝缘热击穿。(　　)

10. 交联聚乙烯电缆绝缘层内部含有杂质、水分、微孔时，易发生树枝老化现象。(　　)

11. 电场强度的大小与电压有关。(　　)

12. 电缆护层的铠装类型和外被层在型号中一般用数字表示。(　　)

13. 电缆绝缘老化的原因主要是热击穿和电击穿。(　　)

14. 电缆型号 YJV22-8.7/10-3 × 240-600-GB12706.3 表示额定电流为 240A。(　　)

15. 交流单芯电力电缆金属护套的感应电压与电缆流过的电流、电缆的长度有关。(　　)

CHAPTER FIVE

第五章

电工仪表使用

本章介绍了电工仪表与测量的基本知识，主要叙述了磁电系、电气系、电动系仪表的工作原理及电压电流测量，介绍了万用表、钳形电流表、绝缘电阻表等常用仪表的工作原理及使用方法。

第一节 电工仪表与测量的基本知识

一、电工测量的基础知识

电工测量是借助于测量设备，将被测量的电量或磁量，与同类标准量进行比较，从而确定被测电量或磁量的过程。比较的结果一般包括两部分：一是数据值，二是单位名称。

测量单位的确定和统一是非常重要的。为了对同一量在不同时间和地点进行测量时，都能得到相同的结果，必须采用一种公认而又固定不变的单位，只有这样测量才有实际意义。

电工测量的数据主要是反映电和磁特征的物理量，如电流、电压、电功率、电能等；反映电路特征的物理量，如电阻、电容、电感等；反映电和磁变化规律的物理量，如频率、相位、功率因数等。对被测量与标准量进行比较的测量设备，包括测量仪器和作为测量单位参与测量的度量器。进行电量或磁量测量的各种仪器、仪表，统称为电工测量仪表。进行电工测量时，应根据被测量的性质和测量的目的，选择不同的测量仪表和不同的测量方法。

常用电工测量方法有三种：

1. 直接测量法

直接测量是指测量结果可从一次测量的数据中得到。如用电流表测量电流、用欧姆表测量电阻等都属于直接测量法。此方法测量简便、读数迅速，但准确度较低。

2. 间接测量

间接测量只能测出与被测量有关的电量，然后经过计算求得被测量。如用伏安法测量电阻，先测量电阻两端的电压和经过电阻的电流，最后再根据欧姆定律计算出被测的电阻值。间接测量法的误差比直接测量法大。

3. 比较测量法

比较测量是将被测的量与度量器在比较仪器中进行比较后，而得到被测量数值的一种方法，比较测量又可分为零值法、较差法和替代法三种。

（1）零值法（又称平衡法）。它是利用被测量对仪器的作用，与已知量对仪器的作用两者相抵消的方法，由指示仪表作出判断。即当指零仪表指零时，表明被测量与已知量相等。就像天平称物体的质量一样，当指针指零时，表明被测物质量与砝码的质量相等，根据砝码的指示质量便知所称重物的质量数值。由此可见，零值法测量的准确度，取决于度量器的准确度和指示仪表的灵敏度。电桥和电位差计都是采用零值法原理进行测量的。

（2）较差法。较差法是利用被测量与已知量的差值作用于测量仪器而实现测量目的的一种测量方法，较差法有较高的测量准确度。标准电池的相互比较就采用这种方法。

（3）替代法。利用已知量代替被测量，而不改变测量仪器原来的读数状态。这时被测量与已知量相等，从而获得测量结果，其准确度主要取决于标准量的准确度和测量装置的灵敏度。

比较法的优点是准确度和灵敏度都较高，其准确度最小时可达 ±0.001%；缺点是设备复杂，操作麻烦，此方法常用于精密测量。

二、电工仪表的分类及表面标志

1. 常用电工仪表的分类

常用电工仪表种类繁多，有多种不同的分类方法，通常可分为指示仪表、比较仪表、图示仪表和数字仪表四大类型。

（1）指示仪表：在电工测量领域中，指示仪表品种最多，应用最广泛，其分类方法如下：

1）按工作原理分类：有磁电系、电磁系、电动系、铁磁电动系、感应系、静电系仪表等类型。

2）按被测量分类：有电流表、电压表、电能表、功率表、绝缘电阻表等类型。

3）按使用方法分类：有便携式和固定式仪表。

4）按准确度等级分类：有 0.1、0.2、0.5、1.0、1.5、2.5、5.0 等 7 个准确度等级类型的仪表。

5）按使用条件分类：有 A、B、C 三组类型的仪表。C 型仪表更适应恶劣环境。

6）按仪表防御工频磁场或外电场分类：有Ⅰ、Ⅱ、Ⅲ、Ⅳ、Ⅴ五种类型。数字越大，防御工频磁场或外电场的能力越强。

（2）比较仪表：比较仪表用于比较测量中，它包括各类交、直流电桥及直流电位差计等。比较法测量准确度高，但操作比较复杂。

（3）图示仪表：图示仪表主要用来显示两个相关量的变化关系，常用的有示波器。这类仪表直观效果好，但不能作为精密测量。

（4）数字仪表：数字仪表是采用数字测量技术，将被测的模拟量转换成为数字量，直接读出，常用的有数字电压表、数字万用表等。

2. 常用电工仪表面板的基本特征

电工仪表的面板上标有各种符号，表明仪表的基本特征。常用电工仪表面板符号见表 5-1。

表 5-1 常用电工仪表面板符号

测量单位			
名称	符号	名称	符号
安（培）	A	兆欧	MΩ
毫安	mA	千欧	kΩ
微安	μA	欧姆	Ω
千伏	kV	千赫	kHz
伏（特）	V	赫兹	Hz
毫伏	mV	毫韦伯	mWb
千瓦	kW	毫法	mF
瓦（特）	W	皮法	pF

续表

名称	符号	名称	符号
千乏	kvar	毫亨	mH
乏	var	微亨	μH

被测量的性质和测量元件数	
名称	符号
直流线路和 / 或直流响应的测量原件	
交流线路和 / 或交流响应的测量原件	
直流和 / 或交流线路和 / 或直流和交流响应的测量原件	
三相交流电路（通用符号）	3 ~
一个测量元件（E）用于三线网络	3 ~ 1E
一个测量元件（E）用于四线网络	3N ~ 1E
两个测量元件（E）用于不平衡负载三线网络	3 ~ 2E
两个测量元件（E）用于不平衡负载四线网络	3N ~ 2E
三个测量元件（E）用于不平衡负载四线网络	3N ~ 3E

使用位置	
名称	符号
标度盘垂直使用的仪表	
标度盘水平使用的仪表	
标度盘相对水平面倾斜的（例 60°）仪表	60°
仪表标称使用范围为 80° ~100°	80° 90° 100°
仪表标称使用范围为 -1° ~+1°	-1° 0 +1°
仪表标称使用范围为 45° ~75°	45° 60° 75°

续表

准确度等级			
名称		符号	
基准值为标度尺长或指示值或量程者除外		1	
基准值为标度尺长		$\vee$ 1	
基准值为指示值		①	
基准值为量程		| 1 |	
通用符号			
名称	符号	名称	符号
磁电系仪表		磁电系比率表	
动磁系仪表		动磁系比率表	
电磁系仪表		极化电磁系仪表	
电动系仪表		电磁系比率表	
铁磁电动（铁芯电动）		电动系比率表	
铁磁电动（铁芯电动）系比率表		感应系仪表	
感应系比率表		双金属系仪表	
静电系仪表		零位（量程）调节器	
振簧系仪表		参考单独文件	!

续表

名称	符号	名称	符号
直热式热电偶（热电变换器）		产生与等级指数相对应的该变量，电场强度用 kV/m 表示（例 10kV/m）	10 kV/m
间热式热电偶（热电变换器）		通用附件	
测量线路中有电子器件		厚度为 X 的铁磁支架	FeX
辅助线路中有电子器件		任意厚度的铁磁支架	Fe
整流器		任意厚度的非铁磁支架	NFe
分流器		支架或底板接线端	
串联电阻器	R	保护接地端	
串联电感器	L 或	无噪声接地端	
串联阻抗器	Z	信号低端	
电屏蔽		正端	
磁屏蔽		负端	
无定向仪表	ast	电阻范围的设定调整器	Ω
产生与等级指数相对应的该变量，磁场强度用 kA/m 表示（例 2kA/m）	2 kA/m	装有过负载保护器件	
接地端（通用符号）		装有过负载复位保护器件	

3. 电工仪表的型号及含义

电工仪表的型号是按国家标准中有关电工仪表型号编制法编制的。通过电工仪表型号，可以了解仪表的用途及工作原理。

（1）安装式指示仪表。安装式指示仪表的型号及含义如图 5-1 所示。

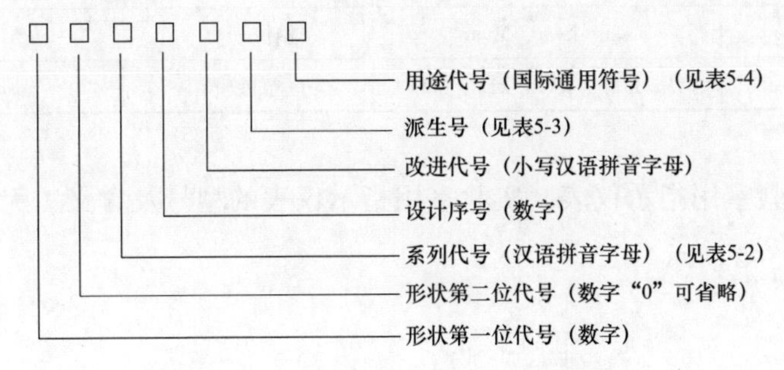

图 5-1 安装式指示仪表的型号及含义

表 5-2 系列代号

名称	代号	名称	代号
磁电系	C	电磁系	T
电动系	D	光电系	U
热电系	E	电子系	Z
感应系	G	双金属系	S
整流系	L	热线系	R
静电系	Q	谐振系	B

表 5-3 派生代号

代号	T	TH	TA	G	H	F
意义	湿热干热两用	湿热两用	干热带用	高原用	船用	化工防腐用

表 5-4　　用途代号

名称	符号	名称	符号
电流表	A、mA、μA、kA	电量表	Q
电压表	V、mV、μV、kV	多用表	V-A、V-A-Q
有功功率表	W、kW、MW	频率表	Hz、MHz
无功功率表	var、kvar、Mvar	相位表	
欧姆表	Ω、mΩ、μΩ、kΩ、MΩ	功率因数表	cosφ

（2）实验室用指示仪表。实验室用指示仪表的型号及含义（无形状尺寸代号）如图 5-2 所示。

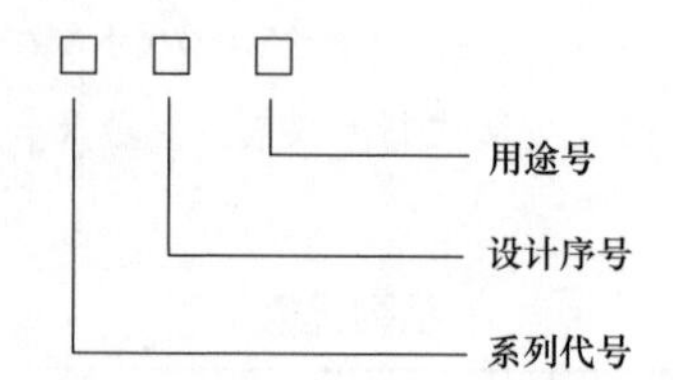

图 5-2　实验室用指示仪表的型号及含义

（3）便携式及其他仪表。便携式及其他仪表的型号及含义如图 5-3 所示。

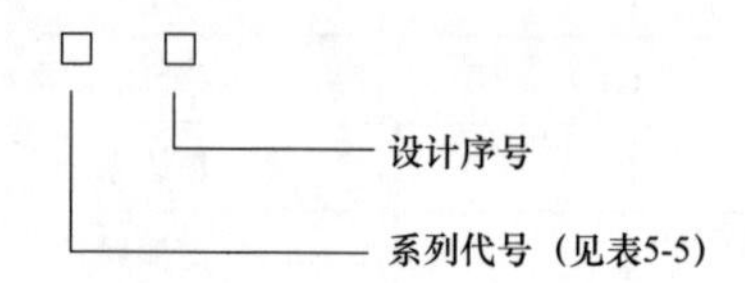

图 5-3　便携式及其他仪表的型号及含义

表 5-5　　便携式及其他仪表系列代号

系列名称	代号	分类名称	代号
专用仪表	M	万用表	MF
		钳形电流表	MG
		成套仪表	MZ
电桥	Q	直流电桥	QJ

续表

系列名称	代号	分类名称	代号
电桥	Q	交流电桥	QS
		多用电桥	QF
电阻表	Z	绝缘电阻表	ZC
		接地电阻表	ZC
电能表	D	单相交流电能表	DD
		三相三线交流电能表	DS
		三相四线交流电能表	DT
		直流电能表	DJ
		无功电能表	DX
数字式仪表	P	欧姆表	PC
		万用表	PF
		频率表	PP

三、电工仪表的组成及作用

各种形式的电工仪表主要由两大部分组成：测量机构和指示装置。指示被测量的大小的机构，称为仪表的指示装置。

不同形式仪表的测量机构，尽管在动作方式上完全不同，可是它们在仪表中的功能却是相同的，都由两部分组成——固定部分与可动部分。即在被测量的作用下，内部产生转矩，推动可动部分偏转，指示被测量的大小。这种功能方面的相同，导致了它们在组成方面有许多共同之处。

1．电工指示仪表的结构及测量原理

电工指示仪表主要由测量机构和测量线路两部分组成。测量机构是仪表的核心，它由固定部分和可动部分组成。固定部分包括磁路系统、固定线圈等。可动部分包括可动线圈、可动铁芯、指针、游丝等。

（1）测量机构。电工指示仪表把被测电量转化为仪表可动部分的偏转角在转换过程中使两者之间保持确定的关系，从而用偏转角的大小来反映被测量的数值。因此，各种电工指示仪表都有一个接受电量后产生偏转运动的机

构，即测量机构。

（2）测量线路。仅有测量机构还不能构成各种规格的仪表，因为被测电量通常不能直接加到测量机构上。我们把能将被测量 X（如电流、电压、电阻等）转换为仪表的测量机构可以直接接受的过渡量 Y（如电流），并保持一定变换比例的仪表组成部分，称为测量线路。测量线路一般由电阻、电感、电容或电子元器件组成。不同规格仪表的测量线路一般是不同的，如在电压表中是附加电阻，在电流表中是分流器。

电工指示仪表的测量原理框图如图 5–4 所示，其原理是通过测量线路把被测量 X 经中间量 Y 转换成测量机构可以直接测量的电磁量，再转换成动力矩产生偏转角，而反映在指示器上。

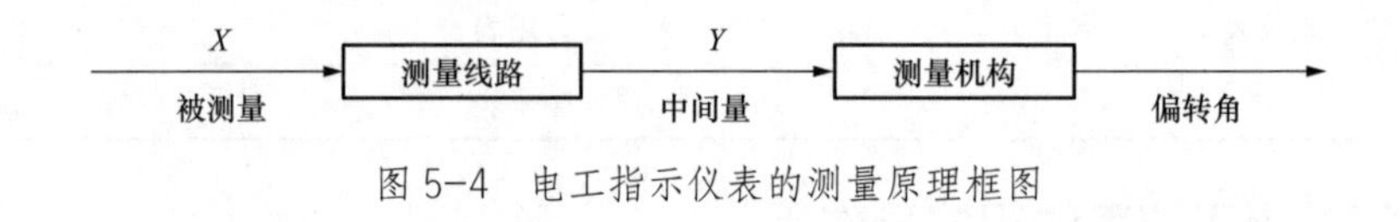

图 5–4　电工指示仪表的测量原理框图

2. 指示仪表的测量机构

（1）产生转动力矩：以使指针偏转。转动力矩一般由磁场和电流（或铁磁材料）的相互作用产生，而磁场的建立，既可通过载流线圈，也可通过永久磁铁。

（2）产生反作用力矩：以平衡转动力矩。若没有反作用力矩，则无论被测量大小如何，指针都会指示满刻度值。这和用天平称重物体质量时必须有砝码的道理类似。反作用力矩可利用电磁力产生，也可以利用机械力，如游丝、张丝在变形后的弹力、扭力等产生。

（3）产生阻尼力矩：以尽快指示出被测量的数值。由于仪表活动部分有惯性，当转动力矩与反作用力矩相等时，指针尚不能立刻停止，而是围绕平衡位置左右摆动，造成读数困难，为缩短其摆动时间，而对活动部分在运动过程中施加一个与运动方向相反的力矩，称其为阻尼力矩。产生阻尼力矩的装置称为阻尼器，常见的有空气阻尼器和磁感应阻尼器。

（4）可动部分有可靠的支撑装置。

（5）能直接指示出被测量的大小。

总之，测量机构是指示仪表的核心，转动力矩又是仪表赖以工作的关键。由于产生转动力矩的机构与方法各有不同，构成了按工作原理分类的各种指示仪表。

用来指示被测量的大小的机构，称为仪表的指示装置。指示装置由指示器和标度尺组成。

指示器分指针式和光标式两种。指针式一般又可分为矛形和刀形（根据仪表大小和精度要求的不同，其安装方法各有不同）。为便于在一定距离之外读取指示值，矛形指针多用在大、中型的安装仪表中。而刀形指针，则用于可携式仪表和小型安装式仪表中，以利于取得精确的指示值。指针是用铝制成的，质量极轻。

光标式指示器，结构复杂、成本高，只在一些高灵敏度、高准确度的仪表中应用。

四、电工仪表的误差及准确度等级

1. 电工仪表的误差

用任何电工仪表进行测量时，仪表指示的数值和被测量实际值之间总有一些差别，这个差别就叫做电工仪表的误差。仪表误差的种类基本上分为两种。一种是基本误差，也就是由于仪表本身结构、原理、制造工艺、材料性能所造成的固有误差，如因仪表摩擦、标度尺不准、转轴倾斜等引起的误差。另一种误差是附加误差，由于外界因素对仪表读数产生的误差，如仪表在非正常工作条件（环境温度过高、外磁场影响、波形畸变的影响等）使用时引起的误差。

仪表误差的大小可用绝对误差、相对误差和引用误差表示。

（1）绝对误差。仪表指示的数值 A 和被测量的实际值 A_0 之间的差值叫做仪表的绝对误差，用 Δ 表示

$$\Delta = A - A_0 \tag{5-1}$$

被测量的实际值可由标准表（用来检定工作仪表的高准确度的仪表）指示。可见，当Δ为正时，测得的值偏大；当Δ为负时，测得的值偏小。测量同一个量时，Δ的绝对值越小，测量的结果越准确。

为了得到被测量的实际值，由式（5-1）得

$$A_0 = A + (-\Delta) = A + c$$

式中　c——更正值，$c = -\Delta$，更正值和绝对误差的大小相等、符号相反。

（2）相对误差。测量不同大小的被测量时，用绝对误差难以比较测量结果的准确程度，这时就要用到相对误差。

相对误差是绝对误差与被测量的实际值之间的比值，通常用百分数表示，即

$$\gamma_1 = \frac{\Delta}{A_0} \times 100\%$$

例如，用同一只电压表测实际值为100V电压时指示101V，测20V电压时指示20.8V，则相对误差各为

$$\gamma_1 = \frac{101-100}{100} \times 100\% = +1\%$$

$$\gamma_2 = \frac{20.8-20}{20} \times 100\% = +4\%$$

可见，虽然测20V电压时的绝对误差小些，但它对测量结果的影响却大些，占了测量结果的4%。因此，在工程上，凡要求计算测量结果的误差时，一般都用相对误差。

（3）引用误差。相对误差虽能说明测量不同数值时的准确程度，但还不能完全说明仪表本身的准确性能。因为同一个仪表的基本误差，在刻度范围内变化不大，而由于标度尺不同位置的读数变化很大，相对误差的变化就很大。如用绝对误差作分子，仪表的测量上限作为计算相对误差的分母，则由于测量上限是常数，就可以较好地反映仪表的基本误差。按这种

方式表达的误差叫做引用误差。引用误差 γ_m 是绝对误差与仪表上限比值的百分数，即

$$\gamma_m = \frac{\Delta}{A_m} \times 100\%$$

式中 γ_m——引用误差；

Δ——仪表的绝对误差；

A_m——仪表的上限。

上述引用误差的计算方法适用于大量使用的单向标度尺的仪表。对于双向标度尺的仪表，引用误差是绝对误差与两个上限的绝对值之和的百分比，即

$$\gamma_m = \frac{\Delta}{|-A_m| + |+A_m|} \times 100\%$$

对于无零位标度尺的仪表，引用误差是绝对误差与上下量程差值的百分比，即

$$\gamma_m = \frac{\Delta}{\Delta_{m1} - \Delta_{m2}} \times 100\%$$

对于标度尺为对数、双曲线或指数为 3 及 3 以上的仪表，引用误差是以工作部分长度的百分比表示的，即

$$\gamma_m = \frac{\Delta_1}{l_m} \times 100\%$$

式中 l_m——仪表标度尺的弧长。

2. 电工仪表的准确度等级

仪表的准确度是用引用误差的大小来说明指示值与实际值的符合程度，反映仪表的基本误差。仪表标尺上各点的引用误差可能是不一样的，所以通常用正常工作条件下出现的最大引用误差来表示仪表的准确度。准确度越高的仪表，在正常工作条件下可能出现的最大引用误差越小；误差越大，准确度越低。

我国生产的电工仪表的准确度，按国家标准规定分为七个等级，即 0.1、0.2、0.5、1.0、1.5、2.5 和 5.0 级。各级仪表用引用误差表达的基本误差不超过表 5-6 中的规定。

表 5-6　　各级仪表允许的基本误差

仪表的准确度等级	0.1	0.2	0.5	1.0	1.5	2.5	5.0
允许的基本误差（100%）	± 0.1	± 0.2	± 0.5	± 1.0	± 1.5	± 2.5	± 5.0

由表 5-6 可见，准确度等级的越小，允许的基本误差越小，表示仪表的准确度越高。通常 0.1、0.2 级仪表用作标准表，用以检定其他准确度较低的仪表；0.5、1.5、2.5、5.0 级仪表用于工程上的测量。

五、电工仪表的主要技术要求

对一般电工仪表，主要有下列技术要求。

1. 有足够的准确度

仪表的基本误差应不超过有关的规定。

2. 有适当的灵敏度

仪表可动部分的偏转角 a 对引起偏转的被测量 x 的导数，叫做仪表的灵敏度 S，即

$$S=\frac{\mathrm{d}a}{\mathrm{d}x}$$

如果在仪表的全部刻度范围内，a 与 x 成正比，即刻度是均匀的，则

$$S=\frac{a}{x}$$

这种情况下，仪表灵敏度的大小就等于每单位被测量引起的偏转角（格数）。例如，将 1μA 电流通入某一微安表，引起仪表偏转 2 小格，这个微安表的灵敏度 S=2 格 /μA。

灵敏度的倒数叫做仪表常数 C，即

$$C=\frac{1}{S}$$

刻度均匀时

$$C=\frac{x}{a}$$

例如，上述微安表的常数是 C=1/2= 0.5μA/ 格。

灵敏度是电工仪表的重要技术特性之一。仪表的灵敏度越高，通入单位被测量时引起的偏转角越大。

选用仪表时，不能单纯追求高灵敏度。因为仪表的灵敏度越高，满偏电流就越小。选得不当，甚至会使被测量超过仪表的量程而不能测量。

3. 受外界因素的影响小

外界因素如温度、外界电场和磁场等的影响超过仪表规定的范围时，引起仪表指示值的变化应当越小越好。

4. 标尺的刻度尽可能均匀

仪表的标尺刻度均匀，才能准确读出较小的被测量，也扩大了仪表的使用范围。只有 a 与 x 成正比的仪表，刻度才是均匀的。刻度不均匀的仪表，一般要求能准确读出的最小数值是上限的 30%。

5. 仪表本身消耗的功率较小

仪表接入电路时，必然要消耗能量。如果被测电路的功率较小，而仪表本身消耗的功率却较大，则将改变电路的工作情况，引起较大的测量误差。因此，仪表本身的功率消耗应尽可能小。

6. 可动部分摆动的时间要短

国家标准规定：仪表从引入被测量时起到可动部分与平衡位置（标尺几何中心）相距不超过标尺全长的土 1% 时所需的一段时间叫做仪表的阻尼时间，且规定，除少数仪表外，一般仪表的阻尼时间不超过 4s。

7. 有足够的绝缘电阻、耐压能力和过载能力

仪表的电气线路与外壳之间应有良好的绝缘，具有较高的耐压能力，以保证仪表正常工作时的安全。

8. 仪表内阻的影响要小

仪表的内阻是客观存在的，若不考虑它们的影响，就有可能给测量带来很大的误差。例如，对于测量电压来说，要求电压表的内阻越高越好，因为电压表是并联在被测对象上的，倘若电压表内阻低，则会改变被测电路的工作状态，使被测对象两端电压下降，从而带来很大的测量误差。

六、电测量指示仪表的正确选择与使用方法

1. 电测量指示仪表的正确选择

如何选择电测量指示仪表对正确使用仪表是非常重要的。在技术要求方面主要有足够的准确度和适当的灵敏度外，还应尽量满足以下要求。

（1）仪表本身消耗功率小。仪表本身消耗的功率应尽量小，并且从节约电能的角度来考虑，选用仪表时应尽可能选择低功耗的仪表。各种仪表消耗功率的大概值见表 5–7。

表 5–7　　各种仪表消耗功率的大概值

仪表形式	消耗功率（W）	
	电流表或电流线路（5A）	电压表或电压线路（100V）
永磁动圈式仪表	0.2 ~ 0.5	0.1 ~ 1
整流式仪表	0.2 ~ 0.5	0.1 ~ 1
动铁式仪表	1 ~ 2.5	4 ~ 6
电动式仪表	3.5 ~ 10	6 ~ 12
感应式电能表	1 ~ 2.5	1 ~ 4

（2）有良好的读数装置。仪表的标尺刻度应尽量清晰、均匀，以便于读数。对刻度不均匀的标尺，应标明读数起点，并用符号“·”表示。

（3）有足够的绝缘强度和过载能力。

（4）有良好的阻尼。

2. 使用方法

正确选择了电测量指示仪表后，采取正确使用方法也是非常重要的。除了在合适的环境中使用，避开电场和磁场等的干扰外，还要注意以下几个方面：

（1）在使用前，操作者必须了解表盘上标尺刻度所对应的被测量，熟悉所使用表计的技术性能。

（2）应根据仪表的要求，将表水平（或垂直）放置，并放在不易受震动的地方。

（3）使用前应检查表的指针是否在机械零位。如不在零位，应调整表头正面的螺丝，使指针回零。

（4）选择测量量程时，应了解被测量的大致范围。若事先无法估计被测量的大小，应尽量选择大的测量量程，然后根据指针偏转角的大小，再逐步换到较小的量程，直到指针偏转到满刻度的 2/3 左右为止。

（5）严禁在测高压或大电流时通电旋动转换开关，以防产生电弧，烧损转换开关触点。

（6）注意仪表内阻的影响。仪表的内阻是客观存在的，不考虑它们的影响，有可能给测量带来很大的影响。例如，对于测量电压来说，要求电压表的内阻越高越好，而电流表刚好相反，其内阻越低越好。

如图 5-5 所示，不同的内阻对电能表产生不同的影响。

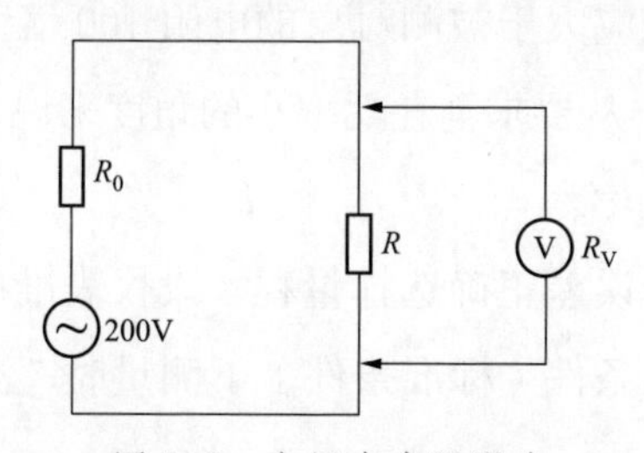

图 5-5　电压表内阻影响

【例 5-1】图 5-5 中电源电压为 200V，电源内阻 R_0 为 500Ω，负载电阻 R 为 1500Ω，负载两端电压为

$$U_{R}=\frac{200}{500+1500}\times 1500=150(V)$$

接入电压表后，当电压表内阻 $R_v\to\infty$ 时，则测出电压应为 150V。

当电压表内阻 $R_v=3k\Omega$，R 两端电压为

$$U_{R1}=\frac{200}{500+(1500//3000)}\times(1500//3000)=\frac{200}{500+1000}\times 1000=133.3(V)$$

注：式中 // 表示电阻并联计算，下同。

这样，电压表的读数将是 133.3V。

当电压表内阻 $R_v=1500\Omega$，R 两端电压为

$$U_{R2}=\frac{200}{500+(1500//1500)}\times(1500//1500)=\frac{200}{500+750}\times 750=120(V)$$

这样，电压表的读数将是 120V。

当电压表内阻 $R_v=1000\Omega$，R 两端电压为

$$U_{R3}=\frac{200}{500+(1500//1000)}\times(1500//1000)=\frac{200}{500+600}\times 600=109(V)$$

可见，由于电压表内阻低将使测量毫无意义。

一般电压表的内阻应大于被测对象的电阻 100 倍，电流表的内阻应小于被测支路电阻的 1/100。从要求消耗功率小的角度来说，也是电压表的内阻应该高，电流表的内阻应该低。

（7）按准确度估计误差正确选择量程。设仪表准确等级为 K，根据准确度表达式，仪表在参比条件（标准条件）下测量时，测量结果中可能出现的最大绝对误差为

$$\Delta x_m=\pm K\%\cdot x_m$$

式中 x_m——量程上限值。

那么，用该仪表对某一被测量 x 进行测量时，可能出现的最大相对误差为

$$\gamma_m = \frac{\Delta x_m}{x} = \pm K\% \cdot \frac{x_m}{x}$$

上式表明，当仪表准确度给定时，被测量 x 越小，测量结果的相对误差就越大；被测量 x 越接近上量程 x_m，测量误差就越接近仪表准确度等级的百分数。

【例 5-2】用 0.5 级、量程为 0～300V 的电压表和 1 级、0～100V 的电压表分别测量时，求测量时可能出现的最大相对误差各是多少？

解：用 0.5 级、量程为 0～300V 的电压表测量时，可能出现的最大相对误差为

$$\gamma_{m1} = \pm K\% \cdot \frac{x_{m1}}{x} = \pm 0.5\% \times \frac{300}{100} = \pm 1.5\%$$

用 1.0 级、0～100V 的电压表测量时，可能出现的最大相对误差为

$$\gamma_{m2} = \pm K\% \cdot \frac{x_{m2}}{x} = \pm 1\% \times \frac{100}{100} = \pm 1.0\%$$

从［例 5-2］中可以看出，如果量程选择适当，用 1.0 级仪表测量，反而比用 0.5 级仪表测得准确。

由此可知，仪表的准确度等级对测量结果的准确程度影响很大。但是，仪表的准确度等级并不就是测量结果的准确度。后者不仅与仪表的准确度等级有关，还与仪表的量程有关。只有仪表运用在满量程时，测量结果的准确度才等于仪表的准确度等级。所以，决不能把仪表准确度等级和测量结果的准确度混为一谈。因此，选用仪表时，要纠正单纯追求准确度等级越高越好的错误认识，而应根据被测数值的大小对测量结果准确度的要求，兼顾准确度等级和测量上限值进行合理选择。为了充分利用仪表准确度，被测量的值应大于仪表测量上限的 2/3，这时仪表可能出现的最大相对误差为

$$\gamma_m = \pm K\% \cdot \frac{x_m}{x}$$

因为

$$x=\frac{2}{3}x_{\mathrm{m}}$$

所以

$$\gamma_{\mathrm{m}}=\pm K\%\cdot\frac{x_{\mathrm{m}}}{\frac{2}{3}x_{\mathrm{m}}}=\pm 1.5K\%$$

即测量误差不会超过仪表准确度等级数值百分数的1.5倍。

同样，在用高准确度等级仪表检定低准确度等级的仪表时，两种仪表的测量上限应选得尽可能一致。

七、测量误差及其消除办法

无论用什么方法测量，也无论怎样仔细地计算，由于测量仪器不准确，测量方法不完善等，使得测量结果与被测量的真实值之间都总存在差别，这种差别就是测量误差。

根据误差的性质，测量误差可分为以下几类。

1. 随机误差

随机误差（又称偶然误差）是指单次测量时大小和符号都不固定的误差。它由一些偶然因素引起，如温度、磁场、电源频率的骤然变化。

随机误差产生的主要原因是由那些对测量影响微小，而又互不相关的多种因素共同形成的，如组成测量设备的元器件的噪声，测量设备内部、外部存在的各种干扰，气流变动、大地的轻微振动以及测量人员的感觉器官偶然变化等。

一次测量的随机误差是没有规律、不可预测和不可控制的，因此也是很难消除的。但是随机误差具有一些特性：

（1）单峰性。绝对值小的误差出现的概率比绝对值大的误差出现的概率大。

（2）对称性。绝对值相等的正误差和负误差，出现的概率相等。

（3）有界性。绝对值很大的误差出现的概率接近于零，即误差有一定的实际限度。

（4）抵偿性。在实际测量条件下，对同一量的多次测量，其误差的平均值随着测量次数的增加而趋于零。

根据随机误差的规律可知，随机误差在进行多次测量中误差绝对值的规律是有一定界限的，正、负误差出现的概率几乎是相同的、对称的，当取平均值时是可以相互抵消的，故消除随机误差的方法是对同一个被测物理量进行多次重复测量，然后取其误差的平均值，即可减小或消除随机误差。

2. 系统误差

系统误差是指在多次测量过程中，误差的数值恒定或按一定规律变化的误差。系统误差根据其具体性质特点的不同可分为恒定系统误差、变值系统误差和粗大误差三类。

（1）恒定系统误差。其特点是在全部测量过程中，测量出的结果恒定不变，它与真值有固定的偏差，或各测量值的算术平均值之间有固定偏差。

（2）变值系统误差。在测量条件变化时，所产生的误差遵循一定规律而变化的系统误差，根据其变化规律又可分为以下三种：

1）累进性变化的系统误差。其特点是在全部测量过程中误差数值逐渐下降或上升。

2）周期性变化的系统误差。其特点是在全部测量过程中误差数值循环变化，也称周期性变化。

3）复杂规律变化的系统误差。其特点是在全部测量过程中尽管误差变化复杂，但具有一定的规律，其误差变化可用近似公式或曲线表示。

变值系统误差产生的原因有：

1）仪表误差。由于测量所用的仪器、仪表本身存在一定误差或有不足之处，给测量带来不必要的误差。

2）安装误差。由于设备或电路的安装、布置、调试不当而产生的误差。

3）人员误差。由于测量人员对测量仪器、仪表操作水平的不同，而产生的误差。

4）环境误差。由于测量环境条件的变化影响，而使测量结果产生的误差。

5）方法误差。由于测量方法所依据的原理不够严格，或应用了不适当的近似公式，或测量方法不正确等，使测量结果因方法问题而形成的误差。

消除或减小变值系统误差方法有：

1）通过对仪器、仪表的计量检定，确定实际误差的大小和正负，然后在测量结果上加修正值。

2）对仪器、仪表进行安装和使用时，必须严格遵循仪器、仪表的安装工艺和操作规程。

3）加强对使用人员的训练，严格要求养成良好的工作态度。

4）应注意仪器、仪表的使用环境，使其在安全适宜的环境条件下进行工作。

5）为防止方法误差，应根据条件和测量项目，采用先进、科学的测量方法，并尽量少用或不用近似公式进行计算等。

（3）粗大误差。粗大误差（又称疏失误差）是由于测量人员的粗心大意或疏失而造成的。如接线、读数、记录发生差错而造成的误差，对于明显的粗大误差，属于坏值，应予剔除。

粗大误差产生的原因：

1）在一系列的测量数据中，偶然出现一个偏差很大的值。它主要是由于测量人员的粗心、读错、记错、计算错测量结果或测量仪器、仪表偶然故障或受外界的强干扰等异常情况造成的。这种偶然出现的大偏差数据称为坏值，出现坏值时，应在记录后舍去不用，再在测量点反复多次测量，以取得此测量点的真实结果。

2）这一系列的测量结果与真值的偏差都很大。它主要是由于测量方法不当或测量仪器、仪表故障或测量环境不良等造成的。出现这种粗大误差时，应改正测量方法，排除测量仪器、仪表故障，改善测量环境，然后再进行测量，以获得真实的测量结果。

在重复条件下的多次测量值中，有时会发现个别值明显偏离该数值算术平均值，对它的可靠性产生怀疑，这种可疑值不可随意取舍，因为它可能是粗大误差，也可能是误差较大的正常值，反映了正常的分散性。正确的处理方法是，首先进行直观分析，若确认某可疑值是由于写错、计错、操作等，或者是外界条件的突变产生的，可以剔除，这就是直观判断或称为物理判断法。

另外，还可用统计法判断，它是建立在随机误差有界性基础上的，首先给定一个置信概率，如 99.73%，确定相应的置信限，凡是超过这个限的误差就认为不属于随机误差，而是粗大误差，应剔除，经上述方法判断还不能肯定是异常值时，均应该保留，不得剔除。

八、有效数字及测量结果的表示

什么是有效数字，在不同的资料中有时看到不同的定义。有的定义是："凡误差的绝对值小于或等于最末位数的 0.5 单位时，则该数的全部数字就可称为有效数字"；有的认为"最后一位数的误差小于 5 的算有效数字"等。尽管定义不同，但在一个有效数字中，仅在末位有一位数是不可靠的这一点是统一的。

通常规定误差不得超过末位最小数字的一半。例如，末位数字是个数，则误差不得超过 0.5，末位数字是十位，则误差不得超过 5，末位数字是十分位，则误差不得超过 0.05 等。这种误差不超过末位数字一半的数，从左边不为 0 的数算起到最后一位数（包括 0）都是有效的，则此部分数字称为有效数字。

测量结果一般总是用有效数字表示的，由于测量中不可避免地存在误差，仪表的分辨率有一定的限度，因此测量数据不可能完全准确。同时在测量计算时经常用到 π、$\sqrt{2}$、e 等无理数，它们只能取近似值，所以最终数据总是近似的。但是不论是什么运算，应记住两条：①计算结果有效位数的多少取决于误差的大小；②误差一般只取一位，最多取两位。这些数据到底近似到什么程度合适，或者说应该取几位有效数字，取决于所做测量的要求。

有效数字的表示，例如：68.2 有效数字是三位，68.20 有效数字是四位，0.068 有效数字是两位。即对于有小数点的数，和以非 0 结尾的整数，从左边第一个非零数字起到最右边的所有数字都是有效数字。第一个非零数字前面的 0 不是有效数字，但数据末尾的 0 是有效数字。

对于以若干个 0 结尾的整数，其末尾的 0 是否为有效数字比较难确定，有的 0 可能是有效数字，有的 0 却只是为了补位用的，为了强调有效数字的位数，最好将其用科学计数法表示。例如：6800 若有两位有效数字则写成 6.8×10^3。

第二节 电压和电流的测量

一、磁电系仪表电压电流测量

1. 磁电系测量机构

（1）磁电系测量机构的结构。仪表的测量机构由固定部分和可动部分组成。

磁电系仪表的固定部分主要是磁路系统，可分为外磁式、内磁式和内外磁式三种，如图 5–6 所示。图 5–6（a）~ 图 5–6（e）是外磁式，图 5–6（f）、

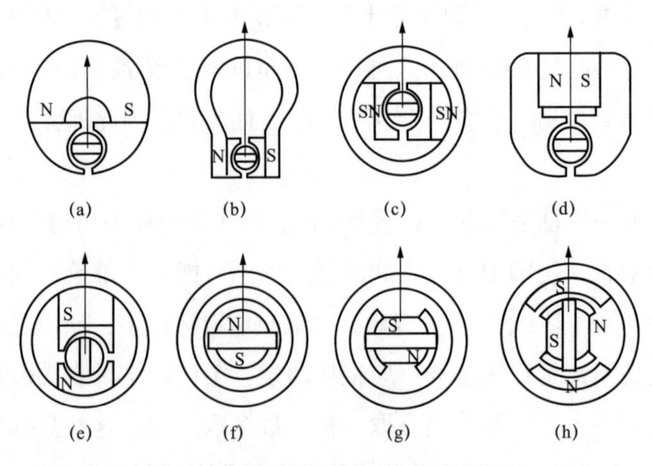

图 5–6 磁电系测量机构的磁路系统

图 5-6（g）是内磁式，图 5-6（h）是内外磁式。内磁式和外磁式的主要区别是永久磁铁在可动线圈内还是在可动线圈外。

磁电系测量机构的可动线圈是用很细的漆包线绕制的矩形线框，可以绕在铝框上，但高灵敏度的仪表常不用铝框，以减轻可动部分的质量。仪表的转轴分成两半（故称半轴），一端固定在动圈上，另一端安装轴尖后支承在宝石轴承里。指针固定在上半轴上。

反作用力矩通常用游丝、张丝或悬丝产生。磁电系测量机构中的游丝有两个，如图 5-7 所示，它们的螺旋方向相反。游丝的一端固定在转轴上，并分别与动圈导线的两个端头相连，电流通过游丝引入动圈。下游丝的另一端与支架连接，上游丝的另一端与调零器连接，以便调整仪表的机械零位。

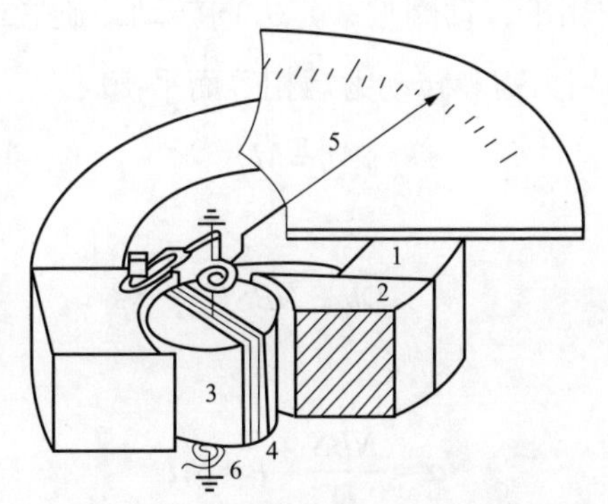

图 5-7　磁电系测量机构外观图

1—永久磁铁；2—极掌；3—铁芯；4—可动线圈；5—指针；6—转轴

磁电系测量机构中的阻尼力矩由铝框转动时的感应电流产生，无铝框线圈则由独立设置的短路线匝中感应电流产生。

（2）磁电系测量机构的作用原理。磁电系测量机构中，由于磁路系统结构的特点，使空气隙中磁场呈均匀辐射形，转轴和圆柱形铁芯轴线重合，矩形动圈的长边和磁场方向垂直，并且在它的转动范围内，磁感应强度 B 的大小是相等的。当动圈中通入电流 I 时，动圈与磁场方向垂直的每边导线受到电磁力的作用，其大小是

$$F = NBlI$$

式中 N ——动圈的匝数；

B ——空气隙磁场的磁感应强度；

l ——与磁场方向垂直的动圈长边的长度。

电磁力使动圈转动，其转动力矩

$$M = 2F \times \frac{b}{2} = NBlIb = NBSI$$

$$S=lb$$

式中 b ——动圈的宽度；

S ——动圈的长度和宽度相乘而得的面积。

在转动力矩的作用下，动圈按一定方向转动，旋紧或放松游丝，使反作用力矩增加，当反作用力矩和转动力矩相等而平衡时

$$M_f = M$$

即

$$D\alpha = NBSI$$

所以

$$\alpha = \frac{NBS}{D} \cdot I = S_I I$$

式中 α ——偏转角；

S_I ——磁电系测量机构对电流的灵敏度，$S_I = \frac{NBS}{D}$；

I ——动圈中通入的电流；

N ——动圈的匝数；

B ——空气隙磁场的磁感应强度；

S ——动圈围成的面积；

D ——反作用力矩系数。

对已做好的仪表而言，N、B、S 及 D 都是固定的，S_I 就是一个常数，所

以偏转角 α 与通入线圈的电流成正比。

磁电系测量机构可以用来直接测量直流电流，也可以用来测量与直流电流成一定比例关系的其他量，例如直流电压、电阻及经过变换器变换过的交流量及非电量。

2. 磁电系电流表

（1）磁电系电流表的工作原理。磁电系测量机构可直接用来测量电流，做成电流表。但由于动圈的导线很细，电流又需经过游丝，所以允许直接通过的电流是很小的，一般在微安至几十个毫安范围内，通常只用来做检流计、微安表、小量程的毫安表。为了扩大磁电系测量机构的测量范围，以测量较大的电流，磁电系电流表也有相应的测量电路。

微安表和毫安表的测量电路最简单，测量电路的电阻由两部分组成，其中一个是游丝的电阻，一个是可动线圈的电阻。测量时，仪表串联在电路中，被测的电流全部通过游丝流入和流出可动线圈。由于游丝只能通过几十毫安的电流，如果被测电流大于 100mA，为了减少流过游丝中的电流，需要采用与动圈并联电阻的方法（如图 5-8 所示），使大部分电流从并联电阻中流过，而动圈只流过其允许通过的电流。这个并联电阻就叫分流电阻或分流器（如图 5-9 所示），分流器 1、2 端子为电流端子接电流回路，3、4 端子为电压端子接电压表。制作分流器用的材料是温度系数小的锰铜电阻丝，分流器要有足够大的面积，使它不致因流过电流后温度过高而造成误差。

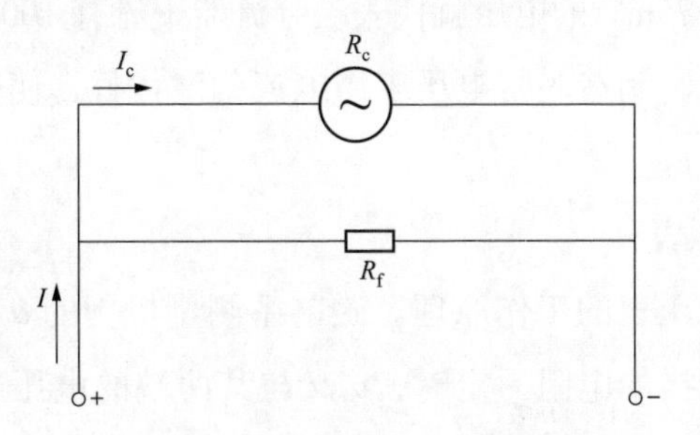

图 5-8 量程扩张接线图

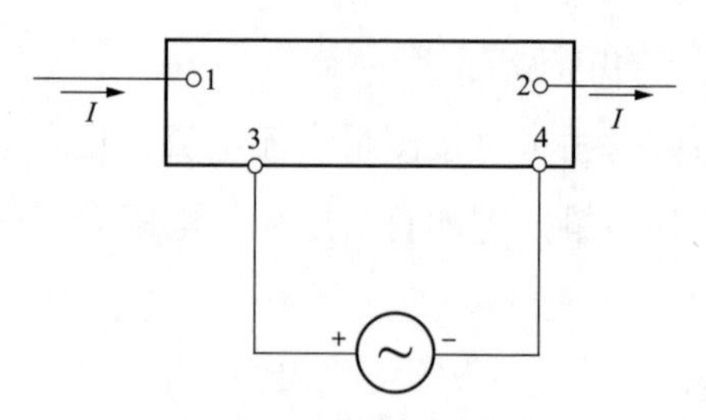

图 5-9 分流器结构模式

1、2—电流端子；3、4—电压端子

有些电流表是多量程的，分流器的形式也各不相同。量程 30A 以下的电流表其分流器电阻放在表壳内部，这种分流器称内附分流器；量程 30A 以上的电流表分流器的电阻多放在表壳的外部，称外附分流器。

（2）磁电系电流表扩展量程的方法。大电流电流表可以被认为是用小量程的电压表测量分流器两端电压的电压表，标度盘用电流刻度。这样，在制造分流器时，要求分流器中流有标称电流值时分流器两端的电压固定，只要用电压的量程和分流器的标称电压（即分流器通以标称电流时其两端的电压降）相等的电压表都可以与这样的分流器组成一个测大电流的电流表，目前，我国国家标准规定外附定值分流器通入标称电流时，两端的电压即标称电压为 6 种，分别是 30、45、75、100、150mV 和 300mV，实际使用中均采用两端电压为 75mV 的毫伏表。例如，某测量电流为 100A，就选电流 100A 标称电压为 75mV 的分流器，选一个电压量程为 75mV 的电压表和分流器相配套，那么，电压表指示 75mV 的电压就代表了分流器中流有 100A 的电流；37.5mV 就表示有 50A 电流，制造时将电压表用电流刻度代替，使表尺直接显示被测电流值。

3. 磁电系电压表

（1）磁电系电压表的工作原理。磁电系测量机构的 α（偏转角）与电流成正比，而测量机构的电阻一定时，α 又与其两端的电压成正比。将测量机构和被测电压并联时，就能测量电压了，但它所能直接测量的电压是很小的，一般只有几十毫伏。要测量较高的电压，必须与测量机构串联一个电阻，这个电阻叫做附加电阻（或倍压电阻），附加电阻的阻值比测量机构内阻值大很多倍，电压量程越高，附加电阻的阻值越大。因此，可以把电压表看做是用小量程的电流表测量附加电阻中电流的仪表，用被测电压来标度仪表的刻度。流过仪表的电流将主要取决于附加电阻的大小，和仪表的内阻关系不大。

$$\alpha = S_I I = S_I \times \frac{U}{R}$$

磁电系测量机构串联附加电阻后，被测电压大部分分配在附加电阻上，而测量机构的电压可以被限制在允许的数值内。当电压表的内阻（测量机构的电阻和附加电阻之和）越大，测量时对被测电路的影响越小。一定的电压表，其内阻和量程的比值是常数，用欧 / 伏表示，这个比值越大，一定电压量程的内阻就越大，电压表测量电压时，对电路几乎没有影响。

（2）磁电系电压表量程扩展方法。磁电系电压表量程扩展电路如图 5-10 所示。

可以根据扩大量程的要求来选择适当的附加电阻，因为

$$\frac{U}{U_c} = \frac{R_c + R_f}{R_c} = m$$

式中 U ——待扩展的电压量程，V；

U_c ——电压表最大测试电压，V；

R_c ——电压表内阻，Ω；

U_f ——量程扩展所需的附加电阻，Ω。

$m = U/U_c$ 是电压量程的扩大倍数，由此，需串联的附加电阻

$$R_f = (m-1) R_c$$

4．磁电系仪表的技术性能与使用

（1）磁电系仪表的主要优点。

1）准确度高。达 0.1 级至 0.05 级。

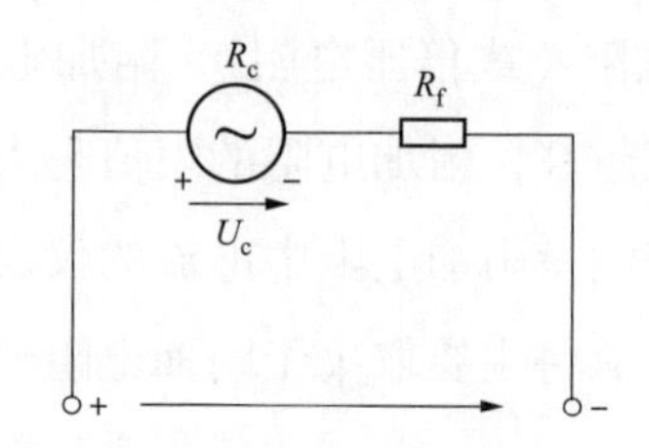

图 5-10 磁电系电压表量程扩张电路

2）灵敏度高。因为磁电系测量机构内部的磁场很强，动圈中只需通过很小的电流，就能产生足够大的转动力矩。

3）受外磁场及温度的影响小。外磁场的影响是因为其内部的磁场很强。温度变化时将引起游丝的弹性及永久磁铁的磁性变化，这两项变化所引起的偏转角的变化几乎可以互相抵消。例如，温度升高时，游丝变软，使偏转角增大。温度每升高 10℃，游丝弹性减弱约 0.2% ~ 0.4%。但温度升高时，磁性会减弱，使偏转角减小。温度每升高 10℃，磁感应强度减小约 0.2% ~ 0.3%。可见，它们的变化几乎可以补偿。另外，温度变化时，还引起测量电路中电阻值的变化，但这种变化造成的影响可采用适当的补偿电路加以很好的补偿。所以，温度变化对磁电系仪表的影响很小。

4）功率消耗小。因为磁电系电压表的内阻 r_v 很很高，通过仪表的电流很小，一定电压量程时，仪表的功率消耗 $\left(\frac{U^2}{r_v}\right)$ 很小（与量程相同的其他系列的电压表比较）。同样，由于电流表的内阻 r_A 很小，一定电流量程时的功率消耗（$I^2 r_A$）也很小。

5）磁电系电流表、电压表的刻度均匀。因为仪表的偏转角 α 与被测电流 I 或被测电压 U 成正比。

（2）磁电系仪表的主要缺点。

1）过载能力小。电流通过游丝、张丝或悬丝，因为它们都很细小，过载会因过热而引起他们的弹性变化。另外，动圈的导线也很细，过载也容易引起导线烧断而使动圈损坏。

2）不能直接测量交流。由于永久磁铁的磁场的大小及方向都是恒定的，动圈中通过正弦电流时，产生大小和方向随时按正弦函数规律变化的转动力矩。而动圈具有惯性，来不及跟随变动，所以，只好停留在原来的位置不动。这时，仪表指示为零位。或者说，正弦电流在磁电系测量机构中产生的平均转矩为零，不引起可动部分的偏转。

必须在磁电系测量机构中附加整流电路后，才能用来测量交流量，这就构成了整流系电压表和电流表（万用表测量交流电压也是这样做的）。

3）结构复杂，成本较高。

（3）温度误差和补偿电路。如上所述，温度变化引起游丝的弹性、永久磁铁的磁性及电路的电阻变化，从而产生附加误差。由电阻变化而产生的误差常采用适当的电路给以补偿。常用的补偿电路有串联温度补偿电路，即电压表在温度升高时，动圈电阻和附加电阻都要增加，被测电压下的电流减小，仪表指示出较小的电压数值，产生了误差。如果动圈和附加电阻都用铜导线绕制，则温度每变化10℃，铜电阻变化4%，所引起的误差将是很大的。如果附加电阻用锰铜导线绕制，则温度每变化10℃，锰铜电阻只变化0.2%，又因为附加电阻远大于动圈的铜电阻，所以电压表总电阻因温度变化而引起的变化就是很小的了（10℃约0.2%左右），误差就可以限制在很小的范围内。

电流表的分流电阻是锰铜的，而动圈是铜的，温度变化时，由于两个支路电阻变化的百分比相差较大，改变了电流在两个支路中的分配比例。当温度升高时，动圈电阻增加得多些，它的电流相应就要小些，仪表指示也会偏小些。为了补偿温度误差，与动圈串联一个远大于动圈电阻的锰铜电阻，这样，两个支路的电阻温度系数就很相近了。温度变化时，电流分配的比例几乎不变。

二、电磁系仪表电流电压测量

1. 电磁系测量机构

（1）电磁系测量机构的结构。常见的电磁系仪表的测量机构有扁线圈吸引型和圆线圈排斥型两种。

1）扁线圈吸引型。吸引型测量机构由固定的扁线圈和偏心地装在转轴上的软铁片组成，转轴上还装有指针、阻尼片、产生反作用力矩的游丝（游丝不通电流）。如图 5-11 所示。

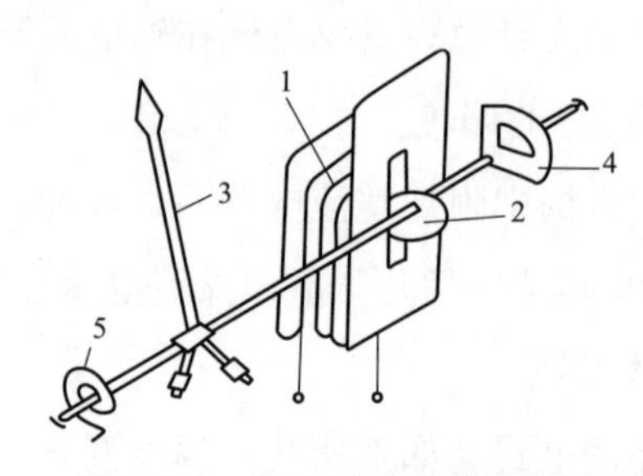

图 5-11　扁线圈吸引型结构图

1—扁线圈；2—软铁片；3—指针；4—阻尼片；5—游丝

当电流通过线圈时，线圈的磁场使可动铁片磁化，并对铁片产生吸引力，从而产生转动力矩使铁片偏转，带动指针，指示被测电流的大小。当线圈中的电流方向改变时，线圈磁场的极性改变，被磁化的软铁片的极性也同时改变，因而线圈对软铁片仍相互吸引，软铁片转动的方向不变。可见，这种测量机构还可以直接用来测量交流电压和电流。

2）圆线圈排斥型。排斥型测量机构的固定部分如图 5-12 所示，包括圆形线圈 1 和固定在线圈内壁的软铁片 2，可动部分包括固定在转轴上的动铁片 3 以及游丝 4、指针 5、阻尼片 6。

当电流通过线圈时，两个铁片同时被磁化。它们同一侧的极性相同是互相排斥，从而使可动铁片转动，带动指针，指示被测电流的大小。当线圈中的电流方向改变时，线圈磁场方向改变，两个铁片被磁化的极性同时改变，仍互相排斥，使可动铁片转动的方向不变。可见排斥型同样可直接用来测量交流电压和电流。

扁线圈吸引型测量机构常用来做成 0.5 级及以下的可携式电流表和电压表，并可做成无定位结构以防御外磁场的影响。

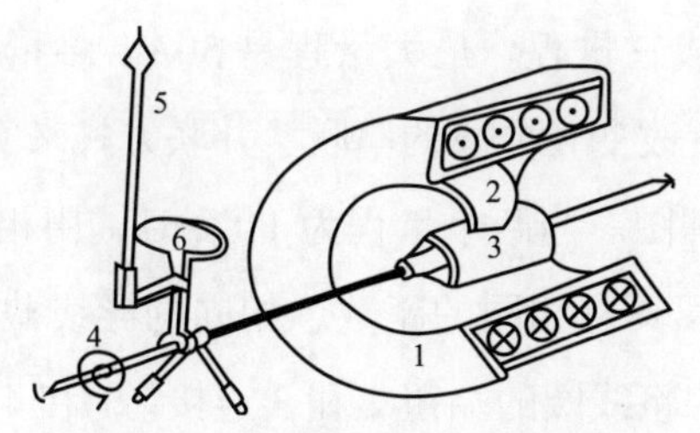

图 5-12 圆线圈排斥型结构图

1—圆形线圈；2—软铁片；3—动铁片；4—游丝；5—指针；6—阻尼片

圆线圈排斥型测量机构的应用比较广泛，几乎所有开关板式的电磁系电流表和电压表都用这种结构，高精度可携式仪表也用这种结构。

（2）电磁系测量机构工作原理。电磁系测量机构的转动矩是由固定线圈对铁片的吸引力或排斥力产生的。吸引力或排斥力的大小都和线圈的磁势（NI）有关，N是线圈的匝数。当固定线圈中通入直流电流I时，线圈磁场的强弱与NI成正比。如果铁片工作在它的磁化曲线的直线部分，则它被线圈磁场磁化后磁极磁性的强弱也与线圈的NI成正比。对于吸引型，线圈对可动铁片的吸引力大小与二者磁极磁性的强度的乘积成正比，也就是与线圈的NI的平方成正比；对于排斥型，两铁片间的排斥力的大小与铁片磁性的强度的乘积成正比，也与线圈的NI的平方成正比。可见，无论吸引型或排斥型，转动力矩都与固定线圈的磁势（NI）的平方成正比。

2. 电磁系电流表

（1）电磁系电流表工作原理。电磁系测量机构中，通电流的线圈是固定的，可以用较粗的铜线绕制，而能直接串联在被测电路中，通过较大的电流。所以，电磁系电流表是直接利用电磁系测量机构做成的。能直接测量大电流的电磁系电流表，最大量程一般不超过200A。电流过大，会因连接母线与仪表端钮连接处的接触不良而严重发热，并且与仪表相近的连接母线中大电流所产生的强磁场会引起仪表的误差。故200A以上电流的测量，必须通过电流互感器。电磁系电流表的量程越大，固定线圈的导线越粗，匝数越少。

（2）量程的扩展。开关板式电流表都做成单量程，可携式电流表一般都做成双量程，也有做成三量程。最大量程是50A。多量程是通过将固定线圈分段绕制，用转换装置改变各分段的串联、并联方式来实现的。例如，图5-13是双量程电流表的原理图。当两个量程为1：2时，用相同的导线双线绕制两个线圈。于是两个线圈具有相同的匝数、相同的导线截面积、相同的电阻的电抗。如用一个金属片将线圈的端钮2和3连接，1和4串入电路，此时的量程为I［图5-13（a）］；如用两个金属片将线圈的端钮1和2、3和4分别连接时［图5-13（b）］，仪表的量程为$2I$。这样做，可以使量程为I及$2I$时的总安匝数$2NI$不变，仪表可动部分获得的转矩不变，两个量程下的标尺刻度是重合的，可以使用同一条标尺。读数时，只需将量程为I时的值乘以2就可得量程为$2I$时的值。

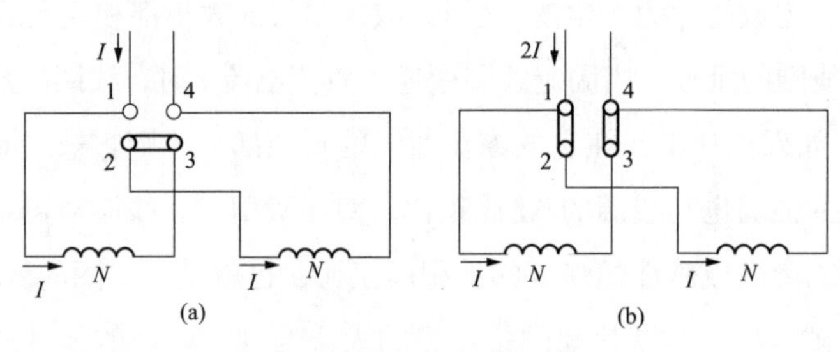

图5-13　量程的扩展图

要得到三个量程，必须将线圈分成四段绕制。当四段线圈全部串联时，量程为I；当四段线圈两两并联再串联时，量程为$2I$；当四段线圈全部并联时，量程为$4I$。和双量程一样，三个量程可共同使用同一条标尺，各量程的比例为1：2：4。电流表量程的变换也可用插塞或转换开关来完成。

3. 电磁系电压表

（1）电磁系电压表工作原理。将电磁系测量机构做成电压表时，也是用附加电阻把被测电压转换成电流，再把电流通入固定线圈来完成测量电压的任务。电磁系电压表的固定线圈一般用较细的漆包铜线绕制，约有几百至几千匝。为了获得足够大的转矩，必须有足够大的励磁安匝数，所以电磁系电压表的全偏转电流即满偏电流较磁电系电压表大得多，约为几毫安至几百毫安。量程越低，全偏转电流越大，附加电阻用锰铜线绕制。

（2）电磁系电压表量程扩展。开关板式电磁系电压表都做成单量程的。直接接入被测电路的电压表最大量程为600V，与电压互感器配套使用的电压表量程是100V。可携式电压表一般都做成多量程的，不同的量程通过改变附加电阻的大小来实现。有些仪表在改变附加电阻的同时，还改变固定线圈的连接方式，这种仪表中，不同量程时的全偏转电流是不同的。在低量程时，为了减小因温度变化使固定线圈的铜电阻变化而引起的附加误差，将每个固定线圈的两个分段作并联连接；在高量程时，由于附加电阻足够大，固定线圈的所有分段全部串联。为了能利用仪表的同一条标尺刻度，两个不同量程时的总安匝数应相等，因此，仪表的全偏转电流必须不等。低量程（150V）时的全偏转电流是高量程（300V）时的两倍（150V时为60mA、300V时为30mA），为此，电压表高量程时的内阻是低量程时的4倍。150V量程时与固定线圈串联后的总电阻为2500Ω，300V量程时与固定线圈串联后的总电阻是10000Ω。

由于电磁系测量机构需要足够大的安匝数，固定线圈中的电流不能太小，做成低量程电压表时，这个电流更大。例如，T19–V7.5伏量程的全偏转电流是500mA。因此，制造小量程的电磁系电压表是比较困难的。

4. 电磁系仪表的技术性能与使用

（1）磁滞误差。电磁系仪表由于其测量机构中的铁片的磁滞现象，用于直流测量时，会产生很大的磁滞误差。这个误差与被测量逐渐增加还是逐渐减小有关，还和原先仪表中通过的电流方向有关，因此，误差是不稳定的。从理论上说，电磁系仪表可以交、直流两用，但由于磁滞误差，实际上只用于交流。按交流刻度且使用于交流的电磁系仪表没有磁滞误差，因为仪表中的铁片已被多次交变磁化了。

需要注意的是，对指明用于交流的电磁系仪表不能用来测量直流量，以免引起过大的误差。

（2）灵敏度。电磁系测量机构中的磁场由固定线圈的电流产生，其磁力线主要经空气闭合，磁场是比较弱的。为了使可动部分获得足够大的转动力矩，必须使固定线圈有足够大的安匝数，这样，电磁系仪表的灵敏度较磁电系的低多了。

（3）外磁场的影响。由于电磁系仪表的内部磁场很弱，外磁场对它的影响很大，仅地磁就可造成1%的误差。因此，电磁系仪表都采取防御外磁场影响的措施。这些措施是磁屏蔽和无定位结构。

磁屏蔽就是将测量机构放在硅钢片做成的圆筒形屏蔽罩内。屏蔽材料的磁导率越高，罩壁越厚，屏蔽的效果越好。但罩壁越厚，由交变磁通引起的涡流就越大，造成误差就越大。所以通常采用多层屏蔽的方法来提高屏蔽的效果。一般采用双层屏蔽已可达到良好的屏蔽效果了，外层多采用硅钢片，内层多采用坡莫合金。为了减小由线圈的交变磁场而引起的涡流，屏蔽罩都开有一定的缝隙。

（4）温度的影响。电磁系电流表的固定线圈与被测电路串联，周围温度变化时，对转动力矩没有影响，但由于游丝的弹性变化，使仪表的指示产生误差。这种误差是很小的，对开关板式仪表不必采取补偿措施。对高精度的电流表，则可采用温度系数很小的材料做游丝、张丝，减少温度误差的影响。

电磁系电压表中除游丝或张丝的弹性因温度变化外，还有固定线圈的电阻的变化，但这两项变化所引起的误差是可以互相补偿的。只要适当选择固定线圈的电阻和附加电阻的比值，可使温度误差比仪表准确度所允许的误差还小。

（5）频率的影响。频率变化对电磁系仪表的影响较大，其影响主要有两方面：

1）固定线圈的交变磁场在电磁系仪表附近的金属部件（如铁片、金属支架、屏蔽罩等）中感应涡流，由于涡流的去磁效应而使转动力矩减小，使仪表产生误差。频率越高时，这个误差越大。电磁系电流表由涡流引起的频率误差一般很小，只需尽量采用非金属的部件或电阻系大的材料，切断涡流回路等就可以了。

2）固定线圈本身的感抗因频率而变，这对电磁系电压表的影响较大，频率增高，感抗变大，使一定被测电压下固定线圈中的电流变小，仪表指示产生误差。通常采用和附加电阻并联电容的方法来减少电压表的频率误差。并联适当的电容后，可使仪表在一定频率范围内的阻抗接近于纯电阻，从而补偿了频率的影响。

（6）标尺的刻度不均匀。由于转动力矩都与固定线圈磁势 NI 的平方成正比，所以刻度左侧密、右侧疏。选择电磁系仪表量程时应尽量使读数靠近刻度上限。

电磁系仪表的技术特性有许多不足之处，主要是外磁场及频率的影响大，灵敏度低，标尺刻度不均匀等。但由于它具有结构简单、过载能力强、比较牢固、价格便宜等独特的优点，在开关板仪表中应用十分广泛。近几年来，仪表制造工业中性能优良的许多新材料的采用，可携式电磁系仪表的准确度已可做得很高。

三、电动系仪表电流电压测量

1. 电动系测量机构

（1）电动系测量机构的结构。由可动线圈中电流的磁场与固定线圈中电流的磁场相互作用而工作的测量机构称为电动系测量机构，如图 5-14 所示。它的固定部分和可动部分都是线圈，分别叫做定圈和动圈。定圈做成两部分，彼此平行排列，中间留有空隙，以便穿过转轴，并使动圈处于定圈的内部具有对称的结构。常见的线圈是圆筒形的；矩形线圈用于无定位结构的仪表中，这样可以减小仪表的调试，和磁电系仪表一样，动圈中的电流是通过游丝引入的。

（2）电动系测量机构的工作原理。电动系测量机构和磁电系测量机构比较，不同的是电动系测量机构的磁场由固定线圈中的电流产生，磁场方向随电流而变。因此，当定圈和动圈都通入交流时，可动部分的平均转矩可以不为零，而使它有一定的偏转。下面介绍电动系测量机构的偏转角与两个线圈

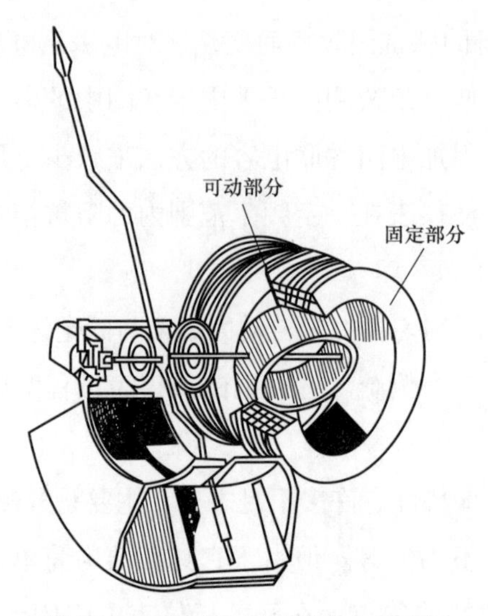

图 5-14　电动系测量机构的结构图

中的电流的关系。

当定圈和动圈中都通过直流电流并分别为 I_1 和 I_2 时，由于机构中没有铁磁物质，定圈磁场的 B_1 与 N_1I_1 成正比，而动圈在定圈磁场中所受的转动力矩又和 B_1 与 N_2I_2 成正比，所以，电动系测量机构可动部分的转动力矩

$$M=k(N_1I_1)(N_2I_2)f(\alpha)$$

式中　　k ——决定于测量机构结构（如线圈的形状、尺寸等）的一个常数；

N_1、N_2 ——定圈和动圈的匝数。

关于，$f(\alpha)$ 如果磁场是均匀的，则决定转矩的分力 F 将随 α 而变；如果磁场是不均匀的，则力 F 本身就随 α 而变。所以，$f(\alpha)$ 是表示转矩因磁场分布情况而随 α 变化的一个函数，$f(\alpha)$ 的函数形式，则随各种电动系仪表而异，或为常数，或为 α 的余弦函数，或无法给出具体函数式而由试验决定等。

当电动系测量机构的定圈和动圈分别通入正弦电流时，其平均转矩 M_p 与两电流的有效值的乘积成正比，并且与它们间相位差 φ 的余弦成正比，即

$$M_p=kf(\alpha)I_1I_2\cos\varphi$$

式中 I_1 ——定圈电流的有效值；

I_2 ——动圈电流的有效值；

φ ——动圈电流超前于定圈电流的相位差。

电动系测量机构的可动部分可能出现正偏、反偏或不动三种情况，决定的因素是两个线圈中电流的相位差 φ。因为通入交流时，瞬时转矩的大小和方向都随时间而变，当一个周期的大部分时间内出现某个方向的转矩时，可动部分由于惯性而在那个方向的转矩作用下转动；当相反方向的瞬时转矩占优势时，可动部分就会反转。由于电流间相位差的不同而使平均转矩不同，以致可能发生正偏、反偏或不动的现象，所以和它们间的相位差有关。

由于电动系仪表的电流要经游丝引入动圈，直接串联的电流表量程较小，一般在 0.5A 以下。和磁电系仪表一样，可以采用分流电阻扩大电流表的量程。为了能在不同量程下利用同一条标尺刻度，在改变分流电阻的同时，相应改变定圈分段的连接方式。

把电动系测量机构的定圈和动圈串联后再和附加电阻串联，就构成电压表。

电动系测量机构可动部分的偏转角不仅与两个线圈中的电流有效值乘积成正比，而且与它们间相位差的余弦成正比，这样，除可用以测量电流和电压外，更重要的是还可以方便地用来测量交流电路的功率，构成功率表。另外，当用两个动圈构成比率表时，又可方便地构成功率因数表、频率表等。

2. 电动系电流表

电动系电流表的内部线路与量程有关。测量小电流时，可以把可动线圈和固定线圈串联起来，如图 5–15 所示。这时 $I_1 = I_2 = I$，$\cos\varphi = 1$，所以

$$a = \frac{1}{W} I^2 \frac{\mathrm{d}M_{12}}{\mathrm{d}a}$$

但是，由于被测电流通过游丝，同时绕制可动线圈的导线又很细，串联方式只能测量 0.5A 以下的电流。

测量比较大的电流时，可采用线圈并联或对动圈实行分流的方法，即是

用电阻分路动圈。图 5-16 中的电容 C 是用于补偿动圈电感的。在这种情况下，电动式电流表一般都做成双量程，在大量程时，固定线圈的两部分要并联，同时还要改变动圈的分路电阻的值，如图 5-17 所示。

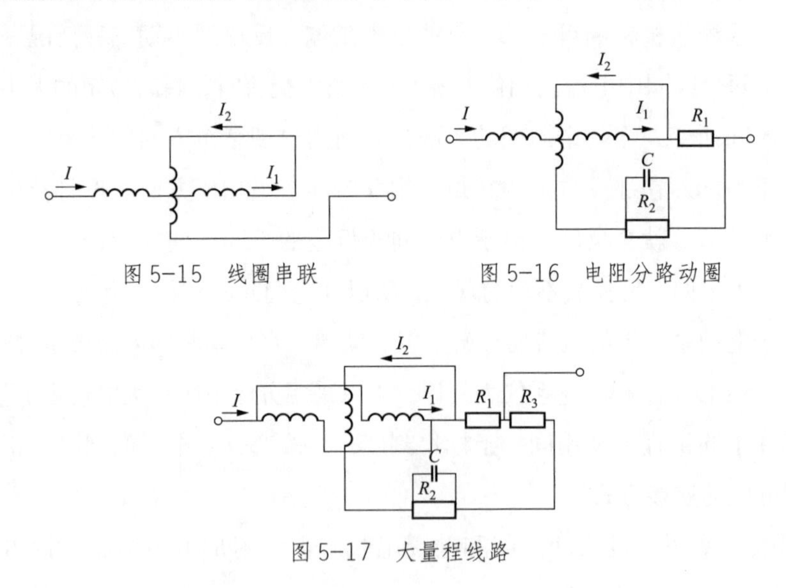

图 5-15　线圈串联

图 5-16　电阻分路动圈

图 5-17　大量程线路

在图 5-16 所示的电路中，固定线圈的自感不会产生频率误差，因为被测电流全部直接通过它。由直流过渡到交流时，所产生的频率误差发生在回路电阻与动圈电路之间，因为后者有自感，在电流性质不相同时，电流在此两支路间的分配也是不相同的。为了降低此项误差，可在动圈的串联电阻上并联一个电容。选择数值使其能补偿动圈的自感。这种补偿的结果，可使仪表在很宽的频率范围内交、直流两用。串联电阻本身是用来降低温度误差的。

3. 电动系电压表

用电动系测量机构测量电压时，可以把可动线圈和固定线圈串联后再串联附加电阻，构成测量电路如图 5-18 所示。用改变附加电阻的方法可以改变电压量程。若某一量程附加电阻的总数为 R，则可动部分的偏转角 α 可写为

$$\alpha=\frac{1}{W}I^{2}\frac{\mathrm{d}M}{\mathrm{d}\alpha}=\frac{1}{W}\frac{U^{2}}{R^{2}}\frac{\mathrm{d}M}{\mathrm{d}\alpha} \tag{5-2}$$

当然，也可以用 dM/dα 的值来改善标度尺的刻度特性。

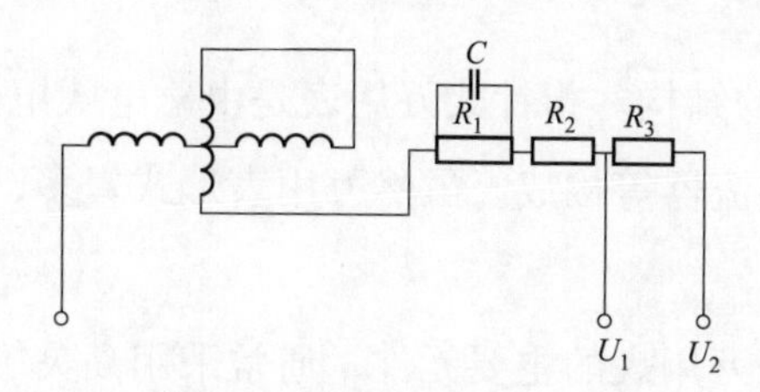

图 5-18 电动系电压表的测量电路

式（5-2）对直流和交流都是成立的。不过，在电压表的具体情况下，还应将它进一步转化成偏转角和电压之间的关系。由于 M 会随偏转发生变化，所以电感就不是常数，因而直流过渡到交流时的相对误差在不同偏转时也将有不同的值。

为了降低频率误差，主要的办法是用电容分路部分串联电阻，以使数个测量线路接近电阻性。这样，就使电压表能在频率为 2000 ~ 3000Hz 下使用，而刻度是在直流下进行的。周围介质温度的变化，也会给电压表带来附加误差，但可以适当选择串联电阻与线圈电阻的比值，将其限制在允许范围之内。

过去，电动式电压表多做成便携式多量程的，量程的改变是靠改变串联电阻值来实现。现在，只作为 0.2 级标准表用。

四、万用表

1. 万用表的结构和原理

万用表是目前最常用、最普及的工具类测量仪表。

万用表有两种类型，即指针式万用表和数字式万用表。指针万用表已有近百年的发展历史，其特点是借助于指针和刻度盘进行读数，能观测被测量的连续变化过程和变化趋势，结构简单、操作方便、价格低廉。数字万用表则是近几十年发展起来的新型数字仪表，它采用集成电路和数字显示器件，显示直观、准确度高、测量功能完善。这两类万用表各具特色，被人们广泛地使用。

（1）指针式万用表。

1）指针万用表的结构。指针式万用表是由磁电式电流表、表盘、表笔、转换开关、电阻及整流器等构成。虽然万用表形式繁多，但都是由以下三个基本部分组成。

a. 表头。表头是万用表的主要元件，通常采用高灵敏度的磁电式测量机构，其满刻度偏转电流从几微安到几百微安。表头全偏转电流越小，灵敏度越高，测量电压时内阻也就越大，表头的特性越好。

b. 测量线路。测量线路是万用表用来实现多种电量、多种量程测量的主要手段。万用表是由多量程直流电流表、多量程直流电压表、多量程整流式交流电压表和多量程欧姆表等几种线路组合而成。构成测量线路的主要元件是各种类型和阻值的电阻元件（如线绕电阻、碳膜电阻及电位器等）。在测量时，将这些元件组成不同的测量线路和整流电路，就可以把各种不同的被测量通过转换开关转换成磁电式表头能够反映的微小的直流电流，达到一表多用的目的。

c. 转换开关。万用表中的各种测量及其量程的选择是通过转换开关来完成的。转换开关由许多个固定触点和活动触点组成，用来闭合与断开测量回路。活动触点通常称为“刀”，当转动转换开关的旋钮时，其上的“刀”跟随转动，并在不同的挡位上和相应的固定触点接触闭合，从而接通相对应的测量线路。

2）指针式万用表的原理。根据万用表的结构，万用表的测量线路有直流电流、直流电压、交流电压和电阻测量线路。指针式万用表是利用一个多层的转换开关和供测量电流的电流表头来实现功能和量程的选择。从图 5–19 指针式万用表的基本框图可知，测量时，电压、电阻要变换为电流；交流电流经整流回路变换成直流电流；交流电压要先转换为交流电流，而后再变换成直流电流，总之，不管测量什么参量，万用表的表头通过的必须是大小适当的直流电流。

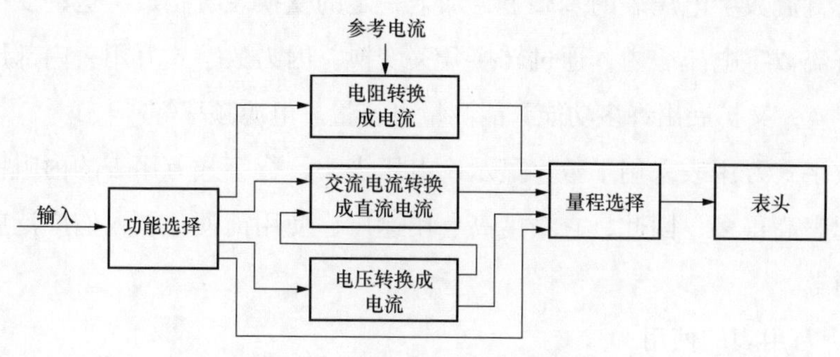

图 5-19　指针式万用表基本框图

（2）数字式万用表。

1）数字式万用表的结构。图 5-20 所示是数字式万用表的基本框图。数字万用表的结构与指针式万用表基本相同。只是数字式万用表中用模 / 数转换器、显示逻辑和显示屏组成的电压表头替换了指针万用表中的磁电式电流表头。测量线路由集成电路和分立元件来实现。在测量时，由这些元件组成不同的测量线路，把各种不同的被测量转换成数字表头能够反映的直流电压，达到测量的目的。

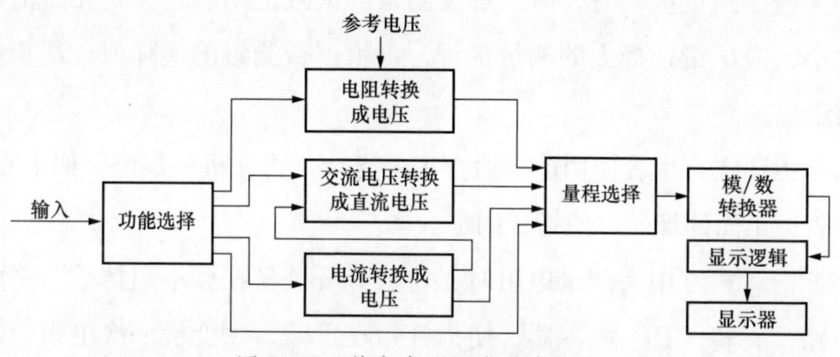

图 5-20　数字式万用表基本框图

2）数字式万用表的原理。数字式万用表测量的基本量是电压。测量时，由功能选择开关把被测的电流、电阻和交流电压等各种输入信号分别通过相应的功能变换，变换成直流电压，按照规定的路线送到量程选择开关，再把限定的直流电压加到模/数（A/D）转换器，经显示屏显示。实质上数字万用表，就是在直流数字电压表的基础上，加上一定的变换装置构成。这种变换器是装在直流数字电压表内，通过转换开关变换。因为数字式万用表内部用集成电路转换，又扩展出许多功能，能测量电容量、电源频率等。

数字式万用表采用了数字显示、电压表头，数字式万用表的内阻比指针式万用表高得多，因此，它精度高、用途广、使用简便，被人们广泛应用于各种测量。

2. 万用表的使用

万用表用途广泛、使用方便，是一种广受欢迎的普通测量仪表，不但使用人员多，而且使用次数频繁，若稍不注意，轻则损坏元件，重则烧毁表头。因此，在使用万用表前，应对万用表有充分的了解。

（1）在万用表使用前，操作者必须熟悉每个旋钮、转换开关、插孔以及接线柱等的功用，熟悉所使用万用表的各种技术性能。对于指针式万用表应了解表盘上每条标尺刻度所对应的被测量，保证读数的正确。

（2）万用表在每次测量前，应仔细核对转换开关的位置是否合乎测量要求，应根据不同的测量对象，将测量选择开关转换到正确的位置，以免损坏万用表。

（3）选择测量量程时，应了解被测量的大致范围。若事先无法估计被测量的大小，应尽量选择大的测量量程，再根据被测量的实际值，逐步切换到合适的量程。

（4）指针式万用表使用前应检查表的指针是否在机械零位，如不在零位，应调整表头正面的螺丝，使指针回零。

（5）指针式万用表测量电阻时，将选择开关转换到电阻挡后，将两测量表笔短路，旋转“Ω”调零器，使指针指在零欧。每变换一次电阻挡，都应重新调节“Ω”调零器，使指针指在零欧，否则所测结果不准确。同时应注意此时黑表笔的电位高于红表笔，在判断晶体管极性或测量电解电容等有极性的元件时，不能搞错。

（6）测量电流时，应将万用表串接在被测电路中。测量直流时，必须注意极性不能接反。红色表笔一端插入标有“+”号的插孔，另一端接被测量的正极；黑色表笔一端插入标有“-”号的插孔，另一端接被测量的负极。若将表笔接反，容易损坏万用表内部元件，指针万用表的表针会反偏碰弯。

（7）测量电压时，应将万用表并联在被测电路的两端。指针式万用表测量直流电压时，正负极性不可接反。如果误用交流电压挡去测直流电压，由于万用表的接法不同，读数可能偏高一倍或者指针不动；若误用直流电压挡去测交流电压，则表针在原位附近抖动或根本不动。

（8）指针式万用表可用于测量互感器的极性。

（9）严禁用欧姆挡或电流挡去测量电压，否则会使仪表烧毁。

（10）严禁在测高压或大电流时带电旋动转换开关，以防产生电弧，烧损内部元件。

（11）测量 1000V 的电压时，先将黑色表笔接在低电位处，然后再将红色表笔接在高电位上。为安全起见，应两人进行测量，其中一人监护。测量时，必须养成单手操作习惯，确保人身安全。

（12）万用表使用完毕，应将转换开关旋到最高电压挡上，以防下次开始测量时不慎烧毁仪表；并拔下表笔放入盒中，置于干燥处。

（13）万用表长期不用时，应把电池取出，以防日久电池变质渗液，损坏仪表。

五、钳形电流表

通常在测量电流时，需将被测电路切断，才能将电流表或电流互感器的初级线圈串接到被测电路中进行测量。而钳形电流表是在不需要断开电路的情况下，进行电流测量的一种仪表，具有使用方便，不用拆线、切断电源的特点。钳形电流表外形图如图 5-21 所示。

1. 钳形电流表工作原理

钳形电流表，由电流互感器和电压表组成。其工作原理是建立在电流互

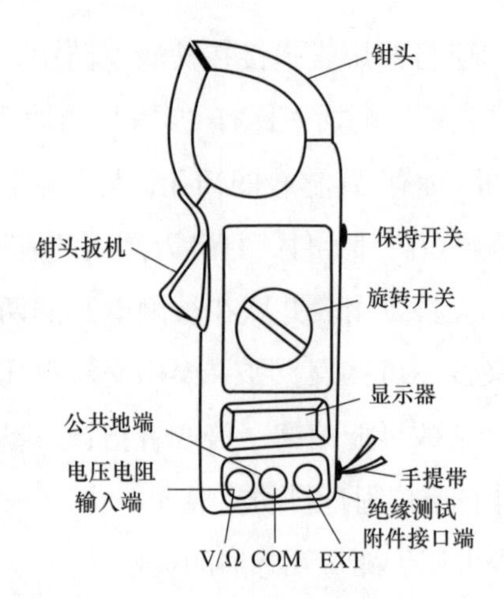

图 5-21 钳形电流表外形图

感器工作原理的基础上的，互感器的铁芯有一活动部分同手柄相连。当握紧手柄时，电流互感器的铁芯张开，将被测电流的导线卡入钳口中，成为电流互感器的初级线圈。放开手柄，则铁芯的钳口闭合。这时钳口中通过导线的电流，在次级线圈产生感应电流，显示器显示被测电流的大小。

由于其工作原理是利用电流互感器的工作原理，它的初级绕组就是钳口中被测电流所通过的导线。铁芯闭合是否紧密，对测量结果影响很大，且当被测电流较小时，会使测量误差增大。这时，可将被测导线在铁芯上多绕几圈来改变互感器的电流比，以增大电流量程。此时，被测电流 I_X 应为

$$I_X = \frac{I_a}{N}$$

式中 I_a——电流表读数；

N——缠绕的匝数。

钳形电流表还可供测量电阻和交流电压用。

2. 钳形电流表的使用

（1）在测量之前，应估计被测电流大小，以便选择合适的量程。若被测电流大小无法估计，为防止损坏钳形电流表，应从最大量程开始估测，逐渐

调整成合适的量程。

（2）测量时，为避免产生误差，被测载流导线的位置应放在钳口的中央。

（3）钳口要紧密接合。如遇有杂声时，可重新开口一次再闭合。若杂声仍然存在，应该检查钳口，有无杂物或污垢，待清理干净后再进行测量。

（4）测量小电流时，为了获得较准确的测量值，在条件允许的情况下，可将被测载流导线多绕几圈，再放进钳口进行测量。实际电流值应等于仪表上的读数除以放进钳口中的导线圈数。

（5）测量完毕一定要把仪表的量程开关置于最大量程位置，以防下次使用时，因疏忽大意未选择量程就进行测量，造成仪表损坏。

3. 钳形电流表使用时注意事项

（1）使用的钳形电流表一定要经过相关的计量检定部门检测合格。

（2）由于钳形电流表测量时要接触被测线路，所以测量前一定要检查表的绝缘性能是否良好，即外壳无破损，手柄应清洁干燥。

（3）测量时，应戴绝缘手套。测试人员必须与带电物体保持足够的安全距离。

（4）钳形电流表不能测量裸导体的电流。

（5）严禁在测量过程中切换钳形电流表的挡位，若需要换挡时，应先将被测导线从钳口退出再切换挡位。

第三节 绝缘电阻的测量

绝缘电阻表实际使用相当广泛，并直接关系到电气设备的正常运行和工作人员的人身安全。

一、绝缘电阻表的分类

绝缘电阻表按结构原理可分为指针式绝缘电阻表和数字式绝缘电阻表两类。

（1）指针式绝缘电阻表：测试电压有 100～2500V，量程上限达 2500MΩ，应用广泛。但操作费力，测量准确度低（受手摇速度、刻度非线性、倾斜角度影响），输出电流小，抗反击能力弱，不适合变压器等大型设备的测量。但因其价格低廉，不仅未被取代，仍有一定市场。

（2）数字式绝缘电阻表：测量电路中有了数字集成电路以后，指针式绝缘电阻表被数字式绝缘电阻表取代。单片机的发展使得数字式绝缘电阻表又更加智能化，计时、计算、储存一并完成。测试电压在 5000V 以上，有的 10000V，甚至 15000V，可直接读取吸收比和极化指数，测量上限达到 100TΩ 以上，有自放电回路，抗反击能力强，在电力系统得到广泛应用。

二、指针式绝缘电阻表的结构及工作原理

1. 指针式绝缘电阻表的结构

指针式绝缘电阻表由一台手摇直流发电机和电磁式比率表组成。

指针式绝缘电阻表的测量机构是电磁式比率表，由磁路、电路、指针等部分组成。磁路部分由永久磁铁、极掌、圆柱形铁芯等构成。电路部分由两个可动的线圈构成。可动线圈呈丁字形交叉放置，且共同固定在转动轴上。当通入电流后，两个动圈内部的电流方向相反。

手摇直流发电机一般由发电机、摇动手柄、传动齿轮等组成。发电机的容量很小，但能产生较高的电压。常见的电压等级有 100、250、500、1000、2500V 等。发电机发出的电压越高，测量绝缘电阻值的范围越大。

2. 指针式绝缘电阻表的工作原理

电路部分有两个可动的线圈。可动线圈 2 通过限流电阻，与发电机串联；被测绝缘电阻 R_x 与可动线圈 1 及发电机相串联。当线圈通电时，可动线圈 1

的电流 I_1 和气隙磁场相互作用，产生转动力矩 M_1，可动线圈 2 的电流 I_2 与气隙磁场相互作用，产生转动力矩 M_2。但它们方向相反，其中 M_1 为转动力矩，M_2 则为反作用力矩。指针的偏转角只取决于两个可动线圈电流的比值，和其他因素无关。被测绝缘电阻 R_x 不同时，I_1 则不同，而 I_2 基本不变，因此指针有不同的偏转角。

由于这种仪表的结构中没有产生反作用力矩的游丝，所以，在使用之前仪表的指针可随意停在标尺的任意位置上。

手摇发电机发出电压的高低，随手摇速度快慢而异。手摇发电机发出的电压不稳定，但是，由于指针偏转角取决于两个可动线圈电流的比值，故指针不会因手摇速度不同而停留在不同的位置指示不同的比值。这是因为手摇速度慢时，I_1 减小，I_2 也同时按比例减小，始终保持电流的比值不变，这样指针偏转角也就保持一定。

三、数字式绝缘电阻表的工作原理

数字式绝缘电阻表利用电子电路，采用 DC/DC 变换技术，产生直流高压电源，施加在被试品上，采用电流电压法测量原理，采集流经试品的电流，进行分析处理，再变换成相应的绝缘电阻值，由模拟式指针表头或数字表显示。数字式绝缘电阻表的测量原理如图 5-22 所示。

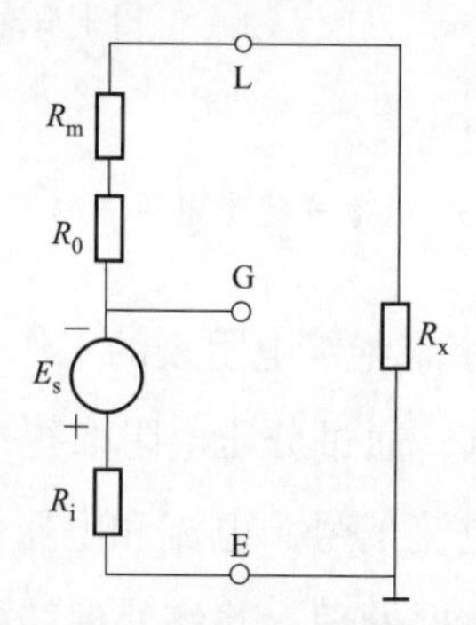

图 5-22　数字式绝缘电阻表的测量原理图

图中，R_x 为等效试品的绝缘电阻；R_0 为采样电阻，R_m 为用作限流和滤波的附加电阻；两者组成采样电路；E_s 表示高压测试电源电势，R_i 为其等效内阻。

测试电源输出正端接 E，负端接 G，测量采样电阻串接于 G、L 之间，L 端钮输出负高压，G 的电位接近于负高压。

随着科学技术的发展，计算机技术的普及，数字式绝缘电阻表与以往的指针式绝缘电阻表有了很大的不同，一块表有两个或两个以上的输出电压、有两个以上的输出短路电流，可以根据不同的试品对电流和电压进行相应的调整，可以显示时间、绝缘电阻值，对吸收比和极化指数进行计算后显示，对上述数据可以在机器内进行记录存储。同时这些参数还可以通过 RS-232 或 USB 接口输出到计算机进行处理和保存。数字式绝缘电阻表还有放电回路，能自动对被试品放电，不怕被试品电流反击。数字式绝缘电阻表的原理框图如图 5-23 所示。

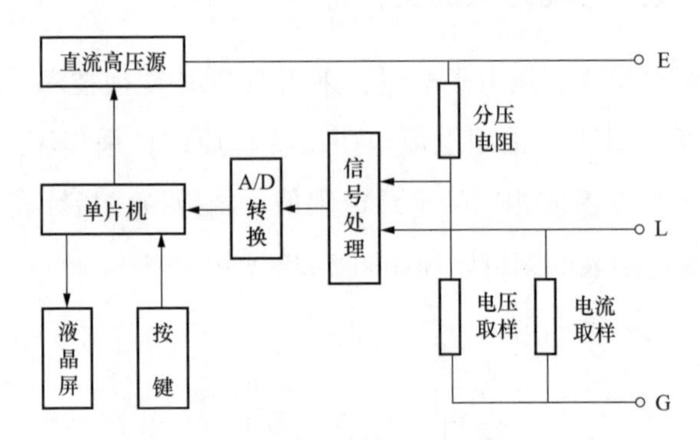

图 5-23 数字式绝缘电阻表的原理框图

从图 5-23 中可知，数字式绝缘电阻表的工作过程为：经按键操作，启动直流高压源给被测试品供电，通过分压电阻取得电压取样信号，通过与试品串联的电流取样电阻得到电流信号，电流和电压信号经信号处理，通过 A/D 转换装置送入单片机进行数据处理，并将处理结果传送给显示屏显示，完成整个测量过程。

四、绝缘电阻表的选择

绝缘电阻表是用来测量电气设备绝缘电阻的，而电气设备分高压电气设备和低压电气设备两种。选用绝缘电阻表主要是选择其电压和测量范围，高压电气设备绝缘电阻值要求大，需使用电压高的绝缘电阻表进行测试；而低压电气设备，由于内部绝缘材料所能承受的电压不高，为保证设备安全，应选用电压低的绝缘电阻表。通常500V以下的低压电气设备，选用500～1000V的绝缘电阻表；避雷器、变压器及隔离开关等选用2500V及以上的绝缘电阻表。

对于变压器等特殊设备的绝缘试验，因为设备本身的电容量比较大，所测的绝缘电阻值、吸收比和极化指数又与时间有密切的关系，为保证测试数据的准确可靠，对绝缘电阻表有一定的要求，要求绝缘电阻表的内阻尽可能小，且对于不同电压等级和额定容量的变压器有相应的输出短路电流要求，合理的充电电流在短时间内使得试验电压在被试设备上能很快接近额定值，保证测试结果的真实可靠。

指针式绝缘电阻表测量范围的选择不宜过大，根据指针式表头的特性，使被测绝缘电阻的数值显示在准确度最高的指示段内，以避免刻度较粗，产生较大的读数误差。另外，还应注意绝缘电阻表的起始值，因为有些绝缘电阻表的起始值不是零，而是4MΩ或8MΩ不等，如果用这种绝缘电阻表在潮湿环境中测量，或被测的绝缘电阻数值小于仪器的起始值，由于仪表显示不出读数，可能会对测量结果作出不正确的判断。

五、绝缘电阻表的使用

（1）使用前绝缘电阻表应进行检查，指针达不到“∞”或“0”位置的，表明绝缘电阻表有故障，应经检查修理后并由有关部门校准测试合格，方可使用。指针式绝缘电阻表未接上被测物之前，摇动手柄使发电机达到额定转速，观察指针是否指在“∞”位置，然后再将“线”和“地”两接线柱短接，缓慢摇动手柄，观察指针是否指在“0”位。

（2）在测量绝缘电阻之前，必须将被测设备从各方面断开，验明无电压，确实证明设备无人工作后，方可进行测量。在测量过程中，禁止他人接近被测设备。

（3）绝缘电阻测量前后，必须对试品进行放电、接地。

（4）被测部分如有低压的电子元器件，应将它们或它们的插件板拆掉，以免损坏电子元器件。

（5）测量时，应保证绝缘电阻表与被测物的接线正确。为防止接线因绝缘不良造成测量误差，绝缘电阻表接线柱与被测物之间的连接导线，不能用双股绝缘线和绞线，应选用绝缘良好的单股线或多股线分开单独连接，测量时应将测量线悬空，不得随意搁置在设备外壳上。

（6）使用指针式绝缘电阻表测量时，手摇发电机要保持匀速，不可过快或过慢，使指针不停地摆动，适宜的转速为120r/min。如发现指针指零，说明被测设备有短路现象，不能再继续摇动，以防表内动圈因过热而损坏。

（7）采用指针式绝缘电阻表测量时，应先手摇发电机保持匀速，将电压升至额定值后，再将测试线与试品相连，测量完毕，应先将测试线脱离试品后，再关闭电源。以防被试品电压反击，损坏绝缘电阻表。数字式绝缘电阻表进行测量时，应先将测试线与试品相连接，再打开电源将电压升至额定值进行测量，结束时先将电源关闭，再将测试线脱离试品。

（8）测量电容器、电缆、大容量变压器时，要有一定的充电时间。一般是以1min后的读数为准。

（9）试验环境湿度大于80%时，或被试品表面污秽时，可将屏蔽端G接于被试品表面层（护环）上。

（10）为便于对测量结果进行分析，在测量时记录被测物的绝缘电阻外，还应记录对测量有影响的其他因素，如当时的环境温度、湿度、所使用的绝缘电阻表电压等级及量程范围和被测物的有关状况等。

（11）试品表面有脏污、油渍等会使其表面泄漏电流增大，表面绝缘下降，为获得正确的测量结果，试品表面应该用干净的布或棉纱擦拭干净。

参考题

一、选择题

1. 下列（　　）代号代表万用表。

A. MF　　B. MG　　C. MZ

2.（　　）是测量仪表的核心。

A. 测量线路　　B. 测量机构　　C. 磁路系统

3.0.072 的有效数字是（　　）位。

A. 4　　B. 3　　C. 2

4. 磁电系仪表可以测量（　　）。

A. 交流电压　　B. 交流电流　　C. 直流电流

5. 为了获得较准确的测量值，在条件允许的情况下，可将被测载流导线（　　），再放进钳口进行测量。

A. 停电　　B. 多绕几圈　　C. 夹紧

6. 测量电缆绝缘电阻时，1kV 及以下电缆用（　　）绝缘电阻表。

A. 500V　　B. 1000V　　C. 2500V

7. 发电厂和变电站在每条电缆线路上装有配电盘式的（　　）。

A. 电压表　　B. 功率表　　C. 电流表

8. 电缆线路的负荷测量可用（　　）。

A. 有功电度表　　B. 有功功率表　　C. 钳形电流表

二、判断题

1. ZC 是绝缘电阻表的代号。（　　）

2. 仪表指示的数值和被测量的实际值之间的差值叫做仪表的相对误差。( )

3. 由于测量所用的仪器、仪表本身存在的误差叫系统误差。( )

4. 磁电系电流表、电压表的刻度均匀。( )

5. 测量电压时，应将万用表串联在被测电路中。( )

6. 钳形电流表不能测量裸导体的电流。( )

7. 绝缘电阻测量前后，必须对试品进行放电、接地。( )

8. 测量电缆绝缘电阻时，1kV 及以下电缆用 1000V 绝缘电阻表。( )

第六章 CHAPTER SIX

电工工具及移动电气设备

本章主要介绍电力电缆制作、施工过程中常用的电工工具、手持式电动工具、施工用电动器具和移动电源及照明，叙述了工具设备的结构、规格、使用方法、使用场所以及安全注意事项。

第一节 常用电工工具

一、钢丝钳

1. 钢丝钳介绍

钢丝钳又称老虎钳、综合钳、平口钳，常见规格长度有160、180、200mm三种，由钳头、钳柄组成。钳柄上套有额定工作电压500V的绝缘套管。钳头包括钳口、齿口、刀口、铡口，钳口用来夹持物件，弯铰导线；齿口用来紧固或拧松螺母；刀口用来剪切电线、铁丝，剖切软电线的绝缘层；铡口用来切断电线、钢丝等较硬金属线。

2. 钢丝钳使用注意事项

（1）带电工作前必须检查绝缘柄绝缘是否良好，使用钢丝钳剪切带电导线时，禁止同时剪切火线与零线，避免发生短路。

（2）钳头不可以用作敲打工具。

（3）剪切铁丝时只需留下咬痕，然后轻轻上抬或者下压铁丝即可剪断，不可在切不断的情况下扭动钳子，造成损坏。

（4）钢丝钳活动部分应该定期加适当润滑油防锈。

二、尖嘴钳

尖嘴钳由尖头、刀口和钳柄组成，材质一半为中碳钢，常见规格有130、160、180mm。钳柄上套有额定工作电压500V的绝缘套管。尖嘴钳头部尖细，主要用来剪切线径较细的金属丝，夹持较小的螺钉、垫圈、导线等元件，在低压控制电路安装时，给单股导线接头弯圈、剥塑料绝缘层等，适用于狭小空间操作。

三、剥线钳

剥线钳由刀口、压线口、钳柄组成，钳柄上套有额定工作电压 500V 的绝缘套管。常见规格有 140、160、180mm。主要用来剥除导线表面的绝缘层。使用时应该根据导线线径选用刀口，握住钳柄将导线夹住，缓缓用力使电缆外表皮慢慢脱落。

四、断线钳

断线钳也称为斜口钳，钳柄上套有额定工作电压 500V 的绝缘套管，主要用来剪断较粗的金属丝、线材及导线。其头部扁斜、尖端很小。用以剪断电线或元件引脚时，应将线头朝下，防止断线时伤及人员。

五、螺丝刀

螺丝刀是一种利用轮轴原理来拧转螺钉的工具，按刀头分为一字、十字、内六角、外六角等。使用时应合理选择规格，扭转时不应打滑造成螺钉槽口损伤，不允许代替凿子使用。

六、电工刀

电工刀是常用切削工具，由刀片、刀刃、刀把、刀挂构成，用来剥削导线绝缘、削制木样、切割木台缺口。使用时应左手持导线，右手握刀柄，刀口稍倾斜向外。刀口常以 45° 角倾斜切入，25° 角倾斜推削使用。使用完毕将刀体折入刀柄。

七、活动扳手

1. 活动扳手介绍

活动扳手是用来紧固和起松不同规格的螺母和螺栓的工具，由头部和柄部两部分组成，头部由活动扳唇、呆扳唇、扳口、涡轮和轴销构成。活动扳手开口在规定范围内任意调节，常见种类有活动扳手、梅花扳手、双头扳手、套筒扳手、内六角扳手、扭力扳手、专用扳手等。规格用“长度 × 最大开口宽度”表示，常用有 150mm × 19mm、200mm × 24mm、250mm × 30mm、300mm × 36mm 等规格。

2. 活动扳手使用方法

（1）根据螺母的大小，用两手指旋动涡轮以调节扳口的大小，将扳口调到比螺母稍大些，卡主螺母，再用手指旋动涡轮使扳口紧压螺母。

（2）搬动大螺母时力矩较大，手要握在近柄尾处。

（3）搬动小螺母时力矩较小，容易打滑，手应握在接近头部的位置，随时调整涡轮，收紧活动扳唇以防打滑。

（4）活动扳手不可以反向使用，以免损坏扳唇。不可作为撬棒、锤子使用。

八、压接钳

压接钳是利用杠杆或液压原理的导体压接机具，一个压接钳同时配备了不同型号的压接模具以适应不同截面积的电缆。压接钳主要有机械式压接钳、手动式液压钳和电动式液压钳三种类型。

1. 机械式压接钳

机械式压接钳利用杠杆原理，操作简单，携带方便，压力传递稳定可靠，适用于小截面的导体压接场合。图 6–1 为机械压接钳的外形，其特点是通过操作手柄直接在钳头形成机械压力。

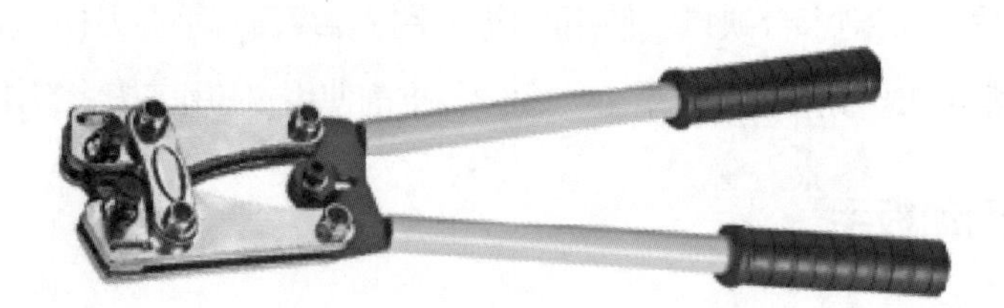

图 6-1　机械压接钳

2. 手动式液压钳

手动式液压钳是利用液压原理的导体压接机具。主要由手柄和油缸组成。

液压钳中装有活塞自动返回装置，即在活塞内有压力弹簧。在压接过程中，压力弹簧受压，当压接完毕，打开回油阀门，压力弹簧迫使活塞返回，而油缸中的油经回油阀回到储油器中，相比机械式液压钳，手动式液压钳能够在压接结束后自动返回，节约时间和人力，如图 6–2 所示。

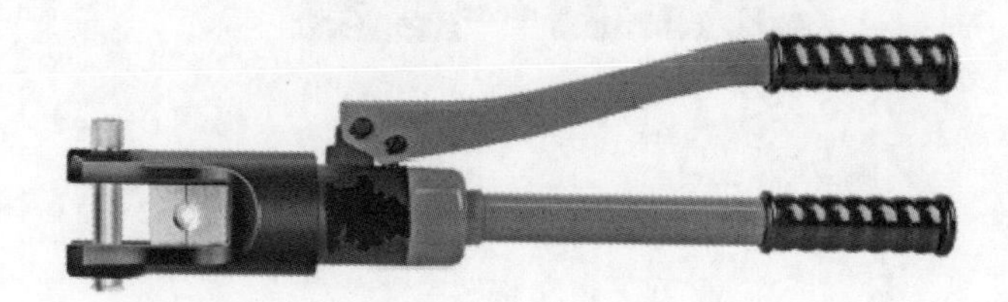

图 6–2 手动式液压钳

3. 电动式液压钳

电动式液压钳具有重量轻、省力、使用方便的优点，但是价格较贵。图 6–3 所示为电动式液压钳。

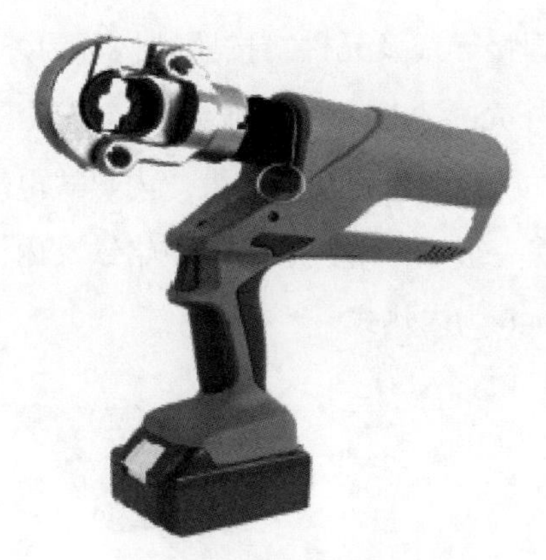

图 6–3 电动式液压钳

九、绝缘剥切刀

在高电压等级电缆终端制作时，因电缆绝缘层较厚，常常会用到电缆绝缘剥切刀。使用时应根据导体绝缘厚度调节刀片位置，使刀片旋转直径略大于电缆导体外径以免损伤线芯。如图 6–4 所示。

图 6-4　绝缘剥切刀

第二节　常用手持式电动工具

一、电烙铁

1. 电烙铁介绍

电烙铁主要用于焊接导线及元件，按照结构分为外热式和内热式。外热式由烙铁头、贴心、外壳、木柄、电源线组成，烙铁芯安装在烙铁头外部。外热式电烙铁发热慢，利用率低，功率较大。内热式电烙铁由手柄、连接杆、弹簧夹、烙铁芯、烙铁头组成，烙铁芯安装在烙铁头内，发热快，利用率高。图 6–5 为外热式，图 6–6 为内热式。

图 6-5　外热式电烙铁

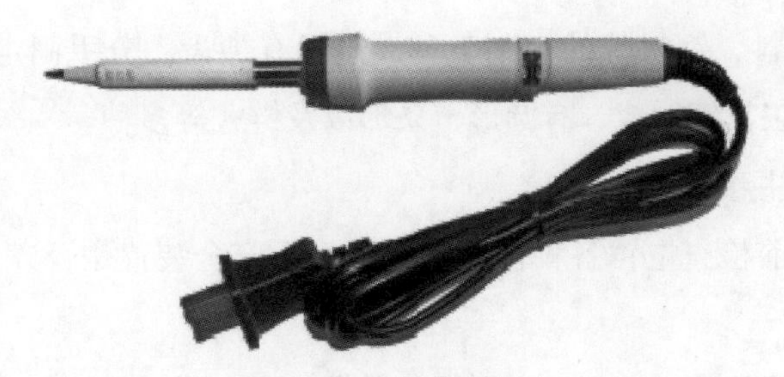

图 6-6　内热式电烙铁

2. 电烙铁使用注意事项

（1）电烙铁金属外壳必须接地。

（2）电烙铁应保持干燥，不宜在过分潮湿环境下使用。

（3）切断电源后，宜在烙铁头上上一层锡以保护烙铁头，并使用专用烙铁架。

（4）不可用氧化的烙铁头焊接，以免温度过高损伤焊件。

（5）不得甩动电烙铁，以免锡珠飞溅。

二、电钻

1. 电钻介绍

电钻是一种专用电动钻孔工具。工作原理是电磁旋转式或电磁往复式小容量电动机的电机转子做磁场切割运动，通过传动驱动作业装置带动齿轮加大钻头动力，洞穿物体。电钻主要分为手电钻、冲击钻和锤钻。

2. 电钻使用注意事项

（1）检查冲击电钻接地线是否良好，使用时需要接地，电源电压与铭牌保持一致，使用时应设漏电保护

（2）钻头应安装牢固可靠，使用时不宜过度用力，以免电动机过载。

三、电锯

极大的节省了切割材料所耗费的时间和人力。电锯以电作为动力，用来

切割木料、石料、钢材等的切割工具，边缘有尖齿。分手固定式和手提式，锯条一般是用工具钢制成，有圆形、条形以及链式等多种。

电锯使用注意事项：

（1）操作前检查电锯各种性能是否良好，安全装置是否齐全并符合操作安全要求。

（2）检查锯片不得有裂口，电锯各种螺丝应上紧。

（3）操作要戴防护眼镜，站在锯片一侧，禁止站在与锯片同一直线上，手臂不得跨越锯片。

（4）电锯检修应断电作业维护。

（5）为安全起见，使用完毕后须拆除锯片。

第三节 施工用电动器具

一、电动卷扬机

1. 电动卷扬机原理

电动卷扬机（如图 6–7 所示）是由电动机作为动力，在电缆敷设时，可以用来牵引电缆，通过驱动装置使卷筒回转的机械装置。当卷扬机接通电源

图 6–7 电动卷扬机

后，电动机逆时针方向转动，通过连接轴带动齿轮箱的输入轴转动，齿轮箱的输出轴上装的小齿轮带动大齿轮转动，大齿轮固定在卷筒上，卷筒和大齿轮一起转动卷进钢丝绳，使电缆前行。

2. 电动卷扬机使用注意事项

（1）卷扬机应选择合适的安装地点，并固定牢固。

（2）开动卷扬机前应对卷扬机的各部分进行检查，应无松脱或损坏。

（3）钢丝绳在卷扬机滚筒上的排列要整齐，工作时不能放尽，至少要留5圈。

（4）卷扬机操作人员应与相关工作人员保持密切联系。

（5）机器运行时，应无噪声、振动。

（6）湿度较大天气应检查卷扬机的防潮情况。

（7）定期清洁设备表面油污，对卷扬机开式齿轮、卷筒轴两端加油润滑，并对卷扬机钢丝绳进行润滑。

二、电缆输送机

电缆输送机如图6-8所示，包括主机架、电动机、变速装置、传动装置和输送轮，是一种电缆输送机械。

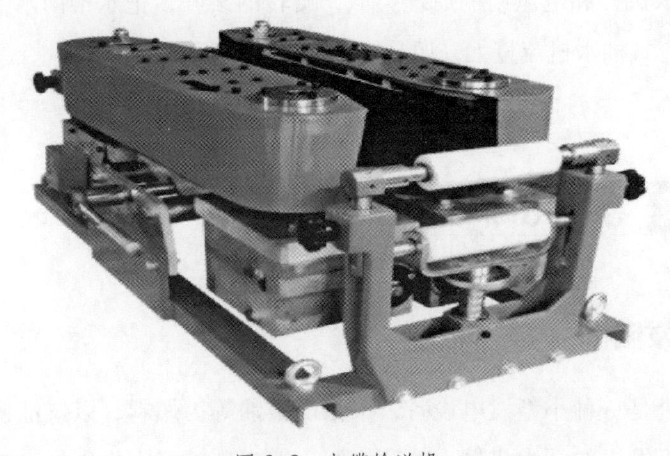

图6-8　电缆输送机

1. 电缆输送机工作原理

电缆输送机以电动机驱动，用凹型橡胶带夹紧电缆，并用预压弹簧调节对电缆的压力，使之对电缆产生一定的推力。

2. 电缆输送机使用注意事项

（1）使用前应检查输送机各部分有无损坏，履带表面有无异物。

（2）同时使用多台输送机和牵引车时，则必须有联动装置，使操作能集中控制，关停同步，速度一致。

（3）各个连接部位紧固件的连接可靠，避免因部件松动损坏设备。

（4）机器运行一段时间以后，链条可能会松弛，应定期调整，增加机油润滑。

（5）检查履带的磨损状况，及时更换，以免在正常夹紧力情况下敷设电缆时输送力不够；夹紧力太大又损伤电缆的外护套。

三、抽水机

常见的抽水机有活塞式、离心式和轴流式。活塞式抽水机是利用大气压力，如常见的压水机。离心式抽水机，是利用叶轮转动，带动水获得离心力，水就提升到高处，但是在离心泵的吸入口的高度，还是受到大气压力的制约。轴流式抽水机，和电风扇的原理类似，旋转的桨叶，把水推向水泵轴方向的后方。轴流式抽水机流量大，但是提升高度（扬程）不大。

第四节 移动电源及照明

一、发电机

发电机是一种小型发电设备，系指以柴油等为燃料，以柴油机为原动机带动发电机发电的动力机械。整套机组一般由柴油机、发电机、控制箱、燃油箱、启动和控制用蓄电瓶、保护装置、应急柜等部件组成。可以在施工中没有电源点的情况下，提供照明、电动工器具、试验仪器等临时电源。使用时，外壳必须可靠接地。

二、移动电缆盘

电源盘是指绕有电线电缆的可移动式电源线盘，电源盘上面配有国标插座或是工业插座，有漏电保护器及电源指示灯，用作户外电源，为了方便移动和携带，小型的电缆盘应该有线盘支架和提手，大一些的电缆盘带有脚轮。起到电源线延长作用，也常用来配合发电机，移动照明灯使用。

参考题

一、选择题

1. 活动扳手规格常以（　　）表示。

A. 长度 × 最大开口宽度　　B. 宽度 × 最大开口宽度

C. 长度 × 宽度　　D. 总长度

2. 机械式压接钳利用（　　）原理以实现对导体的压接。

A. 液压　　B. 力矩平衡　　C. 流体力学　　D. 杠杆

3. 电烙铁按照发热方式可分为内热式和（　　）两种。

A. 外热式　　B. 恒温式　　C. 高温式　　D. 电热式

4. 电动卷扬机在电缆敷设时可以起到（　　）的作用。

A. 制作电缆终端　　B. 电缆校直

C. 电缆牵引　　D. 起吊电缆

5. 液压钳利用（　　）原理以实现对导体的压接。

A. 液压　　B. 力矩平衡　　C. 空气力学　　D. 杠杆

6. 常见的抽水机有活塞式、(　　) 和轴流式。

A. 离心式　　B. 伸缩式　　C. 牵引式　　D. 滚动式

7. 电缆输送机包括主机架、电动机、变速装置、输送轮和 (　　)。

A. 水箱　　B. 风叶　　C. 传动装置　　D. 照明装置

8. 钢丝钳禁止同时剪切火线与零线，避免发生 (　　)。

A. 断线　　B. 磨损　　C. 短路　　D. 变形

二、判断题

1. 电缆绝缘剥切刀在低电压等级电缆中更为常用。(　　)

2. 手动式液压钳在压接完成时需要手动使活塞返回。(　　)

3. 活动扳手使用时不区分方向，可以正向使用，也可以反向使用。(　　)

4. 发电机在使用过程中，如果现场工作条件较差，外壳可以不接地直接使用。(　　)

5. 移动电源盘可以通常配备电源指示灯和漏电保护器。(　　)

6. 螺丝刀在可以代替凿子使用。(　　)

7. 绝缘剥切刀可以用来剥切电缆主绝缘和铠装层。(　　)

8. 电锯可以直接用来切断带电运行的电缆。(　　)

第七章 CHAPTER SEVEN

电气安全工器具与安全标识

本章主要介绍电气安全工器具的分类及其使用前检查、使用时的注意事项，叙述了各种安全色的含义、安全标志的分类和应用以及电力工作中常见的个人防护用品种类。

第一节　电气安全工器具及使用

电气安全工器具是在操作、维护、检修、试验、施工等作业中防止发生伤害事故或职业健康危害事件，保障作业人员人身安全所使用的各种专用工具和器具的总称。按其基本作用可分为绝缘安全工器具和一般安全工器具两类。

绝缘安全工器具分为基本绝缘安全工器具和辅助绝缘安全工器具。基本绝缘安全工器具指能直接操作带电设备、接触或可能接触带电体的工器具。辅助绝缘安全工器具指绝缘强度不能承受设备或线路的工作电压，只是用于加强基本绝缘安全工器具的保安作用，用以防止接触电压、跨步电压、泄漏电流对操作人员的伤害。不能用辅助绝缘安全工器具直接接触高压设备带电部分。一般安全工器具指防护工作人员发生事故的工器具。

一、绝缘安全工器具

1. 基本绝缘安全工器具

（1）验电器：验电器是用来检测电气设备是否带电的一种便携式电气安全工具。使用前应检查：①试验合格证应正确、清晰，未超过有效周期；②验电器的工作电压与被试设备电压等级应相符；③验电器自检灯光、音响应正常；④绝缘部分应无污垢、损伤、裂纹，各部分连接可靠；⑤伸缩式验电器应无卡滞现象。使用中的主要注意事项：①验电时工作人员必须戴绝缘手套，手握部位不得越过手持界限或护环；②验电前应先在有电设备上或利用工频高压发生器验证验电器功能是否正常；③验电过程中人体应与带电设备保持规定的安全距离；④验电时应将验电器的金属部分逐渐靠近被测设备，验电器未发出声、光告警，说明该设备已停电。

（2）绝缘操作杆：绝缘操作杆是用于短时间对带电设备进行操作或测量的绝缘工具。主要用于断开和闭合高压隔离开关、跌落式熔断器，安装或拆除临时接地线，进行正常的带电测量和试验等。使用前应检查：①试验合格证应正确、清晰，未超过有效周期；②绝缘杆的电压等级应相符；③绝缘部分表面应清洁，无污垢、损伤、裂纹，各部分连接部位牢固；④绝缘杆的堵头，如发现破损，应禁止使用。使用中的主要注意事项：①操作时工作人员必须戴绝缘手套，穿绝缘靴，手握部位不得越过手持界限或护环；②使用过程中，人体应与带电设备保持规定的安全距离；③下雨、雾或潮湿天气，在室外使用绝缘杆，应装有防雨的伞形罩，下部保持干燥；④绝缘杆不允许水平放置地面。

（3）核相器：核相器用于核对两个电压相同系统的相位，以便两个系统同相并列运行。使用前应检查：①试验合格证应正确、清晰，未超过有效周期；②核相器的电压等级应相符；③绝缘部分表面应清洁，无污垢、损伤、裂纹，各部分连接部位牢固。使用中的主要注意事项：①核相器绝缘杆部分的使用与绝缘操作杆的使用要求相同；②户外使用核相器时要选择良好天气进行；③操作时工作人员必须戴绝缘手套，穿绝缘靴，手握部位不得越过手持界限或护环；④变换测量挡位时，测量杆金属钩应脱离电源，高压绝缘连线不能与人体接触。

（4）绝缘隔板：绝缘隔板由绝缘材料制成，用于隔离带电部件、限制人员活动范围的专用绝缘工具。使用前应检查：①试验合格证应正确、清晰，未超过有效周期；②表面应洁净，端面应无分层或开裂。使用中的主要注意事项：①绝缘隔板只允许在35kV及以下电压等级的电气设备上使用，并有足够的绝缘强度和机械强度；②现场带电安放绝缘隔板时，应戴绝缘手套和使用绝缘操作杆操作，与带电设备保持规定的安全距离。

2. 辅助绝缘安全工器具

（1）绝缘手套：绝缘手套是用橡胶制成的五指手套，用于防止泄漏电流和接触电压对人体的伤害。在1kV以下可作为基本绝缘安全工具，在高压操作中只能作为辅助绝缘安全工具使用。使用前应检查：①试验合格证应正确、清晰，未超过有效周期；②绝缘手套外观应清洁，橡胶无老化、破损；③将绝缘手套向手指方向卷起，观察应无漏气。漏气的手套严禁使用。使用中的主要注意事项：①使用时上衣袖口套入手套筒口内；②不得接触尖锐物体，不得接触高温或腐蚀性物质。

（2）绝缘靴：绝缘靴是用橡胶制成的用于人体与地面绝缘的靴子。正常作为辅助绝缘安全工具使用，1kV 以下可作为基本绝缘安全工具。使用前应检查：①试验合格证应正确、清晰，未超过有效周期；②绝缘靴橡胶表面应无裂纹、无漏洞、无气泡、无毛刺等。使用中的主要注意事项：①使用时裤管套入靴筒内；②不得接触尖锐物体，不得接触高温或腐蚀性物质；③雨靴不能作为绝缘靴使用，绝缘靴也不能作为雨靴使用或者作为他用。

（3）绝缘垫：绝缘垫是用橡胶制成的具有较大体积电阻率和耐电击穿的胶垫，用于加强工作人员对地绝缘。绝缘垫出现割裂、破损、厚度减薄禁止使用。应每年定期进行一次耐压试验。每半年要用低温肥皂水清洗一次。

二、一般安全工器具

1. 安全带

安全带与安全绳是防止工作人员高处坠落的个人防护用品。使用前检查：①商标、合格证及试验合格证等应齐全，未超过有效周期；②组件应完整，无短缺、伤残破损；③绳索、编带应无脆裂、断股或扭结；④皮革配件应完好，金属配件无裂纹，焊接无缺陷，无严重锈蚀；⑤挂钩的钩舌咬口应平整不错位，保险装置完整可靠；⑥铆钉无明显偏位、无松动，表面平整；⑦卡环的活动卡子应灵活，锁紧可靠。使用中的主要注意事项：①安全带使用期一般为 3 ~ 5 年，发现异常应提前报废；②安全带卡环应具有保险装置，保险带、绳使用长度在 3m 以上的应加缓冲器；③安全带应系在牢固的物体上，禁止系挂在移动或不牢固的物件上，不得系在棱角锋利处；④安全带要高挂和平行拴挂，严禁低挂高用；⑤在杆塔上工作时，应将安全带后备保护绳系在安全牢固的构件上，不得失去后备保护。

2. 安全帽

安全帽是用来保护工作人员头部减少外部冲击伤害的一种安全用具。使用前检查：①安全帽上应有制造厂、商标及型号、许可证编号三项标志；②帽盔应清洁，编号清晰，无裂痕和破损；③帽盔与帽衬连接应可靠，帽衬各个连接部分良好，无断股、抽丝严重现象；④帽带应无断股、抽丝现象，帽带锁紧可靠；⑤近电报警器与帽盔连接应牢固，报警器开关使用可靠，试验按钮良好，音响正常。使用中要将帽箍调整到合适的位置，系好下颌带。

3. 接地线

接地线是将已经停电的设备临时短路接地，以防止工作地点突然来电对工作人员造成伤害的一种安全用具。主要由导线端线夹、短路线、汇流夹、接地引线、接地端线夹、接地操作棒等组成。使用前应检查：①试验合格证应正确、清晰，未超过有效周期；②接地线和个人保安接地线截面积应符合规程规定要求，接地线不得小于25mm^2，个人保安接地线不得小于16mm^2，两者应无断股、锈蚀；③接地线各部分连接部位应牢固，无松动；④接地线绝缘外套无明显破损，已破损处应修复良好；⑤接地线绝缘手柄应良好无破损；⑥接地线的编号牌编号应清晰；⑦接地线夹具应满足短路容量的要求，无油漆等绝缘物质。线夹应良好，钳口弹簧弹力正常，舌板与线夹导流软线连接良好，无断股。使用中的主要注意事项：①装设接地线应由两人进行，一人操作，一人监护；②装拆接地线应戴绝缘手套；③验电证实无电后，应立即装设接地线并保证接触良好；④装设接地线，应先装设接地线接地端，拆接地线的顺序与此相反；⑤装设接地线时，人体不得触碰接地线或未接地的导线；⑥现场装设的接地线编号应与工作票或操作票所列内容一致；⑦在线路上工作，杆塔没有接地引下线时，可以用临时接地棒当作临时接地点，接地棒的埋入深度不小于0.6m。

4. 遮栏

遮栏分为固定遮栏和临时遮栏两种，其作用是把带电体同外界隔离开来，装设遮栏应牢固，并悬挂各种不同的警告标示牌，遮栏高度不应低于 1.7m。

5. 正压式空气呼吸器

正压式空气呼吸器用于扑救电缆火灾，防止有毒气体对人体造成伤害。使用前检查：①面具的完整性和气密性；②面罩密合框应与人体面部密合良好，无明显压痛感。使用中的主要注意事项：①佩戴时先背上肩带，慢慢拧开两个气瓶开关，再戴上面具，最后系紧腰带；②使用中应注意有无泄漏。正压式空气呼吸器应存放在干燥、清洁和避免阳光直射的地方。

三、登高工具

1. 脚扣

脚扣是攀登电杆和支撑杆上人员作业的主要登高工具。使用前检查：①编号应清晰，试验合格证正确、清晰，未超过有效周期；②脚扣应完整无缺，金属部分无变形，焊接部分无裂纹；③脚套皮带应完好，无变形或老化；④橡胶防滑条应无破损、老化；⑤活动钩滑动灵活。使用中的主要注意事项：①系牢皮带；②登杆前进行冲击试验；③登杆过程中根据杆径及时调整活动钩，使用合适的尺寸；④攀登时两只脚扣不得碰撞。

2. 梯子

梯子是常用的登高作业工具。使用前检查：①本体应无破损、开裂现象；②底脚护套应良好；③在距梯顶 1m 处应有限高标志；④梯子应能承受工作人员携带工具攀登时的总重量。使用中的主要注意事项：①在变、配电站内带电区域及临近带电线路处，禁止使用金属梯；②靠在管子上、导线上使用梯子时，其上端需用挂钩挂住或用绳索绑牢；在通道上使用梯子时，应有专人监护或设置临时围栏；在门、窗的四周使用梯子时，应采取防止门、窗突然开启的措施，以防关门窗撞倒梯子；③梯子应放置稳固，梯子与地面的夹角应为 65° 左右为宜，梯脚要有防滑装置；④使用前应先进行试登，确认可靠后方可使用；攀爬时，应面向梯子；⑤工作人员必须站在限高标志及以下的踏板上工作，使用折梯禁止站或坐在顶阶上；⑥有人员在梯子上工作时应有人扶持和监护，并只允许一个人在梯子上工作；⑦人在梯子上时，严禁移动梯子，严禁上下抛掷工具、材料；⑧人字梯应具有坚固的铰链和限制开度的拉链；⑨搬动梯子时，应放倒两人搬运。

第二节 安全标志标识

一、安全色

安全色是传递安全信息含义的颜色，表示禁止、警告、指令、提示等意义。正确使用安全色，可以使人员能够对威胁安全和健康的物体和环境作出尽快的反应；迅速发现或分辨安全标志，及时得到提醒，以防止事故、危害发生。

我国已制定了安全色国家标准。规定用红、黄、蓝、绿四种颜色作为全国通用的安全色。四种安全色的含义和用途如下：

红色传递禁止、停止、危险或提示消防设备、设施的信息，表示禁止、停止、消防和危险的意思。禁止、停止和有危险的器件设备或环境涂以红色的标记，如禁止标志、交通禁令标志、消防设备、停止按钮和停车、刹车装置的操纵把手、仪表刻度盘上的极限位置刻度、机器转动部件的裸露部分、液化石油气槽车的条带及文字、危险信号旗等。

黄色传递注意、警告的信息，表示注意、警告的意思。需警告人们注意的器件、设备或环境涂以黄色标记，如交通警告标志、道路交通路面标志、皮带轮及其防护罩的内壁、砂轮机罩的内壁、楼梯的第一级和最后一级的踏步前沿、防护栏杆及警告信号旗等。

蓝色传递必须遵守规定的指令性信息，表示指令、必须遵守的规定。如指令标志、交通指示标志等。

绿色传递安全的提示性信息，表示通行、安全和提供信息的意思。可以通行或安全情况涂以绿色标记，如表示通行、机器启动按钮、安全信号旗等。

黑、白两种颜色一般作安全色的对比色，主要用作上述各种安全色的背景色，例如安全标志牌上的底色一般采用白色或黑色。

在电力系统中相当重视色彩对安全生产的影响，色彩标志比文字标志明显，不易出错。在变电站工作现场，安全色更是得到广泛应用。例如：各种控制屏特别是主控制屏，用颜色信号灯区别设备的各种运行状态，值班人员根据不同色彩信号灯可以准确地判断各种不同运行状态。

在电气上用黄、绿、红三色分别代表 A、B、C 三个相序，涂成红色的电器外壳是表示其外壳有电，灰色的电器外壳是表示其外壳接地或接零，线路上蓝色代表工作零线，明敷接地扁钢或圆钢涂黑色。用黄绿双色绝缘导线代表保护零线，直流电中红色代表正极，蓝色代表负极，信号和警告回路用白色。

二、安全标志

根据《安全标志及其使用导则》（GB 2894—2008）规定，安全标志是用以表达特定安全信息的标志，由图形符号、安全色、几何形状（边框）或文字构成。安全标志是向人们警示工作场所或周围环境的危险状况，指导人们采取合理行为的标志。安全标志不仅类型要与所警示的内容相吻合，而且设置位置要正确合理，否则难以真正充分发挥其警示作用。

安全标志分为禁止标志、警告标志、指令标志和提示标志四大类型。下面就输配电常用的安全标志进行说明。

1. 禁止标志

禁止标志是禁止人们不安全行为的图形标志，其含义是禁止或制止人们想要做的某种动作。禁止标志牌的基本形式是一长方形衬底板，上方是带斜杠的圆边框的禁止标志，下方为矩形文字辅助标志。禁止标志牌长方形衬底色为白色，圆形斜杠为红色，禁止标志符号为黑色，文字辅助标志为红底白字。

常见的禁止标志主要有：禁止烟火、禁止攀登 高压危险、禁止合闸线路有人工作、禁止吸烟、未经许可不得入内、施工现场禁止通行等。电缆标志桩和电缆标志牌（下有电缆 严禁开挖）属于禁止标志。

2. 警告标志

警告标志是提醒人们对周围环境引起注意，以避免可能发生危险的图形标志，其含义是促使人们提高对可能发生危险的警惕性。警告标志牌的基本形式是一长方形衬底牌，上方是正三角形边框的警告标志，下方为矩形文字辅助标志。警告标志牌长方形衬底色为白色，正三角形衬底色为黄色，正三角形及标志符号为黑色，衬底矩形文字辅助标志为黑框字体，白底黑字。

常见的警告标志主要有：止步高压危险、当心触电、当心坠落、当心落物、当心电缆等。

3. 指令标志

指令标志是强制人们必须做出某种动作或采用防范措施的图形标志，其含义是强制人们必须做出某种动作或采取防范措施。指令标志的基本形式是一长方形衬底牌，上方是圆形边框的指令标志，下方为矩形文字辅助标志。指令标志牌长方形衬底色为白色，圆形衬底色为蓝色，标志符号为白色，矩形文字辅助标志为蓝底白字。

常见的指令标志主要有：必须戴安全帽、必须系安全带、注意通风等。

4. 提示标志

提示标志是向人们提供某种信息的图形标志。提示标志牌的基本形式是正方形底牌，内为正方形边框的提示标志。提示标志圆形为白色，黑字，衬底色为绿色。

常见的提示标志主要有：从此上下、在此工作等。电缆地面走向标志牌属于提示标志。

提示标志提示目标的位置时要加方向辅助标志。按实际需要指示左向时，辅助标志应放在图形标志的左方；指示右向时，辅助标志应放在图形标志的右方。

5. 文字辅助标志

文字辅助标志是对前述四种标志的补充说明，以防误解。

文字辅助标志的基本型式是矩形边框。文字辅助标志有横写和竖写两种形式。

横写时，文字辅助标志写在标志的下方，可以和标志连在一起，也可以分开。禁止标志、指令标志为白色字，警告标志为黑色字；禁止标志、指令标志衬底为标志的颜色，警告标志衬底为白色。

竖写时，文字辅助标志写在标志杆上部，均为白色衬底，黑色字。标志杆下部色带的颜色应和标志的颜色相一致。

第三节 个人防护用品

个人防护用品是指在生产作业过程中使劳动者免遭或减轻事故和职业危害因素的伤害而使用的各种用品的总称，直接对人体起到保护作用，是劳动保护的重要措施之一，是施工生产过程中不可缺少的、必备的防护手段。一定要根据作业现状正确地使用个人防护用品，确保作业安全健康。

电力工作中常见的个人防护用品主要分为：绝缘防护用品、坠落防护用品、头部（眼耳口鼻）防护用品、身体（躯干）防护用品、手部防护用品、足部防护用品。

（1）绝缘防护用品：带电作业防护服、绝缘服、绝缘网衣、绝缘肩套、绝缘手套、绝缘鞋（靴）、带电作业皮革保护手套、绝缘安全帽等。

（2）坠落防护用品：包括安全带、速差自控器、缓冲器、安全自锁器、抓绳器、高空防坠落装置、安全防护网、安全绳等。

（3）头部（眼耳口鼻）防护用品：头部防护有各式安全帽；眼脸部防护有防护口罩、防电弧面罩、焊接面罩、防护眼镜、防护面屏；听力防护有各种防护耳塞；呼吸防护有各种防毒面具、空气呼吸器等。

（4）身体（躯干）防护用品：防电弧服、专业防护服（包括：SF_6、透气、避火隔热、防化等）、反光标志工作服等。

（5）手部防护用品：绝缘、防滑、防割、防冻、防化、耐高温等专业防护手套。

（6）足部防护用品：绝缘靴、绝缘鞋、专业防护鞋等。

参考题

一、选择题

1. 安全带使用期一般为（　　）年，发现异常应提前报废。

A. 3 ~ 5　　B. 1 ~ 2　　C. 6

2. 保险带、绳使用长度在（　　）m 以上的应加缓冲器。

A. 2　　B. 5　　C. 3

3. 下列标志中属于禁止标志的是（　　）。

A. 禁止合闸线路有人工作　　B. 止步高压危险　　C. 必须戴安全帽

4. 安全色中表示注意、警告的意思的是（　　）。

A. 红色　　B. 黄色　　C. 绿色

5. 明敷接地扁钢或圆钢涂成（　　）。

A. 灰色　　B. 黑色　　C. 蓝色

6. 遮栏高度不应低于（　　）m。

A. 1.7　　B. 2.0　　C. 1.5

7. 在距梯顶（　　）m 处应有限高标志。

A. 1　　B. 1.2　　C. 1.5

8. 绝缘隔板只允许在（　　）kV 及以下电压等级的电气设备上使用。

A. 10　　B. 35　　C. 110

二、判断题

1. 验电器使用前应检查验电器的工作电压与被试设备电压等级相符。(　　)

2. 指令标志和交通指示标志用蓝色表示。(　　)

3. 安全带可以高挂和平行拴挂，也可低挂高用。(　　)

4. 搬动梯子时，应放倒两人搬运。(　　)

5. 安全帽使用前应检查近电报警器与帽盔连接应牢固，报警器开关使用可靠，试验按钮良好，音响正常。(　　)

6. 接地线截面积不得小于 $16mm^2$，个人保安接地线不得小于 $25mm^2$。(　　)

7. 正压式空气呼吸器应存放在干燥、清洁和避免阳光直射的地方。(　　)

8. 常见的指令标志主要有：必须戴安全帽、必须系安全带、从此上下、注意通风等。(　　)

9. 下雨、雾或潮湿天气，在室外使用绝缘杆，应装有防雨的伞形罩，下部保持干燥。(　　)

10. 绝缘靴使用时裤管套入靴筒内。(　　)

第八章 CHAPTER EIGHT

电力电缆的敷设

本章主要介绍了电力电缆各种敷设方式的特点和敷设时的施工步骤，讲述了不同敷设方式下的安全规范和技术要求。

第一节 敷设方式

电力电缆敷设方式的选择，根据工程条件，环境特点和电缆类型、数量等因素，以及满足运行可靠、便于维护和技术经济合理的原则来选择。主要的敷设方式有：直埋敷设、排管敷设、拉管敷设、沟敷设、隧道敷设、桥架敷设和水底敷设等。这里主要介绍直埋敷设、排管敷设、沟敷设和隧道敷设。

一、电力电缆的直埋敷设

将电缆敷设于地下壕沟中，沿沟底和电缆上覆盖有软土层或砂，装设保护板后再埋齐地坪的敷设方式称为电缆直埋敷设。典型的直埋敷设沟槽电缆布置断面图，如图 8-1 所示。

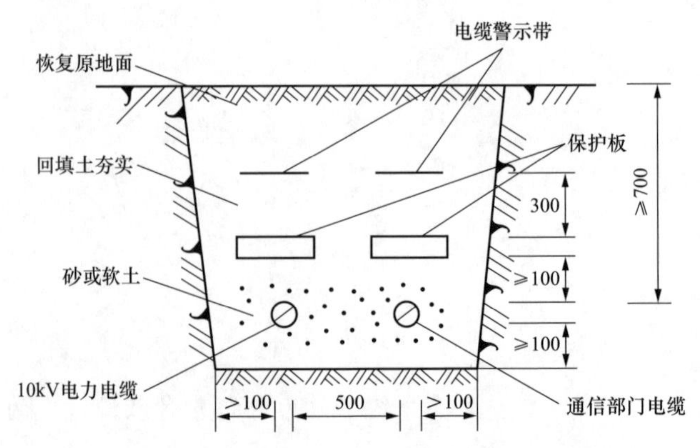

图 8-1　直埋敷设沟槽电缆布置断面图（mm）

1. 直埋敷设的特点

直埋敷设不需要大量的前期土建工程，施工周期较短，是一种比较经济的敷设方式。电缆埋设在土壤中，一般散热条件比较好，线路输送容量比较大。

直埋敷设适用于电缆线路不太密集和交通不太繁忙的城市地下走廊，如市区人行道、公共绿化、建筑物边缘地带等。

直埋敷设适用于同一通道少于6根的35kV及以下电力电缆，在厂区通往远距离辅助设施或城郊等不易有经常性开挖的地段。

直埋敷设较易遭受机械外力损坏和周围土壤的化学或电化学腐蚀，以及白蚁和老鼠危害。所以适合直埋敷设的路径选择，宜符合下列规定：

（1）应避开含有酸、强腐蚀或杂散电流电化学腐蚀严重影响的地段。

（2）无防护措施时，宜避开白蚁危害地带、热源影响和易遭外力损伤的区段。

2. 直埋敷设的施工方法

（1）直埋敷设作业前准备。根据敷设施工设计图所选择的电缆路径，必须经城市规划部门确认。敷设前应申办电缆线路管线施工许可证、掘路许可证和道路施工许可证。如有邻近地下管线、建筑物迁移或拆迁、树木的移植或砍伐，应跟各有关部门和物品主人签订书面协议，明确办理征地、迁移、赔偿等各项手续。

制订详细的分段施工敷设方案，编制敷设施工作业指导书。

（2）直埋作业敷设操作步骤。直埋电缆敷设作业操作步骤应按照图8-2直埋电缆施工步骤图操作。

1）沿电缆路径开挖样洞，查明电缆线路路径上邻近地下管线和土质情况。根据开挖样洞的情况，对施工图作必要修改，确定电缆分段长度和接头位置。

2）直埋沟槽的挖掘应按图纸标示电缆线路坐标位置，在地面用白粉划出电缆线路挖沟范围，以便于分工同时进行挖掘。对挖好的沟进行平整和清除杂物，全线检查。

3）根据电缆的分盘长度和接头位置，调整细化敷设施工作业指导书。

4）施工前对各盘电缆进行验收，检查电缆有无机械损伤，封端是否良好，有无电缆“出厂检验合格证”。

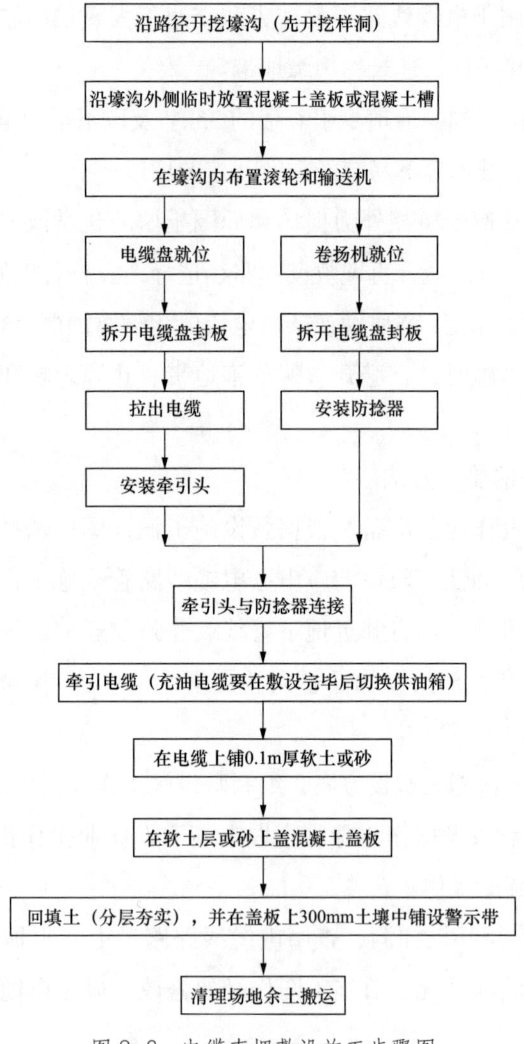

图 8-2　电缆直埋敷设施工步骤图

5）检查施工机具是否齐备，包括放线支架、滑车、牵引钢丝绳、卷扬机及其他必需设备等。

6）在开挖好的电缆沟槽内敷设电缆时必须用放线支架，电缆的牵引可用人工牵引和机械牵引。将电缆盘放在放线支架上，注意电缆盘上箭头方向。

7）人工牵引展放电缆就是每隔几米有人肩扛着放开的电缆并在沟内向前

移动，或在沟内每隔几米有人持展开的电缆向前传递而人不移动。在电缆轴架处有人分别站在两侧用力转动电缆盘。牵引速度宜慢，转动轴架的速度应与牵引速度同步。遇到保护管时，应将电缆穿入保护管，并有人在管孔守候，以免卡阻或意外。

8）机械牵引和人力牵引基本相同。机械牵引前应根据电缆规格先沿沟底放置滑轮，并将电缆放在滑轮上。滑轮的间距以电缆通过滑轮不下垂碰地为原则，避免与地面、沙面的摩擦。电缆转弯处需放置转角滑轮来保护。电缆盘的两侧应有人协助转动。电缆的牵引端用牵引头或牵引网罩牵引。

9）电缆敷设完成先向沟内充填 0.1m 的细土或砂，然后盖上保护盖板。也可把电缆放入预制钢筋混凝土槽盒内填满细土或砂，然后盖上槽盒盖。为防止电缆遭受外力损坏，应在电缆接头做完后再砌井或铺砂盖保护板。在保护板上层铺设带有电力标识的警示带标志。

10）在电缆直埋路径上按规定的适当间距位置埋标志桩或标志牌。

二、电力电缆的排管敷设

将电缆敷设于预先建设好的地下排管中的安装方法，称为电缆排管敷设。排管敷设断面示意图如图 8-3 所示。

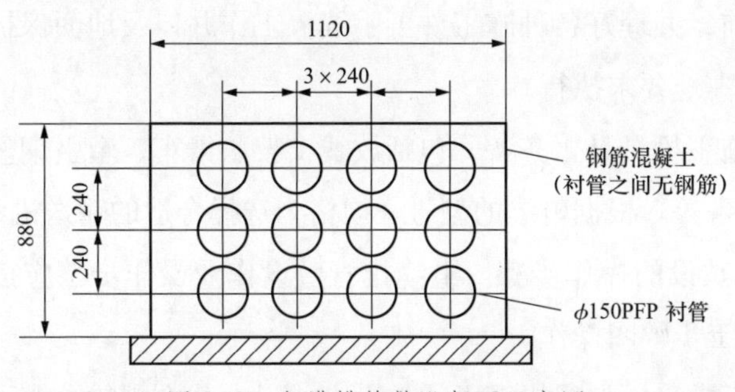

图 8-3　电缆排管敷设断面示意图

1. 排管敷设的特点

电缆排管敷设保护电缆效果好，电缆不容易受到外部机械损伤，占用空间小，且运行可靠。敷设和故障时更换电缆比较方便。

排管敷设适用于交通比较繁忙、地下走廊比较拥挤、敷设电缆回数较多的地段。工井和排管的位置一般在城市道路的绿化带中，也有设在非机动车道或机动车道。排管的土建工程完成后，不必重复挖掘路面。

电缆排管敷设散热较差，影响电缆载流量。土建工程投资较大，工期较长。

2. 排管敷设的施工方法

（1）排管敷设作业前的准备。

1）排管敷设电缆前，应检查已经建好的电缆排管的封堵是否良好，并进行疏通检查。在疏通排管时可用直径不小于0.85倍管孔内径、长度约600mm的钢管来回疏通，再用与管孔等直径的钢丝刷清除管内杂物。必要时，用管道内窥镜探测检查。

只有当管道内异物清除、整条管道双向畅通后，才能敷设电缆。

2）复测电缆路径长度，复核敷设位置和电缆接头位置。编制敷设施工作业指导书。

3）对各盘电缆进行验收，检查电缆有无机械损伤，封端是否良好，有无电缆“出厂检验合格证”。

4）施工前，办理好各种施工许可手续。工作井口及地面保护严格按照交通管理部门的占地要求执行。

5）检查施工机具是否齐备，包括放线支架、滑车、牵引钢丝绳、卷扬机及其他必需设备等。根据电缆的型号、规格，选择合适的输送机和滑车。

（2）排管敷设的操作步骤。电缆排管敷设作业操作步骤应按照图8–4电缆排管敷设施工步骤图操作。

1）敷设正常采用卷扬机牵引的敷设方式，大截面积的电缆采用卷扬机加输送机组合牵引的敷设方法。

2）为了减小牵引时的摩擦阻力，防止损伤电缆外护套，敷设时还要采取以下措施：电缆入管前可在护套表面涂以润滑剂，润滑剂不得采用对电缆外

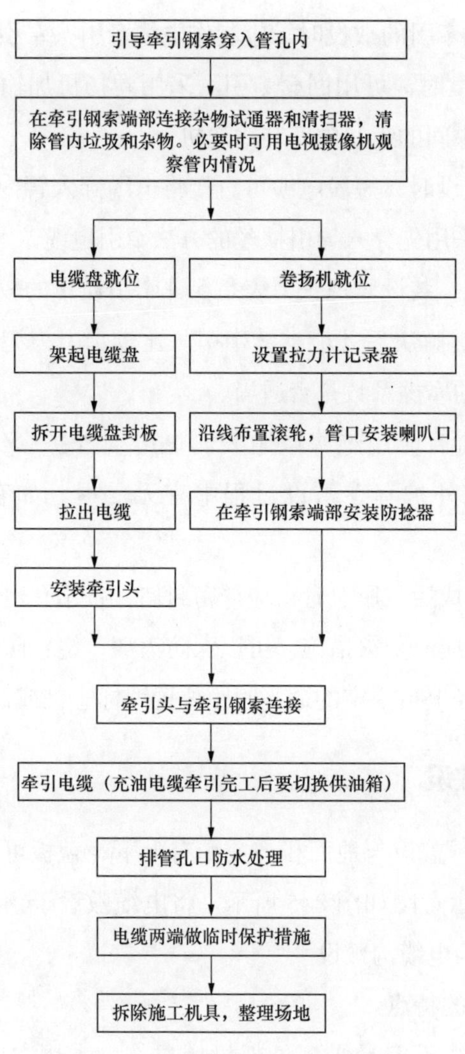

图 8-4　电缆排管敷设施工步骤图

护套产生腐蚀的材料。在排管口应套以波纹聚乙烯或铝合金制成的光滑喇叭管用以保护电缆。润滑钢丝绳，进入管孔前要涂抹润滑剂，不但可减小牵引力，还可以防止钢丝绳对管孔内壁的磨损。

3）如果电缆盘搁置位置离开工井口有一段距离，则需在工井外和工井内安装滑轮支架组，或采用保护套管，以确保电缆敷设牵引时的弯曲半径。

4）采用卷扬机牵引的敷设时，应制作电缆牵引头牵引电缆。在牵引力不超过外护套抗拉强度时，可用网套牵引。采用卷扬机加输送机组合牵引的敷设方法，应在线路中间的工井内安装输送机。

5）采用人工敷设时，短段电缆可直接将电缆穿入管内，稍长一些的管道或有直角弯时，可采用先穿入导引铁丝的方法牵引电缆。

6）牵引力监视。装设监视张力表是保证牵引质量的较好措施。如发现张力过大应找出原因，解决后才能继续牵引。比较牵引力记录和计算牵引力的结果，判断所选用的摩擦系数是否适当。

7）电缆敷设前后应用绝缘电阻表测试电缆外护套绝缘电阻，并做好记录，以监视电缆外护套在敷设过程中有无受损。如有损伤应采取修补措施。

8）电缆敷设完成后，所有管口应严密封堵，备用孔也应封堵。

9）工井内电缆应有防火措施，可以涂防火漆、绕包防火带、填沙等。

10）在电缆路径上按规定的适当间距位置埋标志桩或标志牌。

三、电缆沟敷设

封闭式不通行、盖板与地面相齐或稍有上下、盖板可开启的电缆构筑物为电缆沟，其断面示意图如图 8-5 所示。将电缆敷设于预先建设好的电缆沟中的安装方法，称为电缆沟敷设。

1. 电缆沟敷设的特点

电缆沟敷设电缆不容易受到外部机械损伤，占用空间相对较小。根据并列安装的电缆数量，需在沟的单侧或双侧装设电缆支架，敷设的电缆应固定在支架上。敷设在电缆沟中的电缆应满足防火要求，具有阻燃的外护套。

电缆沟土建工程施工复杂，周期长，费用高。但电缆沟敷设电缆速度快，电缆维修和抢修相对简单，费用较低。

地下水位太高的地区不宜采用普通电缆沟敷设。

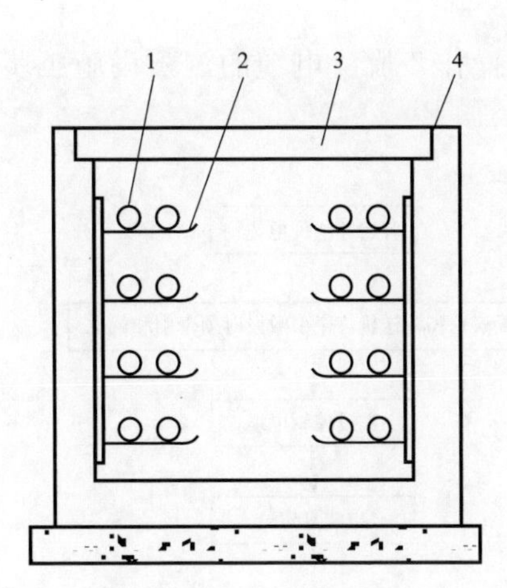

图 8-5 电缆沟断面示意图

1—电缆；2—支架；3—盖板；4—沟边齿口

2. 电缆沟敷设的施工方法

（1）电缆沟敷设作业前准备。

1）电缆施工前需揭开部分电缆沟盖板。在不妨碍施工人员下电缆沟工作的情况下，可以采用间隔方式揭开电缆沟盖板。进入较深的电缆井前，应检测电缆井内的有害及可燃气体含量，气体含量超标要进行通风处理，合格后方可进入施工。检查支架预埋情况并修补，把沟盖板全部置于沟上面不利展放电缆的一侧，另一侧应清理干净。

2）电缆沟内有积水或阻碍电缆沟通畅的废弃物，要及时清理。

3）复测电缆路径长度及敷设位置，复核电缆接头位置。编制敷设施工作业指导书。

4）对各盘电缆进行验收，检查电缆有无机械损伤，封端是否良好，有无电缆“出厂检验合格证”。

5）施工前，办理好各种施工许可手续。工作井口及地面保护严格按照交通管理部门的占地要求执行。

6）检查施工机具是否齐备，包括放线支架、电缆输送机、卷扬机、滑车及其他必需设备等。根据电缆的型号、规格，选择合适的输送机和滑车。

（2）电缆沟敷设操作步骤。电缆的沟敷设施工步骤应按照图 8-6 步骤操作。

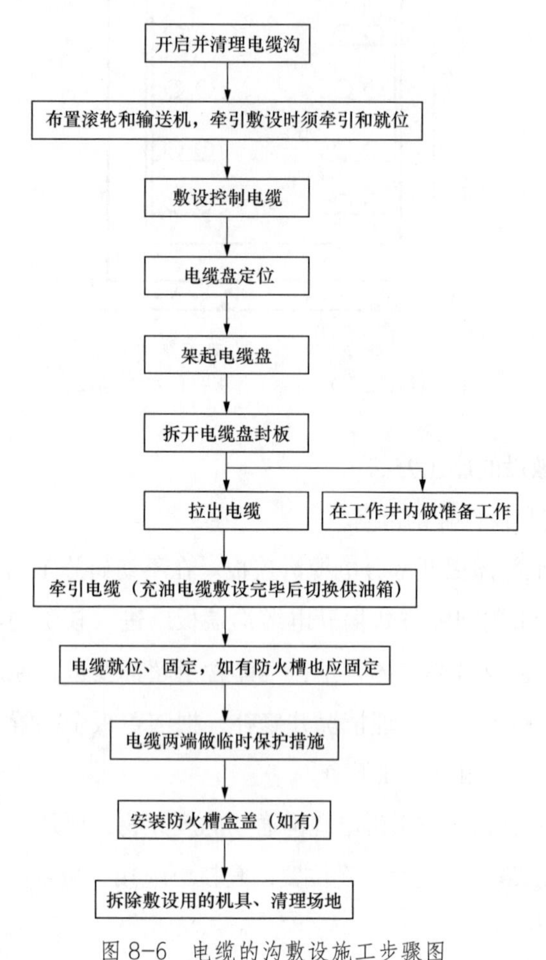

图 8-6　电缆的沟敷设施工步骤图

1）施放电缆的顺序，一般情况下是先放支架最下层、最里侧的电缆，然后从里到外，从下层到上层依次展放。

2）电缆沟中敷设、牵引电缆，与排管敷设基本相同。

3）电缆牵引完毕后，用人力将电缆定位在支架上。电缆搁在金属支架上应加一层塑料衬垫。在电缆沟转弯处应使用加长支架，让电缆在支架上可以有适当的位移。

4）在电缆沟中实施必要的防火措施，这些措施包括适当的防火分隔封堵。

5）电缆敷设完后，应及时将沟内杂物清理干净，将所有电缆沟盖板恢复原状。必要时，应将盖板缝隙密封。

四、电缆的隧道敷设

容纳电缆数量较多、有供安装和巡视的通道、全封闭的电缆构筑物为电缆隧道，其断面示意图如图 8-7 所示。将电缆敷设于预先建设好的电缆隧道中的安装方法，称为电缆隧道敷设。

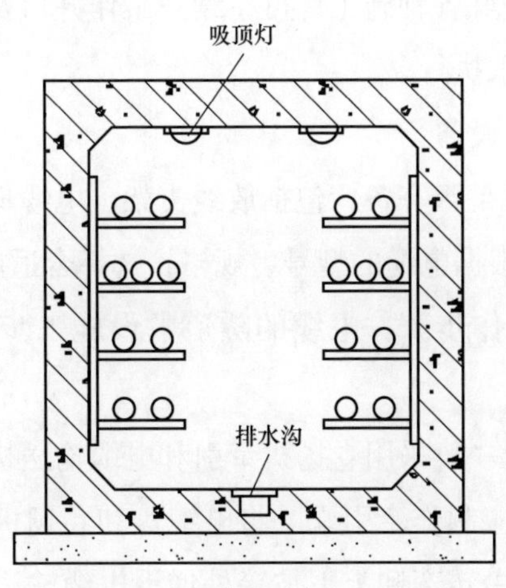

图 8-7 电缆隧道断面示意图

1. 电缆隧道敷设的特点

电缆隧道具有照明、排水装置，并采用自然通风和机械通风相结合的通风方式。隧道内还具有烟雾报警、自动灭火、灭火箱等消防设备。

电缆敷设于隧道中，消除了外力损坏的可能性，对电缆的安全运行十分有利，电缆维护和抢修方便、周期短、费用低。但是隧道的建设投资大，建设周期长。

2. 隧道敷设的施工方法

（1）隧道敷设作业前准备。

1）施工前与隧道管理部门办理进入隧道施工手续。

2）进入隧道前，检测电缆隧道内的有害及可燃气体含量，气体含量超标要进行通风处理，合格后方可进入施工。

3）隧道内有积水或阻碍隧道通畅的废弃物，要及时清理。

4）复测电缆路径长度，复核敷设位置和电缆接头位置。编制敷设施工作业指导书。

5）施工前对各盘电缆进行验收，检查电缆有无机械损伤，封端是否良好，有无电缆“出厂检验合格证”。

6）施工前，办理好各种施工许可手续。工作井口及地面保护严格按照交通管理部门的占地要求执行。

7）架设通信联络设备。

8）检查施工机具是否齐备，包括放线支架、电缆输送机、卷扬机、滑车及其他必需设备等。根据电缆的型号、规格，选择合适的输送机和滑车。

（2）隧道敷设操作步骤。电缆的隧道敷设施工步骤应按照图 8–8 所示操作。

1）电缆隧道敷设一般采用卷扬机牵引和电缆输送机相结合的办法。在敷设电缆前，电缆端部应制作牵引端。将电缆盘和卷扬机分别安放在隧道入口处，在电缆盘、隧道中转弯和上下坡等处增设电缆输送机，并加设专用的拐弯滑车。

2）电缆敷设完后，应根据设计施工图规定将电缆安装在支架上，单芯电缆必须采用适当夹具将电缆固定。高压大截面积单芯电缆应使用可移动式夹具，以蛇形方式固定。

3）防火隔板安装、电缆刷防火涂料等各项防火措施施工。

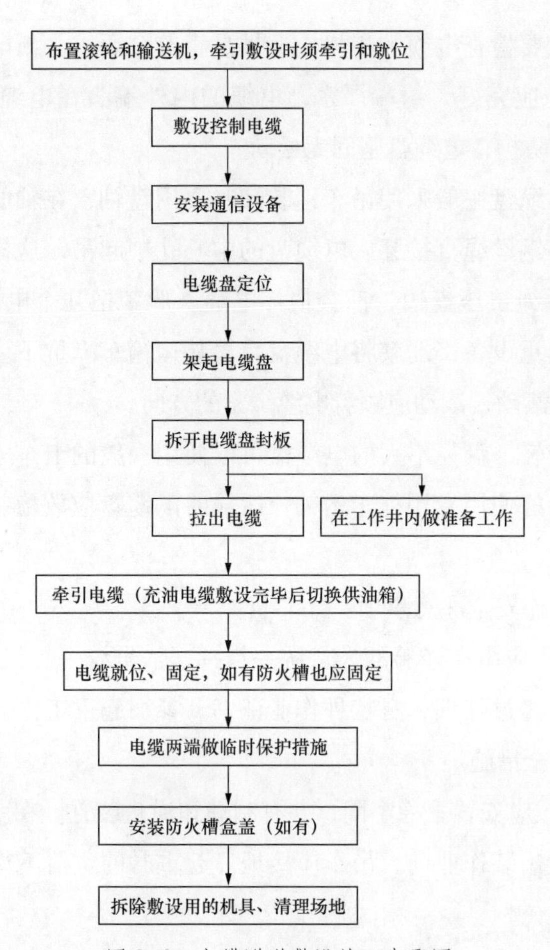

图 8-8 电缆隧道敷设施工步骤图

第二节 敷设的安全规范

一、电缆运输、起重、保管注意事项

电力电缆一般是缠绕在电缆盘上进行运输、保管和敷设的。在运输和装卸电缆盘的过程中，关键问题是保证电缆不受损伤。

（1）运输前要检查电缆的规格、型号是否符合要求，新电缆要有出厂检验合格证；电缆应完好，封端严密，电缆的内外端头在电缆盘上固定牢固；电缆外面做好了防护；电缆盘坚固无松动。

（2）装卸电缆盘一般采用吊车，装卸时要用盘轴，在轴的两端套上钢丝绳起吊。严禁将钢丝绳直接穿入电缆盘的中心孔中起吊，这样的话电缆盘受力不均，或钢丝绳挤压盘边，都会损坏电缆。严禁把几个电缆盘一起吊装。卸车时如没有起重设备，严禁将电缆盘直接从运输车上推下。在工地允许将电缆盘短距离内滚动，滚动应顺着电缆绕紧的方向。

（3）重量较轻、盘径不大的电缆盘可以使用一般的卡车运输，但重量和盘径较大时，最好使用专用拖车运输。运输时电缆盘应放稳、固定，电缆盘不允许平放。

（4）起重工作安全注意事项：

1）起重工作应由有经验的人员统一指挥，信号统一、畅通，分工明确。吊车驾驶员必须经过培训，有特种作业证书。参加起重工作的人员应熟悉起重搬运方案和安全措施。

2）起重机械应安置平稳牢固，并有制动和逆止装置。在变电站和带电线路旁边进行近电吊装作业前，吊车应接地。起重时的负荷不得超出起重设备的额定负荷规定。

3）吊钩应有防止脱钩的保险装置，起吊物体应绑牢。当重物吊离地面20～50m时应暂停，检查吊起物品和各受力部分，无异常后方可正式起吊。

4）轻吊轻放，防止因晃动、振动、碰撞等造成损坏。停机时，必须将电缆盘落地，不得在悬空时停留。放置地面应选择坚实平整的地面。

5）在起吊过程中，吊臂下严禁站人或通行，吊运重物不得从人头顶越过。

（5）电缆及附件的检查验收。电缆及附件运到仓库或施工现场后应及时进行检查验收。

1）按照施工设计和订货清单，核对电缆及其附件型号、规格、数量，检查产品说明书、合格证、安装图纸资料等是否齐全。

2）电缆盘和电缆应完好无损。电缆端部密封严密。

3）电缆附件应齐全、完好，其规格型号应符合制造厂图纸要求，绝缘材料的防潮包装及密封应良好。

（6）电缆及附件的存放和保管。

1）电缆盘上应标明电缆型号、电压、规格、长度，存放位置周围应有通道，地基应坚实，不得有积水。电缆盘不得平放，应放置稳固。

2）电缆终端和中间接头的附件应当分类存放。绝缘附件和其他绝缘材料应存放在干燥、通风、有防火措施的室内。终端用的瓷套等易碎绝缘件应存放于原包装箱内。

3）接地箱、交叉互联箱要存放于室内，对没有进出线口封堵的要进行临时封堵；电缆支架、桥架暂时不能安装时，应分类保管；存放电缆金具不要破坏金具的包装箱；防火涂料、包带等防火材料，应严格按照制造厂的要求进行保管存放。

二、电缆敷设的安全规范

（1）参与电缆敷设的施工人员应进行安全技术培训，考试合格后方可上岗。按照规定填用工作票和动火工作票。

（2）挖掘和敷设时应根据交通安全情况设置遮栏或围栏、警告标志和夜间红灯等措施。夜间施工人员应佩戴反光标志。

（3）穿越道路的电缆线路需要破路施工的，应按照道路宽度用分段预埋管道的施工方法或用在夜间施工的方法解决，以免影响交通。在城市道路红线范围内不应使用大型机械来开挖沟槽，硬路面面层破碎可使用小型机械设备但应加强监护，不得深入土层。若要使用大型机械设备时，应履行相应的报批手续。

挖掘时应注意地下的原有设施，遇到电缆、管道等应与有关部门联系，不得随意损坏。

所有堆土应置于沟的一侧，且距离沟边1m以外，以免放电缆时滑落沟内。

挖掘时应考虑土质和周围设施情况，土质松或有建筑物影响时，应做好支撑、加固措施。沟槽开挖深度达到1.5m及以上时，应采取措施防止土层塌方。

（4）敷设时应注意保持通信畅通，一般使用步话机进行联络。隧道敷设前应架设专门的通信设备，在电缆盘、牵引端、转弯处、竖井、隧道进出口、终端、放缆机及控制箱等处设置通信工具，注意保持通信畅通。

（5）电缆盘应配备制动装置，保证在任何情况下能够使电缆盘停止转动。安装输送机时应与卷扬机采用同步联动控制。

（6）机械牵引时，应在牵引头或钢丝网套与牵引钢丝绳之间装设防捻器。

（7）在电缆盘、牵引端、转弯处、竖井、隧道进出口、终端、放缆机及控制箱等处安排有经验的人员看护。电缆盘处设1～2名有丰富经验人员负责施工，检查电缆外观有无破损，并协助牵引人员把电缆端头顺利送到井下。牵引人员应为一名经验丰富的施工人员，发现问题能够及时处理。电缆敷设时卷扬机的启动和停车，一定要执行现场指挥人员的统一指令。

（8）机械牵引时，工作人员应站在安全位置，不得站在钢丝绳内角侧等危险位置。用滑轮敷设电缆时，不要在滑轮滚动时用手搬动滑轮，工作人员应站在滑轮前进方向上。

（9）电缆敷设时，电缆应从盘的上端引出，不得使电缆在支架上及地面摩擦拖拉。电缆上不得有铠装压扁、电缆绞拧、护层折裂等未消除的机械损伤。

（10）敷设过程中，注意电缆的弯曲半径，防止电缆弯曲半径过小损坏电缆。局部电缆出现裕度过大情况，应立即停车处理后方可继续。

（11）电缆与架空线路相连接时，应核对电缆与架空线路相位。

（12）进入电缆井或隧道前，应检测电缆井或隧道内的有害及可燃气体含量，气体含量超标要进行通风处理，合格后方可进入。

（13）使用喷枪应先检查本体是否漏气，禁止在明火附近进行放气或点火。封电缆牵引头、电缆头制作等动用明火作业时，火焰应远离易燃易爆物品。喷枪使用完毕应放置在安全地点，冷却后搬运。

（14）施工过程中所有起吊作业均应设专人监护。

（15）施工现场的所有孔洞应设有可靠的遮栏、围栏或盖板。

第三节 敷设技术要求

一、电缆敷设基本要求

1. 电缆敷设一般要求

电缆沟、电缆隧道、电缆导管、电缆井、交叉跨域管道及直埋电缆沟深度、宽度、弯曲半径等应符合设计要求，电缆通道应畅通，排水应良好，金属部分的防腐层应完整、隧道内照明、通风应符合设计要求。

三相四线制系统中采用四芯电力电缆，不应采用三芯电缆另加一根单芯电缆或以导线、电缆金属护套作中性线。

并联使用的电力电缆其额定电压、型号规格和长度应相同。

敷设施工前应按照工程实际情况对电缆敷设机械力进行计算。敷设施工中应采取必要措施，确保各段电缆的敷设机械力在允许范围内。根据敷设机械力计算，确定敷设设备的规格，并按最大允许机械力确定被牵引电缆的最大长度和最小弯曲半径。

2. 电缆的牵引方法

电缆的牵引方法主要有制作牵引头和网套牵引两种。为消除电缆的扭力和不退扭钢丝绳的扭转力传递作用，牵引前端必须加装防捻器。

3. 牵引技术要求

电缆导体的允许牵引应力，用钢丝网套牵引塑料电缆：如无金属护套，则牵引力作用在塑料护套和绝缘层上；有金属套式铠装电缆时，牵引力作用在塑料护套和金属套式铠装上。用机械敷设电缆时的最大允许牵引强度宜符合表 8–1 规定，充油电缆总拉力不应超过 27kN。

机械敷设电缆的速度不宜超过 15m/min。110kV 及以上电缆或在较复杂路径上敷设时，其速度应适当放慢。

电缆敷设过程中应选择合理的牵引方向，一般从地理位置高的一端向低的一端敷设，从平直部分向弯曲部分，从场地平坦、运输方便的一端向另一端敷设。

表 8–1 电缆最大允许牵引强度 N/mm^2

牵引方式	牵引头		钢丝网套		
受力部位	铜芯	铝芯	铅套	铝套	塑料护套
允许牵引强度	70	40	10	40	7

4. 电缆弯曲半径

电缆在制造、运输和敷设安装施工中总要受到弯曲，弯曲时电缆外侧被拉伸，内侧被挤压。由于电缆材料和结构特性的原因，电缆能够承受弯曲，但有一定的限度。过度的弯曲容易对电缆的绝缘层和护套造成损伤，甚至破坏电缆，因此规定电缆的最小弯曲半径应满足电缆制造商的技术规定数据。制造商无规定时，按表 8–2 规定执行。

表 8–2 电缆最小弯曲半径

电缆型式		多芯	单芯
控制电缆	非铠装、屏蔽型软电缆	$6D$	—
	铠装、铜屏蔽型	$12D$	
	其他	$10D$	
橡皮绝缘电力电缆	无铅包、钢铠护套	$10D$	
	裸铅包护套	$15D$	
	钢铠护套	$20D$	

续表

电缆型式		多芯	单芯
塑料绝缘电力电缆	无铠装	15D	20D
	有铠装	12D	15D
0.6/1kV 铝合金导体电力电缆		7D	
自容式充油（铅包）电缆		—	20D

注 1. D 为电缆外径。
2. “0.6/1kV 铝合金导体电力电缆”弯曲半径适用于无铠装或联锁铠装形式电缆。

5. 电缆的排列要求

（1）通用要求。

1）原则上 66kV 以下和 66kV 及以上电压等级电缆宜分开敷设。

2）电力电缆和控制电缆不应配置在同一层支架上。

3）不同电压等级电缆间宜设置防火隔板等防护措施。

4）重要变电站和重要用户的双路电源电缆不宜同通道敷设。

5）通信光缆应布置在最上层且应设置防火隔槽等防护措施。

6）交流单芯电缆穿越的闭合管、孔应采用非铁磁性材料。

（2）同一通道同侧多层支架敷设。同一通道内电缆数量较多时，若在同一侧的多层支架上敷设，应符合下列规定：

1）应按电缆等级由高至低的电力电缆、强电至弱电的控制和信号电缆、通信电缆由下而上的顺序排列。

a. 当水平通道中含有 35kV 以上高压电缆，或为满足引入柜盘的电缆符合允许弯曲半径要求时，宜按由下而上的顺序排列。

b. 在同一工程中或电缆通道延伸于不同工程的情况，均应按相同的上下排列顺序配置。

2）支架层数受到通道空间限制时，35kV 及以下的相邻电压等级电力电缆，可排列于同一层支架上；1kV 及以下电力电缆，可与强电控制和信号电缆配置在同一层支架上。

3）同一重要回路的工作与备用电缆实行耐火分隔时，应配置在不同层的支架上。

（3）同层支架电缆配置。同一层支架上电缆排列的配置，宜符合下列规定：

1）控制和信号电缆可紧靠或多层叠置。

2）除交流系统用单芯电力电缆的同一回路可采用品字形（三叶形）配置外，对重要的同一回路多根电力电缆，不宜叠置。

3）除交流系统用单芯电缆情况外，电力电缆的相互间宜有1倍电缆外径的空隙。

6. 电缆及附件的固定

电缆固定应符合下列要求：

（1）垂直敷设或超过30°倾斜敷设的电缆在每个支架上应固定牢固。

（2）水平敷设的电缆，在电缆首末两端及转弯、电缆接头的两端处应固定牢固；当对电缆间距有要求时，每隔5～10m处应固定牢固。

（3）单芯电缆的固定应符合设计要求。

（4）交流系统的单芯电缆或三芯电缆分相后，固定夹具不得构成闭合磁路，宜采用非铁磁性材料。

35kV及以下电缆明敷时，应适当设置固定的部位，并应符合下列规定：

（1）电缆明敷时的接头应用托板托置固定，接头两端应刚性固定，每侧固定点不少于2处。

（2）水平敷设，应设置在电缆线路首、末端和转弯处以及接头的两侧，且宜在直线段每隔不少于100m处。

（3）垂直敷设，应设置在上、下端和中间适当数量位置处。

（4）斜坡敷设，应遵照（1）、（2）条，并因地制宜设置。

（5）当电缆间需保持一定间隙时，宜设置在每隔5～10m处。

（6）交流单芯电力电缆，还应满足按短路电动力确定所需予以固定的间距。

在35kV以上高压电缆的终端、接头与电缆连接部位，宜设置伸缩节。伸缩节应大于电缆容许弯曲半径，并应满足金属护层的应变不超出容许值的要求。未设置伸缩节的接头两侧，应采取刚性固定或在适当长度内将电缆实施蛇形敷设。

7. 电缆支架技术要求

（1）110kV 及以上电缆，应选用金属支架。35kV 及以下电缆可采用金属支架或抗老化性能好的复合材料支架。金属支架应进行防腐处理。位于湿热、盐雾以及有化学腐蚀地区时，应根据设计要求做特殊的防腐处理。

（2）电缆支架的层间允许最小距离。当设计无规定时，层间净距不应小于 2 倍电缆外径加 10mm；35kV 及以上高压电缆不应小于 2 倍电缆外径加 50mm。

（3）电缆支架应安装牢固，横平竖直，托架支吊架的固定方式应按设计要求进行。各支架的同层横档应在同一水平面上，其高低偏差不应大于 5mm。托架支吊架沿桥架走向左右的偏差不应大 10mm。

（4）金属支架应接地。

8. 电缆终端、避雷器带电裸露部分之间及接地体的距离

电缆终端、避雷器带电裸露部分之间及接地体的距离见表 8-3。

表 8-3　电缆终端、避雷器带电裸露部分之间及接地体的距离

运行电压（kV）	10	10	20	20
类型	相间	对地	相间	对地
户内（mm）	125	125	180	180
户外（mm）	200	200	300	300

9. 接地方式

电缆的金属护套或屏蔽层接地方式的选择应符合下列要求：

（1）三芯电缆应在线路两终端直接接地，如在线路中有电缆接头，应在电缆接头处另加设接地。

（2）单芯电缆的金属护套或屏蔽层在线路上至少有一点直接接地，且在金属护套或屏蔽层上任一点非接地处的正常感应电压，应符合下列要求：

1）未采取能防止人员任意接触金属护套或屏蔽层的安全措施时，满载情

况下不得大于 50V。

2）采取能防止人员任意接触金属护套或屏蔽层的安全措施时，满载情况下不得大于 300V。

（3）长距离单芯水底电缆线路应在两岸的接头处直接接地。

10. 防火与阻燃

对爆炸和火灾危险环境、电缆密集场所或可能着火蔓延而酿成严重事故的电缆线路，防火阻燃措施必须符合设计要求。

（1）电缆线路防火阻燃应符合下列规定：

1）耐火或阻燃型电缆应符合设计要求。

2）报警和灭火装置设置应符合设计要求。

3）已投入运行的电缆孔洞、防火墙，临时拆除后应及时恢复封堵。

4）防火重点部位的出入口，防火门或防火卷帘设置应符合设计要求。

5）电力电缆中间接头宜采用电缆用阻燃包带或电缆中间接头保护盒封堵，接头两侧及相邻电缆长度不小于 2m 内的电缆应涂刷防火涂料或缠绕防火包带。

6）防火封堵部位应便于增补或更换电缆，紧贴电缆部位宜采用柔性防火材料。

（2）应在下列孔洞处采用防火封堵材料密实封堵：

1）在电缆贯穿墙壁、楼板的孔洞处。

2）在电缆进入盘、柜、箱、盒的孔洞处。

3）在电缆进出电缆竖井的出入口处。

4）在电缆桥架穿过墙壁、楼板的孔洞处。

5）在电缆导管进入电缆桥架、电缆竖井、电缆沟和电缆隧道的端口处。

电缆孔洞封堵不应有明显的裂缝和可见的缝隙，堵体表面平整，孔洞较大者应加耐火衬板后再进行封堵。有机防火堵料封堵不应有透光、漏风、龟裂、脱落、硬化现象；无机防火堵料封堵不应有粉化、开裂等缺陷。防火包的堆砌应密实牢固，外观应整齐，不应透光。

（3）防火墙施工应符合下列规定：

1）防火墙设置应符合设计要求。

2）电缆沟内的防火墙底部应留有排水孔洞，防火墙上部的盖板表面宜做明显且不易褪色的标记。

3）防火墙上的防火门应严密，防火墙两侧长度不小于 2m 内的电缆应涂刷防火涂料或缠绕防火包带。

（4）电缆线路防火阻燃设施应保证必要的强度，封堵部位应能长期使用，不应发生破损、散落、坍塌等现象。

11. 电缆线路标志牌和警示牌

（1）标志牌装设要求。

1）电缆敷设排列固定后，及时装设标志牌。

2）电缆线路标志牌装设应符合位置规定。

3）标志牌上应注明线路编号。无编号时，应注明电缆型号、规格及起讫地点。

4）并联使用的电缆线路应有顺序号。单芯电缆应有相序或极性标识。

5）标志牌规格宜统一，能够防腐蚀，宜选用复合材料等不可回收的非金属材质。标志牌字迹应清晰不易脱落。标志牌挂装应牢固。

（2）标志牌装设位置。

1）生产厂房或变电站内，应在电缆终端头和电缆接头处装设电缆标志牌。

2）电缆隧道内电源控制箱内各回路应有明确标识。

3）电力电网电缆线路，应在下列部位装设标志牌：

a. 电缆终端头和电缆接头处。

b. 电缆管两端电缆沟、拐弯处、夹层内、隧道及竖井的两端、电缆井等敞开处。

c. 电缆隧道内转弯处、电缆分支处、直线段间隔 50～100m 处。

（3）警示牌装设位置。

1）电缆通道的警示牌应在通道两侧对称设置，警示牌型式应根据周边环境按需设置，沿线每块警示牌设置间距一般不大于50m，在转弯工作井、定向钻进拖拉管两侧工作井、接头工作井等重要节点两侧宜增加埋设。

2）在水底电缆敷设后，应设立永久性标识和警示牌。

3）电缆隧道内应设置出入口指示牌。

12. 电缆安装零序电流互感器

一般10kV线路零序保护装置采用外附零序电流互感器，在设计施工中应注意：

（1）应保证选用零序电流互感器内径大于电缆终端头外径。

（2）施工中尽量不要拆动零序电流互感器，如必须拆动，工作完结必须恢复原状。

（3）三芯电力电缆终端处的金属护层必须接地良好；塑料电缆每相铜屏蔽和钢铠应锡焊接地线（油浸纸绝缘电缆铅包和铠装应焊接地线），电缆通过零序电流互感器时，电缆金属护层和接地线应对地绝缘，电缆接地点（电缆接地线与电缆金属屏蔽的焊点）在互感器以下时，接地线应直接接地；接地点在互感器以上时，接地线应穿过互感器接地，接地线必须接在开关柜内专用接地铜排上。

（4）接地线须采用铜绞线或镀锡铜编织线，接地线的截面积不应小于25 mm^2，接地端部要焊接接线端子，并正确处理接地线与零序电流互感器的相对位置，接地线必须安装在接地铜排上。

（5）通电前要对零序保护系统进行整定，确保保护工作正常。电缆安装零序电流互感器，大都是为10kV构成线路零序保护用，防止相线接地引发故障或事故。而这往往成为电力电缆安装和继电保护工作的交叉地带，容易发生混乱。安装零序电流互感器时经常会出现以下问题，请注意：

1）零序电流互感器应装在开关柜底板上面，或应有可靠的支架固定。但有些厂家或施工单位将零序电流互感器安装在开关柜底板下面的支架上，更有甚者将零序电流互感器捆绑在电缆上，这违背了开关柜全封闭原则，既不安全，也不防尘，更不防小动物，留下很多隐患。

2）电缆终端头穿过外附零序电流互感器后，电缆金属屏蔽接地线与外附零序电流互感器的相对位置不正确。有些电缆接地线该穿零序电流互感器时未穿，一些不该穿零序电流互感器的反倒穿了，造成事故接地零序保护不能正确动作。

3）由于电缆终端头做得比较大，造成电流互感器磁路不闭合。目前常用的 10 kV 电力电缆为三芯交联聚乙稀电缆，截面积多为 240 、300 mm^2，电缆外径较粗再加上三芯手套附加的热溶密封胶就更粗，零序电流互感器套不上去，施工中就拆开零序电流互感器接口，电缆套过来了，接口却忘记恢复；有的恢复了，但接口恢复不严；更有的终端头三芯分开处比零序电流互感器内径粗又正好卡在零序电流互感器中间使零序电流互感器接口无法恢复闭合，造成零序电流互感器磁路不闭合，无法正常工作。

4）零序电流互感器二次连片在电缆施工中被打开，工作完结后未及时恢复，造成电流互感器二次线圈开路。

5）电缆金属护层接地线的接地端未焊接接线端子，也未接在开关柜内设置的接地铜排上，而是随便搭接在开关柜体螺栓上。

二、直埋电缆敷设的技术要求

（1）直埋电缆表面距地面的距离应不小于 0.7m。穿越农田或在行车道下敷设时不应小于 1.0m。电缆应埋设于冻土层以下，当受条件限制时，应采取防止电缆受到损伤的措施。引入建筑物或地下障碍物交叉时可浅埋，但应采取保护措施。

（2）直埋敷设的电缆，严禁位于地下管道的正上方或正下方。电缆与电缆、管道、道路、建筑物等之间的容许最小距离，应符合表 8-4 中规定。

表 8-4　电缆与电缆、管道、道路、建筑物等之间的平行和交叉时的最小距离

项目		平行（m）	交叉（m）
电力电缆间及其与控制电缆之间	10kV 及以下	0.10	0.5
	10kV 以上	0.25	0.50

续表

项目		平行（m）	交叉（m）
不同部门使用的电缆间		0.50	0.50
电缆与地下管沟	热管道（管沟）及热力设备	2.00	0.50
	油管道（管沟）	1.00	0.50
	可燃气体及易燃液体管道（管沟）	1.00	0.50
	其他管道	0.50	0.50
电气化铁路	非直流电气化铁路路轨	3.00	1.00
	直流电气化铁路路轨	10.00	1.00
建筑物基础（边线）		0.60	—
电缆与公路边		1.00	—
排水沟		1.00	—
电缆与 1kV 以下架空线电杆		1.00	—
电缆与 1kV 以上架空线杆塔基础		4.00	—

当采取隔离或防护措施时，可按下列规定执行：

1）电力电缆间及其控制电缆间或不同部门使用的电缆间，当电缆穿管或用隔板隔开时，平行净距可为 0.1m。

2）电力电缆间及其控制电缆间或不同部门使用的电缆间，在交叉点前后 1m 范围内，当电缆穿入管中或用隔板隔开时，其交叉净距可为 0.25m。

3）电缆与热管道（沟）、油管道（沟）、可燃气体及易燃液体管道（沟）热力设备或其他管道（沟）之间，虽净距能满足要求，但检修管路可能伤及电缆时，在交叉点前后 1m 范围内，尚应采取保护措施；当交叉净距不能满足要求时，应将电缆穿入管中，其净距可为 0.25m。

4）电缆与热管道（管沟）及热力设备平行、交叉时，应采取隔热措施，使电缆周围土壤的温升不超过 10℃。

5）当直流电缆与电气化铁路铁轨平行、交叉其净距不能满足要求时，应采取防电化腐蚀措施。

6）当电缆穿管敷设时，与公路、街道路面、杆塔基础、建筑物基础、排水沟等的平行最小间距可按照表中数据减半。

（3）直埋电缆穿越城市街道、公路、铁路，或穿过有载重车辆通过的大门，进入建筑物的墙角处，进入隧道、人井，或从地下引出到地面时，应将电缆敷设在满足强度要求的管道内，并将管口封堵好。

（4）直埋敷设的电缆与铁路、公路或街道交叉时，应穿保护管，保护范围应超出路基、街道两边以及排水沟边 0.5m 以上。引入构筑物，在贯穿墙孔处应设置保护管，管口应施阻水堵塞。

（5）电缆壕沟底必须具有良好的土层，不应有石块或其他硬质杂物，应铺 0.1m 的软土或砂层。电缆敷设好后，上面再铺 0.1m 的软土或砂层。沿电缆全长应盖混凝土保护板，覆盖宽度应超出电缆两侧 0.05m。在特殊情况下，可以用砖代替混凝土保护板。

（6）在电缆直埋的路径上凡遇到以下情况，应分别采取保护措施：

1）机械损伤：加保护管。

2）化学作用：换土并隔离（如陶瓷管），或与相关部门联系，征得同意后绕开。

3）地下电流：屏蔽或加套陶瓷管。

4）腐蚀物质：换土并隔离。

5）虫鼠危害：加保护管或其他隔离保护等。

（7）直埋敷设电缆的接头位置，应符合下列规定：①接头与临近电缆的净距不得小于 0.05m；②并列电缆的接头位置宜相互错开，且净距不宜小于 0.5m；③斜波地形处的接头位置，应呈水平状。

重要回路的电缆接头，宜在其两侧约 1.0m 开始的局部段，按留有备用量方式敷设电缆。

电缆中间接头盒外面应有防止机械损伤的保护盒（有较好机械强度的塑料电缆中间接头例外）。

（8）直埋敷设电缆采取特殊换土回填时，回填土的土质应对电缆外护层无腐蚀性。直埋电缆回填土前，应经隐蔽工程验收合格，并分层夯实。

（9）电缆直埋敷设时，应在保护板上层铺设带有电力标识的警示带。电缆线路全线，应设立电缆位置的标志，间距合适。

三、排管敷设的技术要求

（1）选择排管路径时，尽可能取直线，在转弯和分支的地方应设置工井，在直线部分，两工井之间距离不宜大于150m。工井尺寸应考虑电缆弯曲半径和满足接头安装的需要，工井高度应使工作人员能站立操作，应不小于1.8m。工井底部应有集水坑，向集水坑泄水坡度不应小于0.3%。

（2）电缆管的埋设深度，自管子顶部至地面的距离，一般地区应不小于0.7m，在人行道下不应小于0.5m，室内不宜小于0.2m。

（3）电缆排管（或拉管）内径应不小于电缆外径的1.5倍，一般不宜小于100mm。管子内部必须光滑，管子连接时，管孔应对准，接缝应严密，不得有地下水和泥浆渗入。管子接头相互之间必须错开。

（4）电缆芯工作温度相差较大的电缆，宜分别置于适当间距的不同排管组。

（5）管孔数应按发展预留适当备用。

（6）排管地基应坚实、平整，不得有沉陷。不符合要求时，应对地基进行处理并夯实并在排管和地基之间增加垫块，以免地基下沉损坏电缆。管路顶部土壤覆盖厚度不宜小于0.5m。纵向排水坡度不宜小于0.2%。

（7）管路纵向连接处的弯曲度，应符合牵引电缆时不致损伤的要求。

（8）从排管（或拉管）口到接头支架之间的一段电缆，应借助夹具弯成两个相切的圆弧形状，即形成伸缩弧，以吸收排管（拉管）电缆因温度变化所引起的热胀冷缩，从而保护电缆和接头免受热机械力的影响。伸缩弧的弯曲半径应不小于电缆允许弯曲半径。

（9）在工井的接头和单芯电缆，必须用非磁性材料或经隔磁处理的夹具固定。每只夹具应加熟料或橡胶衬垫。

（10）在坡度大于10%的斜坡排管中，应在标高较高一端的工井内设置防止电缆因热胀冷缩而滑落的构件。

（11）电缆排管敷设时，应在电缆上方的沿线土层内铺设带有电力标识的警示带。电缆线路全线，应设立电缆位置的标志，间距合适。

四、拉管敷设的技术要求

（1）拉管长度不宜超过 150m。拉管内径应不小于电缆外径的 1.5 倍，且宜选用较大直径的管材。管子内部必须光滑，管子连接时，应对准且熔接牢靠，接缝严密、光滑。

（2）电缆拉管在地下呈圆弧状。因此管子顶部至地面的距离，一般都大于排管要求的 0.7m 的高度。但管口两侧与地面夹角应严格控制，夹角过大，电缆在敷设后，其管口两侧的电缆段可能会与工井最上部平齐或高出，影响电缆及工井的安全和质量，容易造成电缆损伤。因此，需在拉管建设时，将两侧管口下方的泥土清除，管口适当下压，减小入土角，使工井和拉管衔接位置的电缆顺畅过渡。入土角应控制在 15° 以下。

（3）由于拉管在地下埋设较深，电缆呈圆弧状敷设。因此，弧度越大（地面深度），拉管越长，敷设时的牵引力也骤然俱增。因此拉管建成后，应取得拉管在地下空间位置的相应三维轨迹图，并采用测量绳等工具，对拉管通道准确长度进行核查，通过电缆在拉管内牵引力的正确计算，核对是否符合电缆敷设要求。

（4）管孔数应按发展预留适当备用。

（5）拉管敷设电缆时，宜采用输送机敷设，牵引机配合导向相结合的方式敷设电缆。对长度长、质量大的电缆，应制作电缆牵引头，以便与钢丝绳相连接。牵引用钢丝绳在拉管进出口不能直接接触管壁，严格防止牵引钢丝绳磨损拉管口。

五、电缆沟敷设的技术要求

（1）电缆沟或工作井内通道的净宽不宜小于表 8–5 规定。

表 8-5　　电缆沟中通道净宽允许最小值　　mm

电缆支架配置及通道特征	电缆沟渠		
	≤ 600	600 ~ 1000	≥ 1000
两侧支架间净通道	300	500	700
单列支架与壁间通道	300	450	600

（2）电缆沟应有不小于 0.5% 的纵向排水坡度，电缆沟沿排水方向在适当距离处设置集水井。

（3）电缆沟敷设的电缆，应选用阻燃电缆。电缆沟每隔一定距离应采取防火隔离措施。

（4）电缆沟内金属支架、裸铠装电缆的金属护套和铠装层应全部和接地装置连接。为了避免电缆外皮与金属支架间产生电位差，从而发生交流腐蚀或电位差过高危及人身安全，电缆沟内全长应装设连续的接地线装置，接地线的规格应符合规范要求。电缆沟中应用扁钢组成接地网，接地电阻应小于 4Ω。电缆沟中预埋铁件与接地网应以电焊连接。

（5）电缆沟盖板必须满足道路承载要求。钢筋混凝土盖板应有角钢或槽钢包边。电缆沟的齿口也应有角钢保护。盖板的尺寸应与齿口相吻合，不宜有过大间隙。

（6）室外电缆沟内的金属构件均应采取镀锌防腐措施；室内外电缆沟，也可采用涂防锈漆的防腐措施。

六、电缆隧道敷设的技术要求

（1）电缆隧道敷设方式选择应遵循以下几点：

1）500（330）kV 电缆线路、6 回路及以上 220kV 电缆线路应采用隧道型式。

2）重要变电站进出线、回路集中区域、电缆数量在 18 根及以上或局部电力走廊紧张情况宜采用隧道型式。

3）电缆根数超过 24 孔不应选择排管方式。

4）设计净空高度达到 1.8m 的通道应选用电缆隧道型式。

（2）隧道净高为不宜小于 1.9m，与其他沟道交叉段局部隧道净高为不得小于 1.4m。隧道中通道净宽不宜小于：两侧支架间净通道为 1.0m，单列支架与壁间通道为 0.9m。

（3）电缆支架的层间垂直距离，应满足能够方便地敷设电缆及其固定、安置接头的要求，在多根电缆同置一层支架上时，有更换或增设任一电缆的可能。

（4）隧道应有不小于 0.5% 的纵向排水坡度，底部应有流水沟，必要时设置排水泵，排水泵应有自动启闭装置。

（5）隧道内应有良好的电气照明设施、排水装置，并采用自然通风和机械通风相结合的通风方式。隧道内还应具有烟雾报警、自动灭火、灭火箱、消防栓等消防设备。

（6）电缆隧道内应装设贯通全长的连续的接地线，所有电缆金属支架应与接地线连通。电缆的金属护套、铠装除有绝缘要求（如单芯电缆）以外，应全部相互连接并接地。这是为了避免电缆金属护套或铠装与金属支架间产生电位差，从而发生交流腐蚀。

（7）隧道敷设必须有可靠的通信联络设施，常用的通信联络手段是架设临时有线电话或专用无线通信。

（8）隧道敷设的电缆，应选用阻燃电缆。隧道中应设置防火墙或防火隔断，电缆竖井中应分层设置防火隔板。

（9）隧道敷设施工时，一般每隔 30m 左右放置一台电缆输送机，每隔 3～4m 放置一个滑车。在隧道内拐弯、上下坡等处应额外增加电缆输送机，并加设专用的拐弯滑车。在比较特殊的敷设地点，应根据具体情况增加电缆输送机。

（10）当敷设充油电缆时，应注意监视高、低端油压变化。位于地面电缆盘上油压应不低于最低允许油压，在隧道底部最低处电缆油压应不高于最高允许油压。

（11）隧道出入通行方便，安全门开启正常，安全出口应畅通，在公共区域露出地面的出入口、安全门、通风亭位置应安全合理，外观与周围环境相协调。

（12）隧道工作井人孔内径应不小于 800mm，在隧道交叉处设置的人孔不应垂直设在交叉处的正上方，应错开位置。深度较浅的电缆隧道应至少有两个以上的人孔，长距离一般每隔 100 ~ 200m 应设一人孔。设置人孔时，应综合考虑电缆施工敷设。在敷设电缆的地点设置两个人孔，一个用于电缆进入，另一个用于人员进出。近人孔处装设进出风口，在出风口处装设强迫排风装置。深度较深的电缆隧道，两端进出口一般与竖井相连接，并通常使用强迫排风管道装置进行通风。电缆隧道内的通风要求在夏季以不超过室外空气温度 10℃为原则。

七、电缆井技术要求

（1）电缆井应无倾斜、变形及塌陷现象。井壁立面应平整光滑，无突出铁钉、蜂窝等现象。电缆井内应平整干净。

（2）电缆井内上管孔与盖板间距宜在 20cm 以上。

（3）井盖应有防止侧滑、侧移措施。

（4）电缆井内应无其他产权单位管道穿越。

（5）电缆井尺寸应考虑电缆弯曲半径和满足接头安装的需要，电缆井高度应使工作人员能站立操作，电缆井底应有集水坑。

（6）电缆井井盖应有电力标志。

（7）井盖标高与人行道、慢车道、快车道等周边标高一致。

（8）电缆井应设独立的接地装置。

（9）电缆井高度超过 5.0m 时应设置多层平台或爬梯。

（10）电缆井顶盖板处应设置 2 个安全孔，人孔内径应不小于 800mm。

（11）电缆井应采用钢筋混凝土结构，设计使用年限不应低于 50 年；防水等级不应低于二级，隧道电缆井按隧道建设标准执行。

八、电缆桥架技术要求

（1）电缆桥架钢材应平直并进行防腐处理，连接螺栓应采用防盗型螺栓。

（2）电缆桥架两侧围栏应安装到位，在两侧悬挂“高压危险，禁止攀登”的警告牌。

（3）电缆桥架两侧基础保护帽应混凝土浇注到位。

（4）当直线段钢制电缆桥架超过30m、铝合金或玻璃钢制电缆桥架超过15m时，应有伸缩缝、连接宜采用伸缩连接板，电缆桥架跨越建筑物应设置伸缩缝。

（5）电缆桥架应有良好接地。

（6）电缆桥架转弯处应满足电缆允许弯曲半径要求。

（7）悬吊架设的电缆与桥梁架构之间的净距不应小于0.5m。

九、桥梁敷设技术要求

（1）敷设在桥梁上的电缆应加垫弹性材料制成的衬垫。桥墩两端和伸缩缝处应设置伸缩节，以防电缆由于桥梁结构胀缩而受到损伤。

（2）桥梁敷设电缆不宜选用铅包或铅护套电缆。

（3）敷设于木桥上的电缆应置于耐火材料制成的保护管或槽盒中。

十、水底电缆技术要求

（1）水底电缆应是整根电缆。当整根电缆超过制造厂制造能力时，可采用软接头连接。如水底电缆经受较大拉力时，应尽可能采用绞向相反的双层钢丝铠装电缆。

（2）通过河流的电缆应敷设于河床稳定及河岸很少受到冲损的地方。应尽量避开在码头、锚地、港湾、渡口及有船停泊处。

（3）水底电缆敷设应平放水底，不得悬空。条件允许时，应尽可能埋设在河床下，浅水区的埋深不宜小于0.5m，深水航道的埋深不宜小于2m。不能深埋时，应有防止外力破坏措施。

（4）水底电缆平行敷设时的间距不宜小于最高水位水深的 2 倍，埋入河床（海底）以下时，其间距按埋设方式或埋设机的工作活动能力确定。

（5）水底电缆引到岸上的部分应采取穿管或加保护盖板等保护措施，其保护范围：下端应为最低水位时船只搁浅及撑篙达不到之处；上端应直接进入护岸或河堤 1m 以上。

参考题

一、选择题

1. 在北方地区敷设高压电缆时，冬天平均温度（　　）以下，需要预先加热后再施工。

A. -10℃　　B. 0℃　　C. 10℃

2. 电缆敷设过程中应有良好的联动控制装置，以保证整个过程（　　）牵引。

A. 减速　　B. 匀速　　C. 加速

3. 电缆施工完成后应将越过的孔洞进行封堵，其目的是（　　）等。

A. 防晒、防水、防火　　B. 防晒、防火、防小动物

C. 防水、防火、防小动物

4. 电力电缆排管敷设的优点之一是（　　）。

A. 散热好　　B. 不用开挖路面　　C. 造价适中

5. 电力电缆与小河或小溪交叉时，（　　）。

A. 应平放于水底　　B 应穿管或埋入河床下足够深　　C. 应悬于水中

6. 电力电缆隧道敷设时，隧道高度一般为（　　）。

A. 1.8 ~ 2.2m　　B. 1.9 ~ 2m　　C. 2 ~ 2.5m

7. 对于 10kV 直埋电缆，自地面到电缆上面外皮的距离为（　　）。

A. 0.7m　　B. 1.0m　　C. 1.2m

8. 对于牵引力要求较大的电缆敷设地点，可采用输送机（　　）牵引的方式。

A. 单点　　B. 两点　　C. 多点

9. 机械敷设电缆的速度不宜超过（　　）。

A. 15m/min　　B. 20 m/min　　C. 25 m/min

10. 为减小电缆敷设过程中的牵引阻力，可沿线合理布置（　　）。

A. 固定点　　B. 支架　　C. 滑轮

二、判断题

1.35kV 及以上电缆明敷时，若采用水平敷设，应在直线段每隔 100m 处固定。（　　）

2. 变配电站电缆夹层及隧道内的电缆两端和拐弯处、直线距离每隔 100m 处应挂电缆标志牌，注明线路名称、相位等。（　　）

3. 当电力电缆路径与铁路交叉时，宜采用斜穿交叉方式布置。（　　）

4. 电缆敷设过程中应有良好的联动控制装置，以保证整个过程匀速牵引。（　　）

5. 电缆敷设过程中应选择合理的敷设牵引方向，一般从地理位置低的一端向高的一端敷设。（　　）

6. 电缆路径与建筑物之间的最小水平净距应符合国家标准的规定。（　　）

7. 电缆在桥上架设时，除对其金属护层有绝缘要求外，还应与桥梁钢架保持绝缘。（　　）

8. 电力电缆排管敷设时，管径应不小于 100mm。（　　）

9. 电力电缆通常是缠绕在电缆盘上进行运输、保管。（　　）

10. 吊装电缆时，电缆盘距地面 20 ~ 50cm 时，应暂停，检视一切正常再行作业。（　　）

CHAPTER NINE

第九章

电力电缆附件

本章介绍了电力电缆附件的作用及分类，各种终端和中间接头的形式及结构，详细讲解了部分电缆头制作的步骤和要求，最后讲述了电缆试验的相关规定和要求。

第一节 电力电缆附件的作用及分类

电缆附件主要分为终端和中间接头两大类。

一、电力电缆终端

1. 电缆终端的定义

电缆终端是安装在电缆线路的首末两端，用以完成电缆与其他电气设备连接的装置。

2. 电缆终端的作用

（1）通过接线端子使电缆与架空导线或其他电气设备形成电气连接。

（2）改善电缆终端的电场分布，实现电应力的有效控制。

（3）通过终端的密封处理实现电缆的密封，免受潮气等外部环境的影响。

（4）利用终端的接地线组成电缆线路的接地系统。

3. 电缆终端分类

（1）电缆终端可分为户外终端、户内终端、GIS 终端、设备终端等。

（2）电缆终端按其不同特性的材料分以下几种：

1）绕包式：用绝缘包带绕包电缆应力锥，一般用于 35kV 及以下电缆终端上。

2）浇注式：用液体或加热后呈液态的绝缘材料作为终端的主绝缘，浇注在现场装配好的壳体内，一般用于 10kV 及以下的油纸电缆终端中。

3）模塑式：用辐照聚乙烯或化学交联带，在现场绕包于处理好的交联电缆上，然后套上模具加热或同时再加压，从而使包裹和电缆的本体绝缘形成一体，一般用于 35kV 及以下交联电缆的终端上，但由于其工艺复杂，制作要求较高，影响了实际应用。

4）热缩式：用高分子材料加工成绝缘管、应力管、伞裙等在现场经装配加热能紧缩在电缆绝缘线芯上的终端。

5）冷缩式：用乙丙橡胶、硅橡胶制作的附件管材，经厂内扩张后，内壁用螺旋型尼龙条支撑，现场安装时只需要拉去支撑尼龙条，附件管材就紧缩在电缆绝缘线芯上，一般用于 35kV 及以下电缆线路中。

6）预制式：用乙丙橡胶、硅橡胶或三元乙丙橡胶制作的应力锥、绝缘套管及接地屏蔽层等各电缆附件，现场只需将电缆绝缘做简单的剥切后，即可进行附件安装。

当前电力工程中使用最普遍的是热缩式、冷缩式和预制式三种类型的终端。

4. 电缆终端的电应力控制

电应力控制就是指对电力电缆附件里电场分布及电场强度的控制，也就是采取适当的措施，使最大电场强度控制在允许范围以内，让电场尽量分布均匀，从而提高电缆附件运行的可靠性。

制作电缆终端头必须将电缆的内护套、绝缘层以及半导电屏蔽层切断，切开后原电缆绝缘层内部的电场分布，使电场发生畸变。如图 9–1 所示为电缆终端切开处的电场分布图，图中左边去除了电缆的金属护套，右边同时去除了电缆的金属护套和绝缘层。

由图 9–1 可见，电缆终端切开处电场不仅有垂直于绝缘层方向的径向分量，还产生了沿绝缘层方向的轴向分量，沿电缆长度方向电场分布也不均匀，集中在线芯、金属护套边缘，在靠近金属护套边缘处电场强度最大，轴向电场最强。

对于终端来说，电场畸变最严重处为金属护套断开处。为了改善金属护套断开处的电场分布，解决方法通常有几何法（采用应力锥）和参数法（采用高介电常数材料）两种。在高压或超高压电缆附件上，还可采用电容锥的方法缓解绝缘屏蔽层切断点的电场强度集中问题。

应力锥是最常见的改善局部电场分布的方法，从电气的角度上看，也是最可靠有效的方法。应力锥通过将绝缘屏蔽层的切断点进行延伸，使零电位形成喇叭状，改善绝缘屏蔽层的电场分布。在中低压电缆终端中，制作应力锥一般采用自金属护套边缘起绕包绝缘带（或者套橡塑预制件），使得金属护套边缘

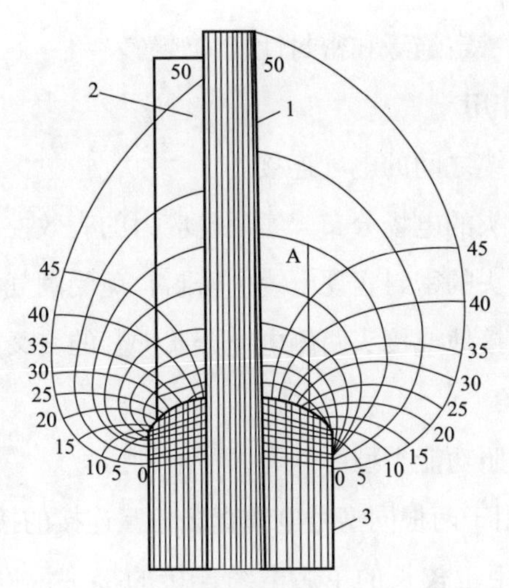

图 9-1 电缆终端切开处的电场分布图

1—线芯；2—电绝缘层；3—金属护套

注：图中的数值是等位线，代表占全电压的比例。

到增绕绝缘外表之间形成一个过渡锥面的构成件的方法；在高压电缆附件中，则采用由工厂生产的预制应力锥，这种应力锥锥面精度更高，改善局部电场分布的效果更优异；高压充油电缆终端采用电容锥来强制轴向场强的均匀分布。

随着高分子材料的发展，不仅可以用形状来解决电缆切断点电场集中分布的问题，还可以采用提高周围介质的介电常数解决绝缘屏蔽层切断点电场集中分布的问题。10 ~ 35kV 交联聚乙烯电缆终端，可用高介电常数材料制成的应力管代替应力锥，从而简化了现场安装工艺，并缩小了终端外形尺寸。应力控制管的应用，要兼顾应力控制和体积电阻两项技术要求，虽然在理论上介电常数越高越好，但是介电常数过大引起的电容电流也会产生热量，会促使应力控制管老化，一般推荐介电常数取 25 ~ 30，体积电阻率控制在 106 ~ 108Ω · m。

二、电力电缆中间接头

1. 中间接头的定义

中间接头是安装在电缆与电缆之间，使两根及以上电缆导体连通，使之形成连续电缆并具有一定绝缘和密封性能的装置。

2. 中间接头的作用

（1）实现两根电缆之间的电气连接。

（2）改善中间接头的电场分布，实现电应力的有效控制。

（3）通过中间接头的密封实现电缆的密封，免受潮气等外部环境的影响。

（4）实现电缆的接地或接头两侧电缆金属护套的交叉互联。

3. 中间接头分类

（1）中间接头按照功能类型可分为以下七种。

1）直通接头：用于两根同型号电缆直接相互连接的接头。

2）绝缘接头：用于较长的单芯电缆连接的接头，将导体连通，而将金属护套、接地屏蔽层和绝缘屏蔽层在电气上断开并将金属护套进行交叉互联，降低金属护套感应电压，减小环流。

3）塞止接头：用于充油电缆的接头，将电缆油道在接头处隔断，使其不能相互流通，能防止电缆故障时漏油扩大到整条电缆线路。

4）分支接头：用于将三根或四根电缆相互连接的接头。

5）过渡接头：用于两种不同类型绝缘材料或不同导体截面积的电缆连接的接头。

6）转换接头：用于将不同芯数的两段电缆连接的接头。

7）软接头：允许弯曲呈弧形状的接头统称为软接头，主要用于大长度水底电缆。

（2）中间接头按其不同特性的材料也分为热缩式、冷缩式、预制式（分整体预制和组装预制）、绕包式（分带材绕包与成型纸卷绕包两种）、浇注（树脂）式、模塑式6种类型。当前电力工程中使用最普遍的是热缩式、冷缩式和预制式接头。

4. 电缆中间接头的电应力控制

对于电缆中间接头，不仅要控制电缆金属护套切断处的电应力分布，还要解决绝缘屏蔽层割断处应力集中的问题。电缆金属护套切断处电应力的控制与电缆终端头方法相同，解决绝缘屏蔽层割断处应力集中，传统有效的办法是切削反应力锥，也俗称为切削“铅笔头”。将绝缘末端切削成与应力锥曲面相对应的反方向锥形曲面，以此来有效控制电缆本体绝缘末端的轴向场强。反应力锥是接头中填充绝缘和电缆本体绝缘的交界面，这个交界面是电缆接头的薄弱环节，如果设计或安装时没有处理好，容易发生沿着反应力锥锥面的移滑击穿。

非线性电阻材料是近期发展起来的一种新型材料，也可用于解决电缆绝缘屏蔽层切断点电场集中分布的问题。非线性电阻材料具有对不同的电压有变化电阻值的特性，当电压很低的时候，呈现出较大的电阻性能；当电压很高的时候，呈现较小的电阻。采用非线性电阻材料可以制成应力控制管，也可制成非线性电阻片（应力控制片），直接绕包在电缆绝缘屏蔽层切断点上，缓解应力集中问题。

三、对电缆附件的技术要求

1. 绝缘性能良好

电缆附件绝缘的耐压强度不应低于电缆本身，要能够满足电缆线路在各种状况下长期安全运行的要求。户外终端的外绝缘必须满足装置环境条件（如污秽等级、海拔等）的要求，选择合适的泄漏比距，满足干闪、湿闪、爬电距离等。有机材料作为外绝缘时，还应考虑漏电痕迹、抗腐蚀性、自然老化等，此外还有热老化问题，电缆附件除了考虑介质损耗发热外，还应考虑导体连接不良发热、热阻率和散热能力等因素。否则，即使再好的绝缘，若热量散不出去造成局部热量集中，当这个热量达到材料的最高极限时会造成材料软化或分解，从而使绝缘出现热击穿。

2. 结构合理，密封可靠

完善可靠的密封，对于确保电缆附件的绝缘性能是极为重要的。密封质量的优劣在很大程度上决定了电缆附件的使用寿命。良好的密封结构，可以有效地防止外界水分、潮气或有害物质侵入绝缘，并能够有效防止附件中绝缘剂的流失。此外，电缆附件采用合理的结构可以有效避免出现电场集中，尤其对于110kV等高电压等级电缆更为重要。

3. 导体连接良好

导体连接包括电缆接头中导体与导体的连接，终端头中导体与接线端子的连接，其连接要满足：

（1）接触电阻小而且稳定。包括连接金具在内的一定长度试样的电阻应不大于相同长度电缆导体的电阻。经运行后，连接处电阻与相同长度导体电阻得比值不应大于1.2倍。

（2）有足够的机械强度。对于固定敷设的电缆，其连接点的抗拉强度应不低于电缆导体本身抗拉强度的60%。

（3）能够经受一定次数的短路冲击。

（4）具有耐振动和耐腐蚀性能。

4. 机械强度足够

电缆终端和中间接头在安装和运行状态下都会受到外力作用，尤其是110kV及以上电缆附件，受到的热机械力很大。此外，户外终端的机械强度应满足使用环境下的风力、地震等的要求，并能承受和它连接导线上的拉力。中间接头应有保护盒，避免接头受到机械外力损伤和腐蚀。

第二节 各种终端和中间接头的形式及结构

一、电力电缆终端

1. 中、低压电缆终端

中、低压电缆终端主要分为户内终端、户外终端和设备终端。

户内终端：安装在室内环境下使电缆与供用电设备相连接，在既不受阳光直接辐射，又不暴露在大气环境下使用的终端。

户外终端：安装在室外环境下使电缆与架空线或其他室外电气设备相连接，在受阳光直接辐射或暴露在大气环境下使用的终端。

设备终端（固定式和可分离式两类）：电缆直接与电气设备相连接，高压导体处于全绝缘状态而不暴露在空气中的终端。

（1）热收缩型电缆终端。热收缩型电缆终端是以聚合物为基本材料而制成所需要的形状，经过交联工艺使聚合物的线性分子变成网状结构的体型分子经加热扩张至规定尺寸，再加热能自行收缩到预定尺寸的电缆终端。如图 9–2 所示为热收缩户内终端，图 9–3 所示为热收缩户外终端。

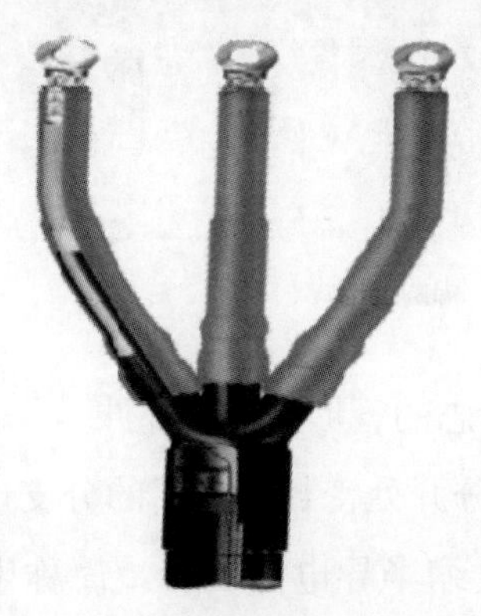

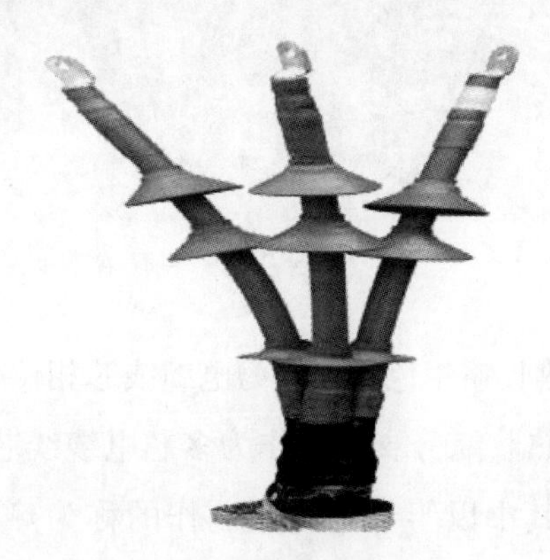

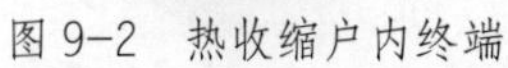

图 9–2　热收缩户内终端　　图 9–3　热收缩户外终端

1）组成部件：挤包绝缘电缆热收缩型终端的组成部件如图 9–4 所示，主要有：

a. 热收缩绝缘管：作为电气绝缘用的管形热收缩部件。

b. 热收缩半导电管：体积电阻系数为 1 ~ 10Ω · m 的管形热收缩部件。

c. 热收缩应力控制管：具有相应要求的介电系数和体积电阻系数、能均匀电缆端部和接头处电场集中的管形热收缩部件。

d. 热收缩耐油管：对使用中长期接触的油类具有良好耐受能力的管形热收缩部件。

e. 热收缩护套管：作为密封，并具有一定的机械保护作用的管形热收缩部件。

图 9-4 热收缩型电缆终端的主要部件

f. 热收缩相色管：作为电缆线芯相位标志的管形热收缩部件。

g. 热收缩分支套：作为多芯电缆线芯分开处密封保护用的分支形热收缩部件，其中以半导电材料制作的称为热收缩半导电分支套（简称半导电分支套）。

h. 热收缩雨裙：用于电缆户外终端，增加泄漏距离和湿闪络距离的伞形热收缩部件。

i. 热熔胶：为加热熔化黏合的胶黏材料，与热收缩部件配用，以保证加热收缩后界面紧密黏合，起到密封、防漏和防潮作用的胶状物。

j. 填充胶：与热收缩部件配用，填充收缩后界面结合处空隙部的胶状物。

上述各种类型的热收缩部件，在制造厂内已经通过加热扩张成所需要的形状和尺寸并经冷却定型。使用时经加热可以迅速地收缩到扩张前的尺寸，加热收缩后的热收缩部件可紧密地包敷在各种部件上组装成各种类型的热收缩电缆终端。

2）一般技术要求：热收缩电缆终端是用热收缩材料代替瓷套和壳体，以具有特征参数的热收缩管改善电缆终端的电场分布，以软质弹性胶填充内部空隙，用热熔胶进行密封，从而获得了体积小、重量轻、安装方便、性能优良的热收缩电缆终端。

热收缩型电缆终端除应符合 GB 12706 额定电压 1kV（U_m = 1.2kV）到 35kV（U_m = 40.5kV）挤包绝缘电力电缆及附件有关要求外，还应符合下列规定：

a. 所有热收缩部件表面应无材质和工艺不良引起的斑痕和凹坑，热收缩部件内壁应根据电缆终端的具体要求确定是否需涂热熔胶。凡涂热熔胶的热收缩部件，要求胶层均匀，且在规定的贮存条件和运输条件下，胶层应不流淌，不相互黏搭，在加热收缩后不会产生气隙。

b. 热收缩管形部件的壁厚不均匀度应不大于 30%。

c. 热收缩管形部件收缩前与在非限制条件下收缩（即自由收缩）后纵向变化率应不大于 5%，径向收缩率应不小于 50%。

d. 热收缩部件在限制性收缩时不得有裂纹或开裂现象，在规定的耐受电压方式下不击穿。

e. 热收缩部件的收缩温度应为 120 ~ 140℃。

f. 填充胶应是带材型。填充胶带应采用与其不黏结的材料隔开，以便于操作。在规定的贮存条件下，填充胶应不流淌、不脆裂。

g. 热收缩部件和热熔胶、填充胶的允许贮存期，在环境温度不高于 35℃时，应不少于 24 个月。在贮存期内，应保证其性能符合技术要求规定。

h. 户外终端所用的外绝缘材料应具有耐大气老化及耐漏电痕迹和耐电蚀性能。

（2）冷收缩型电缆终端。冷收缩型电缆终端，通常是用弹性较好的橡胶材料（常用的有硅橡胶和乙丙橡胶）在工厂内注射成各种电缆终端的部件并硫化成型，之后再将内径扩张并衬以螺旋状的尼龙支撑条以保持扩张后的内径。

现场安装时，将这些预扩张件套在经过处理后的电缆末端，抽出螺旋状的尼龙支撑条，橡胶件就会收缩紧压在电缆绝缘上。由于它是在常温下靠弹性回缩力，而不是像热收缩电缆终端要用火加热收缩，故称为冷收缩型电缆终端。如图 9–5 所示为冷缩户内终端，图 9–6 为冷缩户外终端。

图 9–5　冷缩户内终端

图 9–6　冷缩户外终端

1）组成部件：

a. 终端主体。采用带内、外半导电屏蔽层和应力控制为一体的冷收缩绝缘件。

b. 绝缘管。

c. 半导电自黏带。

d. 分支手套。

2）冷收缩型电缆终端具有以下特点：

a. 冷收缩型电缆终端采用硅橡胶或乙丙橡胶材料制成，抗电晕及耐腐蚀性能强，电性能优良，使用寿命长。

b. 安装工艺简单，安装时，无需专用工具，无需用火加热。

c. 冷收缩型电缆终端产品的通用范围宽，一种规格可适用多种电缆线径，因此冷收缩型电缆终端产品的规格较少，容易选择和管理。

d. 与热收缩型电缆终端相比，除了它在安装时可以不用火加热从而更适用于不宜引入火种的场所安装外，冷收缩型电缆终端是靠橡胶材料的弹性压紧力紧密贴附在电缆本体上，在安装以后挪动或弯曲时也不会像热收缩型电缆终端那样容易在终端内部层间出现层隙的危险。

e. 与预制型电缆终端相比，虽然两者都是靠橡胶材料的弹性压紧力来保证内部界面特性，但是冷收缩型电缆终端不需要像预制型电缆终端那样与电缆截面一一对应，规格比预制型电缆终端少。另外，在安装到电缆上之前，预制型电缆终端的部件是没有张力的，而冷收缩型电缆终端是处于高张力状态下，因此必须保证在贮存期内，冷收缩型部件不能有明显的永久变形或弹性应力松弛，否则安装在电缆上以后不能保证有足够的弹性压紧力，从而不能保证良好的界面特性。

（3）预制型电缆终端。预制型电缆终端，又称预制件装配式电缆终端。经过 30 多年的发展，预制型终端目前已经成为国内外使用最普遍的电缆终端之一。预制型终端不仅在中低电压等级中普遍使用，在高压和超高压电压等级中也已逐渐成为主导产品。预制型电缆终端与冷缩型电缆终端在结构上是一样的，如图 9-7 所示是预制型户内终端，图 9-8 所示是预制型户外终端。预制型电缆终端还可以做成肘形电缆终端，如图 9-9 所示是肘形电缆终端。

图 9-7　预制型户内终端

图 9-8　预制型户外终端

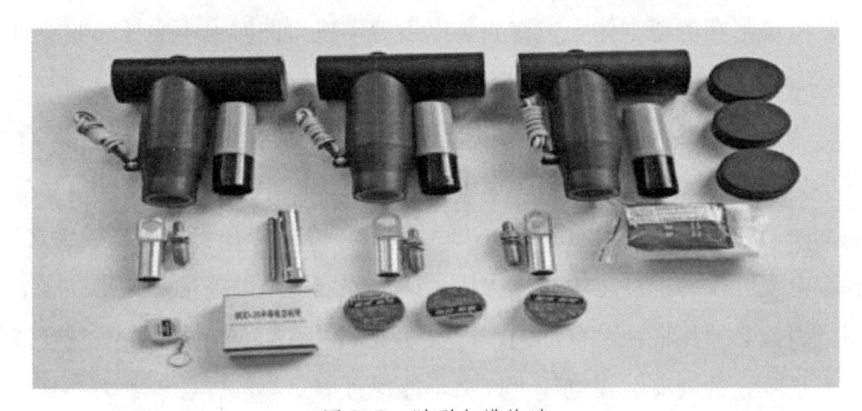

图 9-9　肘形电缆终端

预制型电缆终端是将电缆终端的绝缘体、内屏蔽和外屏蔽在工厂里预先制作成一个完整的预制件的电缆终端。预制件通常采用三元乙丙橡胶（EPDM）或硅橡胶（SIR）制造，将混炼好的橡胶料用注橡机注射入模具内，而后在高温、高压或常温、高压下硫化成型。因此，预制型电缆终端在现场安装时，只需将橡胶预制件套入电缆绝缘上即可。

1）组成：

a. 终端主体：采用内、外半导电屏蔽层和应力控制为一体的预制橡胶绝缘件。

b. 绝缘管：用于户内、外终端，为热缩或冷缩型。

c. 半导电自黏带。

d. 分支手套：用于户内、外终端，为热缩或冷缩型。

e. 肘形绝缘套，为预制橡胶绝缘件。

2）特点：鉴于硅橡胶的综合性能优良，在35kV及以下电压等级中，绝大部分的预制型终端都是采用硅橡胶制造。这类终端具有体积小、性能可靠、安装方便、使用寿命长等特点。所有橡胶预制件内外表面应光滑，不应有肉眼可见的瘢痕、突起、凹坑和裂纹。

a. 这种电缆终端采用经过精确设计计算的应力锥控制电场分布，并在制造厂用精密的橡胶加工设备一次注塑成型。因此，它的形状和尺寸得到最大限度的保证，产品质量稳定，性能可靠，现场安装十分方便。与绕包型、热缩型等现场制作成型的电缆终端比较，安装质量更容易保证，对现场施工条件、接头工作人员作业水平等的要求较低。

b. 硅橡胶的主链是由硅－氧（Si–O）键组成的，它是目前工业规模生产的大分子主链不含碳分子的一类橡胶，具有无机材料的特征，抗漏电痕迹性能好、耐电晕性能好、耐电蚀性能好。

c. 硅橡胶的耐热、耐寒性能优越，在－80～250℃宽广的使用范围内电性能、物理性能、机械性能稳定。其次硅橡胶还具有良好的憎水性，水分在其表面不形成水膜而是聚集成珠，且吸水性小于0. 015%，同时其憎水性对表面灰尘具有迁移性，因此抗湿闪、抗污闪性能好。另外硅橡胶的抗紫外线、抗老化性能好，因此硅橡胶预制型终端能运用于各种恶劣环境中，如极端温度环境、潮湿环境、沿海盐雾环境、严重污秽环境等。

d. 硅橡胶的弹性好。电缆与电缆终端的界面结合紧密可靠，不会因为热胀冷缩而使界面分离形成空隙或气泡。与热缩型电缆终端比较，由于热缩材料没有弹性，靠热熔胶与电缆绝缘表面黏合，运行时随着负荷变化而产生的热胀冷缩会使电缆与电缆终端的界面分离而产生空隙或气泡，导致内爬电击穿。此外，热缩终端安装后如果电缆揉动、弯曲可能造成各热缩部件脱开形

成层隙而引起局部放电的问题，预制型终端安装后完全可以揉动、弯曲，而几乎不影响其界面特性

e. 硅橡胶的导热性能好，其导热系数是一般橡胶的两倍。在电缆终端内有两大热源，一是导体电阻（包括导体连接的接触电阻）损耗，二是绝缘材料的介损。它们将影响终端的安全运行和使用寿命。硅橡胶良好的导热性能有利于电缆终端散热和提高载流量，减弱热场造成的不利影响。

2. 110kV 及以上电压等级的电缆终端

110kV 及以上交联电缆终端的主要类型有户内终端、户外终端、GIS 终端和变压器终端，户内终端和户外终端可统称为空气终端。交联聚乙烯电缆终端主要型式为预制橡胶应力锥终端，更高电压等级的交联电缆终端采用硅油浸渍薄膜电容锥终端（简称电容锥终端）。

（1）空气终端。

1）适用范围。交联聚乙烯绝缘电缆空气终端适用于户内、外环境，户外终端外绝缘污秽等级分 4 级，分别以 1、2、3、4 数字表示。

空气终端按外绝缘类型来说，主要分为瓷套管空气终端（如图 9-10 所示）、复合套管空气终端（如图 9-11 所示）、柔性空气终端（如图 9-12 所示）。

2）组成部件。

a. 瓷套管空气终端组成部件：瓷套管、预制应力锥主体、出线夹具、出线杆、均压罩、聚异丁烯绝缘油、安装固定板、支撑绝缘子、接线端子、各种密封圈、各种带材。

b. 复合套管空气终端组成部件：复合套管、预制应力锥主体、出线夹具、出线杆、均压罩、聚异丁烯绝缘油、安装固定板、支撑绝缘子、接线端子、各种密封圈、各种带材。

c. 柔性空气终端组成部件：预制干式终端主体、出线杆、均压罩、锁紧螺母、尾管、接线端子、密封圈、各种带材。

（2）GIS 终端和变压器终端。

1）GIS 终端和变压器终端在结构上是基本相同的。分为填充绝缘剂式

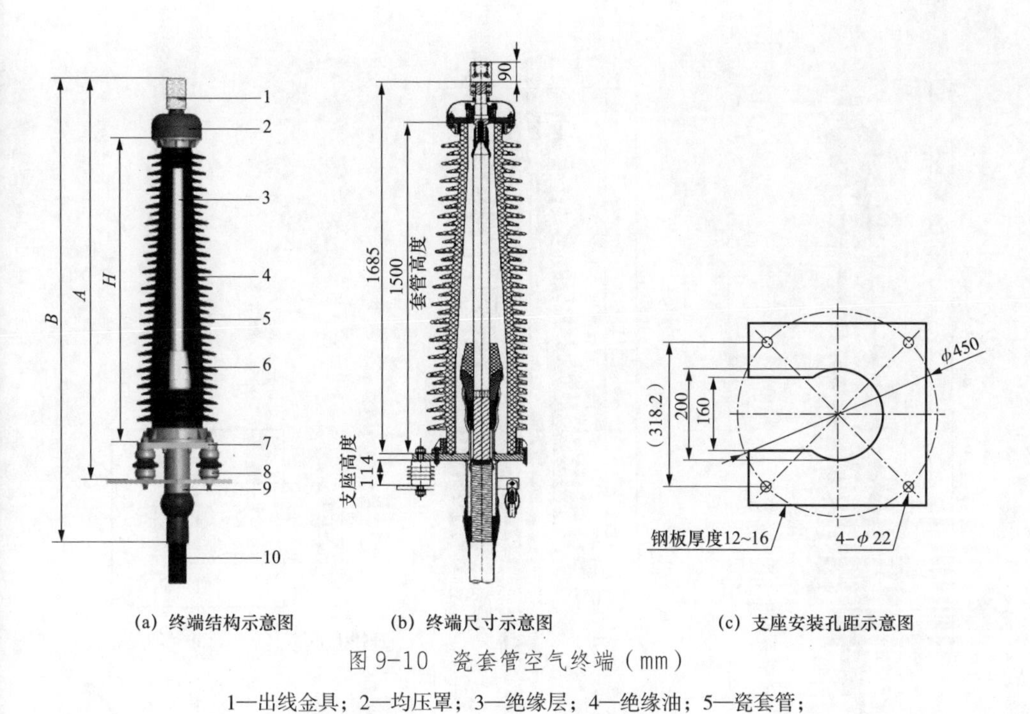

图 9-10 瓷套管空气终端（mm）

1—出线金具；2—均压罩；3—绝缘层；4—绝缘油；5—瓷套管；6—应力锥；7—安装底板；8—支撑绝缘子；9—尾管；10—电缆；*A*—出线金具顶部到支座底部的高度；*B*—出线金具顶部到电缆本体与终端分界面的高度；*H*—套管高度

和全干式，填充绝缘剂分为绝缘油和四氟化硫气体。当填充绝缘油时可以外挂油罐，也可以不挂，挂油罐的好处是可以随时观察绝缘剂的情况，当填充四氟化硫气体时，可以与 GIS 仓或变压器仓相连通。终端外绝缘四氟化硫最低气压为 0.25MPa（表压，对应 20℃温度），通常为 0.4MPa。变压器终端也可以运行于变压器仓的变压器油中。终端还可以分为普通终端、插拔式终端（如图 9-13 所示）。所谓普通终端是指整个终端制作安装完成以后，再整体穿入 GIS 仓或变压器仓。所谓插拔式终端是指先把环氧套管穿入 GIS 仓或变压器仓，再把准备好的电缆等穿入环氧套管，这样做的好处是电缆终端安装与电气设备安装可以各自独立进行，互不影响，有利于保证工程工期。

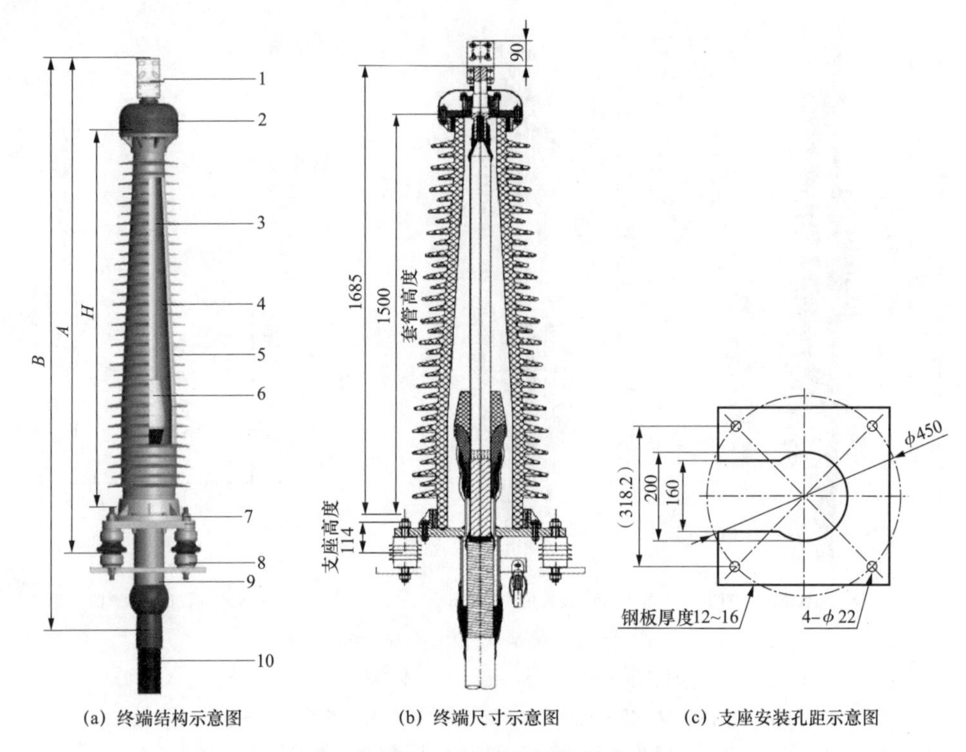

(a) 终端结构示意图　(b) 终端尺寸示意图　(c) 支座安装孔距示意图

图 9-11　复合套管空气终端（mm）

1—出线金具；2—均压罩；3—绝缘层；4—绝缘油；5—复合套管；
6—应力锥；7—安装底板；8—支撑绝缘子；9—尾管；10—电缆；
A—出线金具顶部到支座底部的高度；*B*—出线金具顶部到电缆本体与终端分界面的高度；*H*—套管高度

2）组成部件。

a. 普通终端：预制应力锥 、应力锥托、环氧套管、尾管、接线端子、各种密封圈、各种带材。

b. 插拔式终端：预制应力锥 、应力锥托、环氧套管、尾管、插拔杆、止动套、固定法兰、弹簧、弹簧压板、各种螺杆、接线端子、各种密封圈、各种带材。

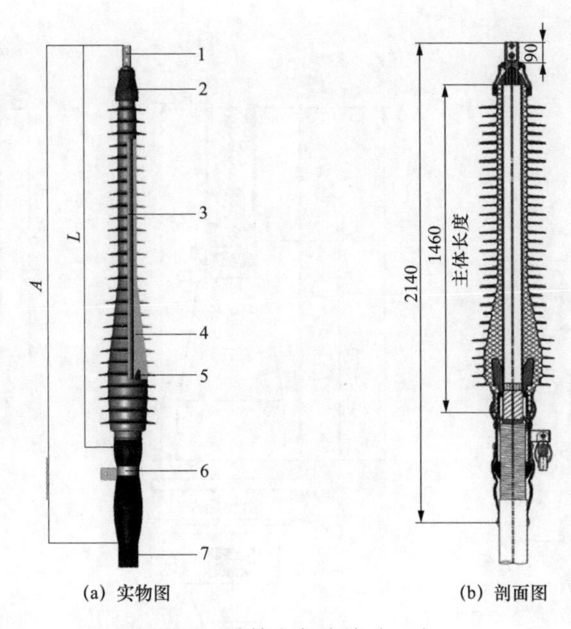

(a) 实物图　　(b) 剖面图

图 9-12　柔性空气终端（mm）

1—出线金具；2—均压罩；3—绝缘层；4—预制主体；5—应力锥；6—尾管；7—电缆

二、电力电缆中间接头

1. 中、低压电缆中间接头

（1）热缩中间接头的组成部件。

1）热收缩绝缘管：作为电气绝缘用的管形热收缩部件。

2）热收缩半导电管：体积电阻系数为 1 ~ 100Ω · m 的管形热收缩部件。

3）热收缩应力控制管：具有相应要求的介电系数和体积电阻系数，能均匀中间接头电场集中的管形热收缩部件。

4）热收缩耐油管：对使用中长期接触的油类具有良好耐受能力的管形热收缩部件。

5）热收缩护套管：作为密封，并具有一定的机械保护作用的管形热收缩部件。

6）热熔胶：为加热熔化黏合的胶黏材料，与热收缩部件配用，以保证加

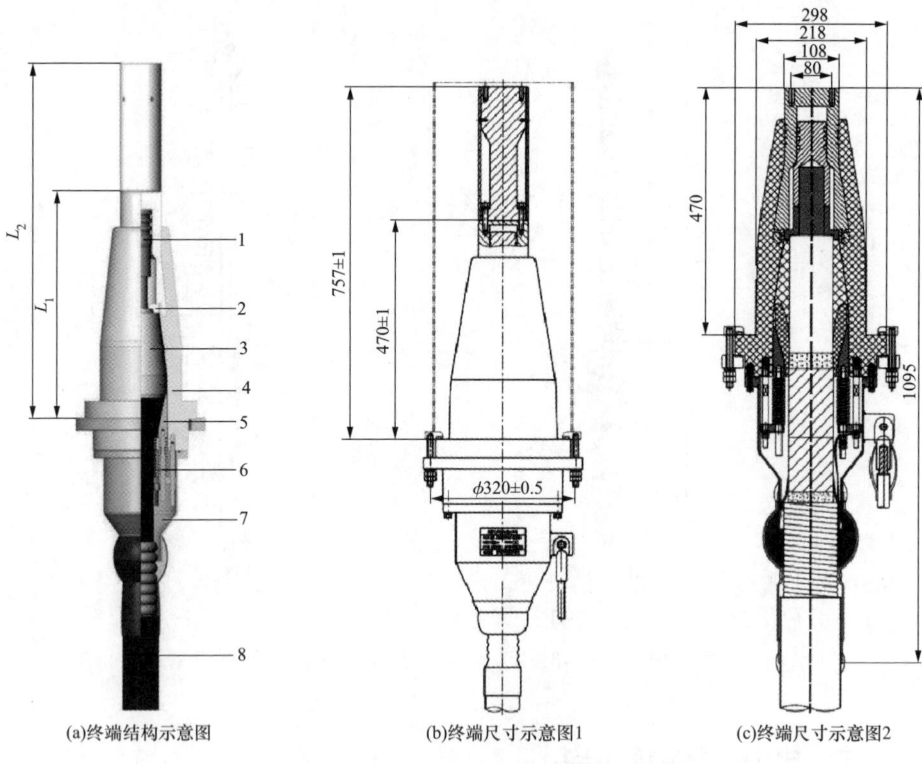

图 9-13　插拔式终端（mm）

1—插拔杆；2—止动套；3—应力锥主体；4—环氧套筒；5—锥托；6—压缩金具；7—尾管；8—电缆；L_1—出线预留电缆主绝缘顶部到锥托的高度；L_2—出线插拔杆顶部到锥托的调度

热收缩后界面紧密黏合，起到密封、防漏和防潮作用的胶状物。

7）填充胶：与热收缩部件配用，填充收缩后界面结合处空隙部的胶状物。

（2）冷缩中间接头的组成部件。如图 9-14 所示是其主要部件绝缘主体。

图 9-14　冷缩中间接头绝缘主体

1）接头主体。采用内、外半导电屏蔽层和应力控制为一体的冷收缩绝缘件。

2）绝缘管。

3）半导电自黏带。

（3）预制中间接头组成部件。如图 9-15 所示是其主要部件绝缘主体。

1）终端主体。采用带内、外半导电屏蔽层和应力控制为一体的预制橡胶绝缘件。

2）热缩或冷缩型绝缘管或绝缘带。

3）半导电自黏带。

图 9-15　预制中间接头绝缘主体

2. 110kV 及以上电压等级的中间接头

110kV 及以上交联电缆中间接头，按照它的功能，以将电缆金属护套、接地屏蔽和绝缘屏蔽在电气上断开或连通分为两种中间接头，电气上断开的称为绝缘接头，电气上连通的称为直通接头。无论是绝缘接头还是直通接头，按照它的绝缘结构区分有绕包型接头、包带模塑型接头、挤塑模塑型接头、预制型接头等类型。目前在电缆线路上应用最广泛的是预制型中间接头。

110kV 及以上交联电缆的预制型中间接头用得较多的有两种结构。

（1）组装式预制型中间接头。组装式预制型中间接头是由一个以浇铸成型的环氧树脂作为中间接头中段绝缘和两端以弹簧压紧的橡胶预制应力锥组成的中间接头。两侧应力锥靠弹簧支撑，接头内无需充气或填充绝缘剂。这种中间接头的主要绝缘都是在制造时预制的，现场主要是组装工作，与绕包型和模塑型中间接头比较，对安装工艺的依赖性相对较低。但是由于在结构中采用多种不同材料制成的组件存在大量界面，这种界面通常是绝缘上的弱点，因此现场安装工作的难度也较高。由于中间接头绝缘由三段组成，因此在出厂时无法进行整体绝缘的出厂试验。如图 9-16 所示为组装式预制型中间接头的基本结构。

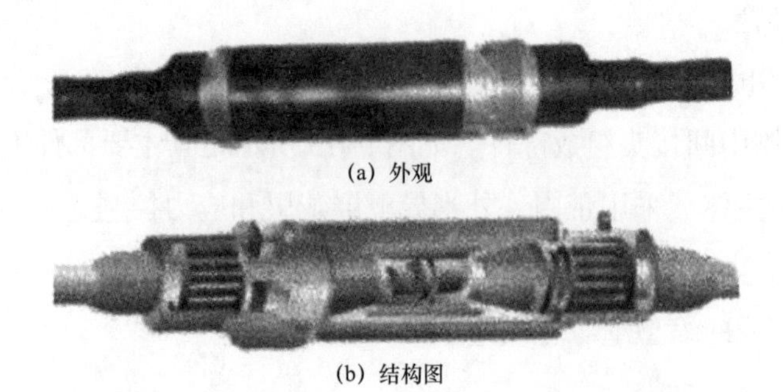

(a) 外观

(b) 结构图

图 9-16　组装式预制型中间接头的基本结构

（2）整体预制型中间接头。整体预制型中间接头是将中间接头的半导电内屏蔽、主绝缘、应力锥和半导电外屏蔽在制造时预制成一个整体的中间接头预制件。与上述组装式预制型中间接头比较，它的材料是单一的橡胶，因此没有存在大量界面的情况，现场安装时，只需要将整体的中间接头预制件套在电缆绝缘上。安装过程中，中间接头预制件和电缆绝缘的界面暴露的时间短，接头工艺简单，安装时间也短。由于接头绝缘是一个整体的预制件，接头绝缘可以做出厂试验来检验制造质量。

整体预制型中间接头安装方便、性能可靠，现已大量使用。根据中间接头主体（应力锥）安装方式的不同，可以分为套入式、现场扩张式和工厂扩张式。如图 9-17 所示为交联聚乙烯绝缘电缆整体预制型绝缘接头的结构，图 9-18 所示为交联聚乙烯绝缘电缆整体预制型直通接头的结

图 9-17　整体预制型绝缘接头的结构

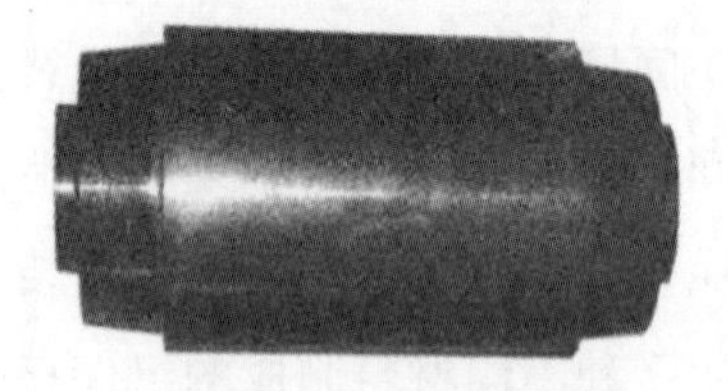

图 9-18　整体预制型直通接头的结构

构，图 9–19 所示为交联聚乙烯绝缘电缆整体预制中间接头预制件的内部结构。

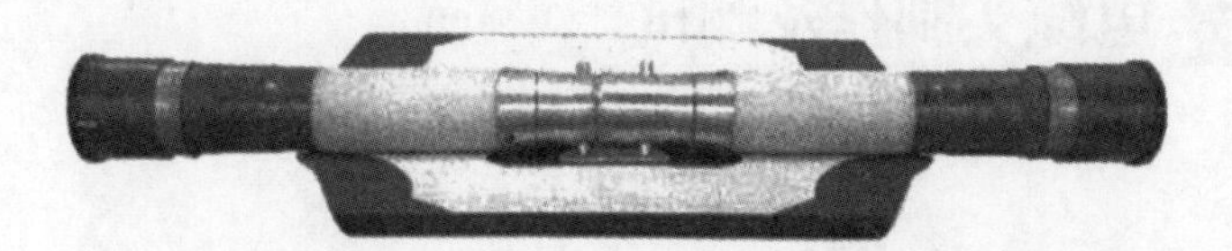

图 9–19　整体预制中间接头预制件的内部结构

绝缘接头和直通接头的组成部件是基本相同的，主要区别在于绝缘接头的预制件的外屏蔽是断开的，有一个绝缘隔断，两侧铜保护壳之间装有绝缘子或绝缘衬垫，而直通接头没有。主要组成部件有：①连接管和屏蔽罩；②预制件；③铜保护壳；④绝缘子或绝缘衬垫（绝缘接头）；⑤可固化绝缘填充剂；⑥玻璃钢保护外壳（直埋电缆）；⑦接地编织带；⑧各种带材；⑨封铅或环氧树脂密封料。

图 9–20 所示是绝缘接头的各组成部件。

图 9–20　绝缘接头的各组成部件

第三节 电缆头制作及测试

各式电缆终端头和中间接头种类繁多，但制作工艺都大同小异，现以目前广泛使用的交联聚乙烯绝缘电力电缆为例，分别介绍 10 ~ 35kV 三芯电缆和 66 ~ 220kV 单芯电缆各类接头的基本制作方法。

一、10 ~ 35kV 交联聚乙烯绝缘电力电缆热缩终端头制作

1. 安装环境要求

安装电缆终端头时，必须严格控制施工现场的温度、湿度与清洁程度。温度宜控制在 0 ~ 35℃，当温度超出允许范围时，应采取适当措施。相对湿度应控制在 70% 及以下。在户外施工应搭建施工棚，施工现场应有足够的空间，满足电缆弯曲半径和安装操作需要，施工现场安全措施应齐备。

2. 安装前的准备工作

（1）附件材料验收。电缆附件规格应与电缆一致。零部件应齐全无损伤。绝缘材料不得受潮。密封材料不得失效，壳体结构附件应预先组装，内壁清洁。

（2）工器具检查。施工前，应做好施工用工器具检查，确保施工用工器具齐全完好，便于操作，状况清洁。做好施工用电源及照明检查，确保施工用电源与照明设备符合相关安全规程，能够正常工作。

3. 剥除外护套、铠装、内护套及填料

（1）安装电缆终端头时，应尽量垂直固定电缆，为防止损伤外护套，支持卡子与电缆间应加衬垫。对于大截面积电缆终端头，建议在杆塔上进行制作，以免在地面制作后吊装时造成线芯伸缩错位，三相长短不一，使分支手套局部受力损坏。10kV 电力电缆热缩终端头剥切示意图如图 9-21 所示。

（2）剥除外护套。应分两次进行，以避免电缆铠装层铠装松散。先将电缆末端外护套保留 100mm。然后按规定尺寸剥除外护套，要求断口平整。外护套断口以下 100mm 部分用砂纸打毛并清洗干净，以保证分支手套定位后，密封性能可靠。

（3）剥除铠装。按规定尺寸在铠装上绑扎铜线，绑线的缠绕方向应与铠装的缠绕方向一致，使铠装越绑越紧不致松散。绑线用 ϕ2.0mm 的铜线，每道 3～4 匝。锯铠装时，其圆周锯痕深度应均匀，不得锯透，不得损伤内护套。剥铠装时，应首先沿锯痕将铠装卷断，铠装断开后再向电缆终端头剥除。

（4）剥除内护套及填料。在应剥除内护套处用刀子横向切一环形痕，深度不超过内护套厚度的一半。纵向剥除内护套时，刀子切口应在两芯之间，防止切伤金属屏蔽层。剥除内护套后应将金属屏蔽带末端用聚氯乙烯（PVC）自黏带扎牢，防止松散。切除填料时刀口应向外，防止损伤金属屏蔽层。

（5）分开三相线芯时，不可硬行弯曲，以免铜屏蔽层褶皱、变形和损坏。

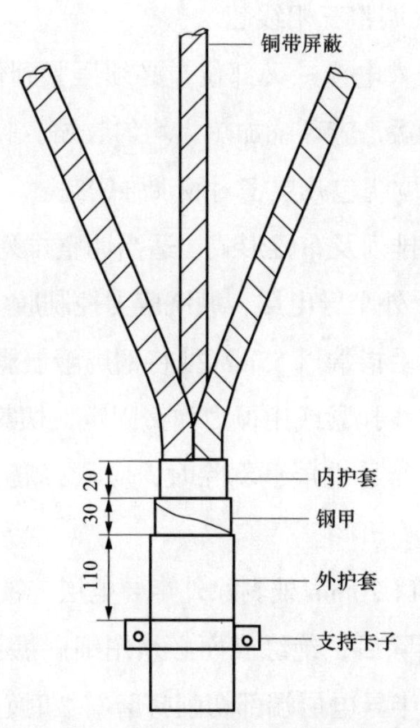

图 9-21　10kV 电力电缆热缩终端头剥切示意图（mm）

4. 焊接地线，绕包密封填充胶

（1）用锉刀打毛铠装表面，用铜绑线将一根铜编织带端头在铠装上扎紧，用锡焊牢或用恒力弹簧卡紧。将另一根铜编织带一端分成三股，分别用铜绑线扎紧在内护套以上 30mm 处的三相铜屏蔽层上，用锡焊牢或用恒力弹簧卡紧。两条接地编织带必须分别焊牢在铠装的两层钢带和三相铜屏蔽层上，焊面上的尖角毛刺必须打磨平整，并在外面绕包几层 PVC 自黏带。如使用恒力弹簧固定接地线，在恒力弹簧外面也必须绕包几层 PVC 自黏带加强固定。

（2）自外护套断口向下 40mm 范围内的两条铜编织带必须用焊锡做 20 ~ 30mm 的防潮段，同时在防潮段下端电缆上绕包两层密封胶，将接地编织带埋入其中，以提高密封防水性能。两条编织带之间必须用绝缘分开，安装时错开一定距离。

（3）电缆内、外护套断口绕包密封胶必须严实紧密，三相分叉部位空间应填实，绕包体表面应平整，绕包后外径必须小于分支手套内径。

5. 热缩分支手套，调整三相线芯

（1）将分支手套套入电缆三叉部位，必须压紧到位，由中间向两端加热收缩，注意火焰不得过猛，应环绕加热，均匀收缩。收缩后不得有空隙存在，并在分支手套下端口部位绕包几层密封胶加强密封。

（2）根据系统相序排列及布置形式，适当调整排列好三相线芯。

6. 剥切铜屏蔽层、外半导电层，缠绕应力控制胶

（1）在距分支手套手指端口 55mm 处将铜屏蔽层剥除。铜屏蔽层剥切时，应用 ϕ1.0mm 镀锡铜绑线扎紧或用恒力弹簧固定，切割时，只能环切一刀痕，不能切透，以免损伤外半导电层，剥除时，应从刀痕处撕剥，断开后向线芯端部剥除。

（2）在距铜屏蔽端口 20mm 处剥除外半导电层。

（3）外半导电层剥除后，绝缘表面必须用细砂纸打磨，去除嵌入在绝缘表面的半导电颗粒。外半导电层端部切削打磨斜坡时，注意不得损伤绝缘层。打磨后，外半导电层端口应平齐，坡面应平整光洁，与绝缘层圆滑过渡。

（4）用浸有清洁剂且不掉纤维的细布或清洁纸清除绝缘层表面上的污垢和炭痕。清洁时应从绝缘端口向外半导电层方向擦抹，不能反复擦，严禁用带有炭痕的布或纸擦抹。擦净后用一块干净的布或纸再次擦抹绝缘表面，检查布或纸上无炭痕方为合格。

（5）缠绕应力控制胶，必须拉薄拉窄，将外半导电层与绝缘之间台阶绕包填平，再搭盖外半导电层和绝缘层，绕包的应力控制胶应均匀圆整，端口平齐。涂硅脂时，注意不要涂在应力控制胶上。

7. 热缩应力控制管和绝缘管

（1）将应力控制管套在铜屏蔽层上，与铜屏蔽层重叠 20mm，从下端开始向电缆末端热缩，如图 9-22 所示。

（2）加热收缩应力控制管时，火焰不得过猛，应温火均匀加热，使其自然收缩到位。

（3）在线芯裸露部分包密封胶，并与绝缘层搭接 10mm，在接线端子的圆管部位包两层密封胶，在分支手套的手指上各包一层密封胶，密封胶一定要绕包严实紧密。在三相上分别套入绝缘管，套至三叉根部，从三叉根部向电缆末端热缩。

（4）套入绝缘管时，应注意将涂有热溶胶的一端套至分支手套三指管根部；热缩绝缘管时，火焰不得过猛，必须由下向上缓慢、环绕加热，将管中气体全部排出，使其均匀收缩。在冬季环境温度较低时施工，绝缘管做二次加热，收缩效果会更好。

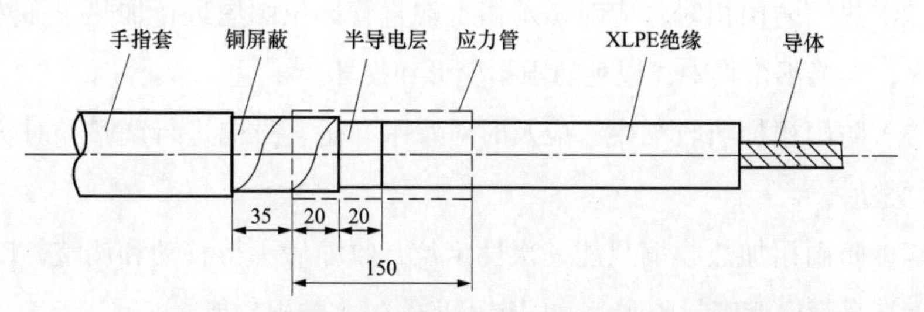

图 9-22　10kV 电力电缆热缩终端应力控制管安装示意图（mm）

8. 剥除绝缘层，压接接线端子

（1）核对相色，按系统相色摆好三相线芯，户外终端头引线从内护套端口至绝缘端部不小于700mm，户内不小于500mm，再留端子孔深加5mm，将多余电缆芯锯除。

剥除末端绝缘时，注意不要伤到线芯，绝缘端部应力处理前，用PVC自黏带黏面朝外将电缆三相线芯端头包扎好，以防切削反应力锥时伤到导体。

（2）将电缆端部接线端子孔深加5mm长的绝缘剥除，绝缘层端口倒角，擦净导体，套入接线端子进行压接，压接后将接线端子表面用砂纸打磨光滑、平整。压接接线端子时，接线端子与导体必须紧密接触，按先上后下顺序进行压接。

9. 热缩密封管和相色管

（1）在接线端子和相邻的绝缘端部包缠密封胶将台阶填平，使其表面平整，然后热缩密封管。

（2）热缩密封管时，其上端不宜搭接到接线端子孔的顶端，以免形成豁口进水。

（3）热缩相色管时，按系统相色，将相色管分别套入各相绝缘管上端部，环绕加热收缩。

10. 户外安装时固定防雨裙

（1）防雨裙固定应符合图纸尺寸要求，并与线芯、绝缘管垂直，如图9–23所示。

（2）热缩防雨裙时，应对防雨裙上端直管部位圆周进行加热。加热时应用温火，火焰不得集中，以免防雨裙变形和损坏。

（3）防雨裙加热收缩中，应及时对水平、垂直方向进行调整和对防雨裙边进行整形。

（4）防雨裙加热收缩只能一次性定位，收缩后不得移动和调整，以免防雨裙上端直管内壁密封胶脱落，固定不牢，失去防雨功能。

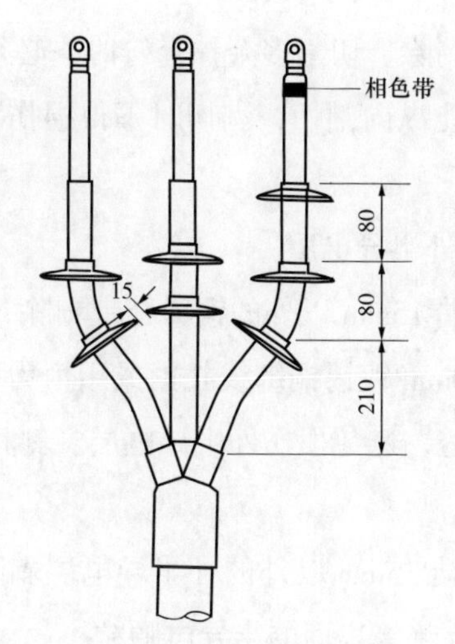

图 9-23 10kV 电力电缆热缩终端防雨裙安装示意图（mm）

11. 连接接地线

（1）压接接地端子，并与地网连接牢靠。

（2）固定三相，应保证相间（接线端子之间）距离满足：户外≥ 200mm，户内≥ 125mm。

二、10 ~ 35kV 交联聚乙烯绝缘电力电缆预制终端头制作

安装环境要求，准备工作，剥除外护套、铠装、内护套及填料，焊接铠装和铜屏蔽层接地线，热缩分支手套步骤与 10 ~ 35kV 交联聚乙烯绝缘电力电缆热缩终端头制作步骤 1 ~ 5 相同。

1. 安装热缩护套管

（1）清洁分支手套的手指部分，分别包缠红色密封胶；将三根绝缘保护管分别套在三相铜屏蔽层上，下端盖住分支手套的手指，应注意将涂有热溶胶的一端套至分支手套三指管根部。从下端开始向上缓慢加热，使其均匀收缩。

（2）将三相线芯按各相终端预定的位置排列好，用 PVC 自黏带在三相线芯上标出接线端子下端面的位置。将标志线以下 185mm（户外为 225mm）电

缆线芯上的热缩保护管剥除。切割多余护套管时，必须绕包两层 PVC 自黏带固定，圆周环切后，才能纵向割切，剥切时不得损伤铜屏蔽层，严禁无包扎切割。

2. 剥切铜屏蔽层、外半导电层

（1）将距保护管末端 15mm 以外的铜屏蔽带剥除，如图 9-24 所示，铜屏蔽层剥切时，应用 ϕ1.0mm 镀锡铜绑线扎紧或用恒力弹簧固定。切割时，只能环切一刀痕，不能切透，避免损伤外半导电层。剥除时，应从刀痕处撕剥，断开后向线芯端部剥除。

（2）将距保护管末端 35mm 以外的外半导电层剥除，剥除后用细砂纸打磨绝缘表面，去除嵌入在绝缘表面的半导电颗粒。

（3）外半导电层端部切削打磨斜坡时，注意不得损伤绝缘层。打磨后，外半导电层端口应平齐，坡面应平整光洁，与绝缘层圆滑过渡。

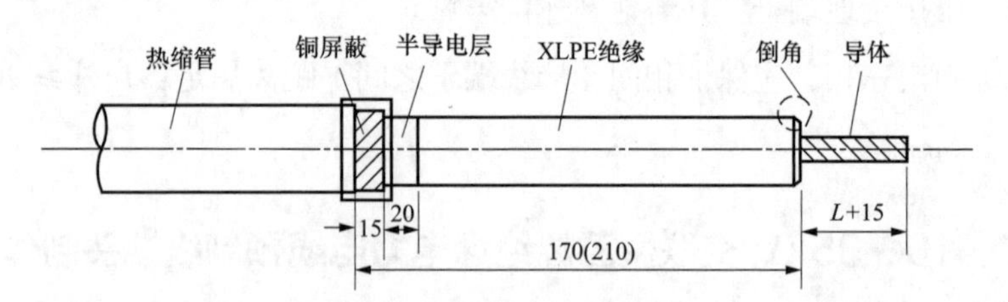

图 9-24　10kV 电力电缆预制式终端头缆芯剥切示意图（mm）

3. 绕包半导电带台阶

在铜屏蔽带上绕包半导电自黏带，长 25mm，即分别压半导电层和保护管各 5mm，其直径 D 符合表 9-1 所给尺寸。绕包时应从压 5mm 外半导电层开始。将半导电自黏带拉伸 200%，绕包成圆柱形台阶，其上平面应和线芯垂直，圆周应平整，不得绕包成圆锥形或鼓形。

表 9-1　　绕包半导电自黏带尺寸

电缆截面积（mm^2）	150	240
D（mm）	35	38

4. 锯除多余电缆线、剥除绝缘层

锯除多余的电缆线芯，将电缆线芯端部接线端子孔深加15mm长的绝缘剥除，绝缘端部倒角3mm×45°。

5. 安装终端套管

（1）擦净线芯、绝缘及半导电层表面，在导电线芯端部包两层PVC自黏带，在线芯绝缘、半导电层表面及终端头内侧底部均匀地涂上一层硅脂。

（2）套入终端头，使线芯导体从终端头上端露出，直到终端头应力锥套至电缆上的半导电带缠绕体为止。

（3）擦净挤出的硅脂，检查确认终端头下部与半导电自黏带有良好的接触和密封，并在底部装上卡带，包缠相色带。

6. 压接接线端子和连接接地线

（1）拆除导电线芯上的PVC自黏带，将接线端子套至线芯上并与终端头顶部接触，用压接钳进行压接。压接时保证接线端子和导体紧密接触，按先上后下顺序进行压接，端子表面的尖端和毛刺必须打磨光洁。

（2）将电缆终端头的铜屏蔽接地线及铠装接地线与地网良好连接。

10kV电缆预制式终端整体结构图如图9-25所示。

三、10～35kV交联聚乙烯绝缘电力电缆冷缩终端头制作

安装环境要求，准备工作，剥除外护套、铠装、内护套及填料步骤与10～35kV交联聚乙烯绝缘电力电缆热缩终端头步骤1～3相同。

1. 固定接地线，绕包密封填充胶

（1）用锉刀打毛铠装表面，用铜绑线将一根铜编织带端头在铠装上扎紧，用锡焊牢或用恒力弹簧卡紧。将另一根铜编织带一端分成三股，分别用铜绑线扎紧在内护套以上30mm处的三相铜屏蔽层上，用锡焊牢或用恒力弹簧卡紧。两条接地编织带必须分别焊牢在铠装的两层钢带和三相铜屏蔽层上，焊面上的尖角毛刺必须打磨平整，并在外面绕包几层PVC自黏

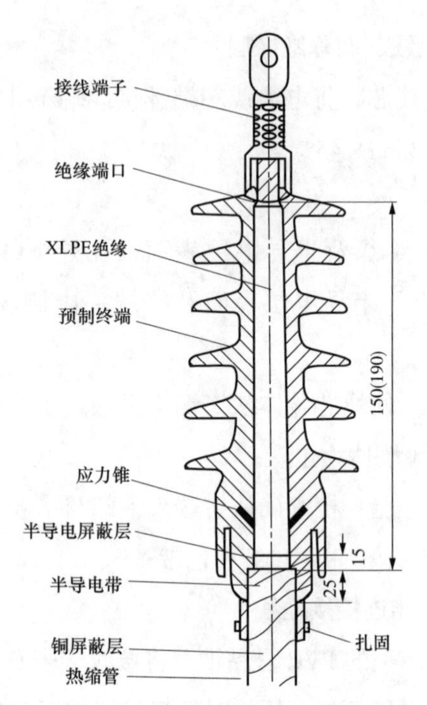

图 9-25　10kV 电缆预制式终端整体结构图（mm）

带。如使用恒力弹簧固定接地线，在恒力弹簧外面也必须绕包几层 PVC 自黏带加强固定。

（2）自外护套断口向下 40mm 范围内的两条铜编织带必须用焊锡做 20～30mm 的防潮段，同时在防潮段下端电缆上绕包两层密封胶，将接地编织带埋入其中，以提高密封防水性能。两条编织带之间必须用密封胶分开，安装时错开一定距离。

（3）电缆内、外护套断口绕包密封胶必须严实紧密，三相分叉部位空间应填实，绕包体表面应平整，绕包后外径必须小于分支手套内径。

2. 安装冷缩分支手套

（1）电缆三叉部位用填充胶绕包后，根据实际情况，上半部分可半搭盖绕包一层 PVC 自黏带，以防止内部粘连和抽塑料衬管条时将填充胶带出。但填充胶绕包体上不能全部绕包 PVC 自黏带。

（2）将冷缩分支手套套至三叉口的根部，冷缩分支手套套入电缆前应先检查三指管内塑料衬管条内口预留是否过多。沿逆时针方向均匀抽掉衬管条，先抽掉尾管部分，然后再分别抽掉指套部分，使冷缩分支手套收缩。注意抽衬管条时，应谨慎小心，缓慢进行，以避免衬管条弹出，分支手套应套至电缆三叉部位填充胶上，必须压紧到位。检查三指管根部，不得有空隙存在。

（3）收缩后在手套下端用绝缘带包绕 4 层，再加绕 2 层 PVC 自黏带，加强密封。

3. 安装冷缩护套管

（1）将一根冷缩管套入电缆一相（衬管条伸出的一端后入电缆），沿逆时针方向均匀抽掉衬管条，收缩该冷缩管，使之与分支手套指管搭接 20mm。安装冷缩护套管，抽出衬管条时，速度应均匀缓慢，两手应协调配合，以防冷缩护套管收缩不均匀造成拉伸和反弹。

（2）在距电缆端头 L+217mm（L 为端子孔深，含雨罩深度）处用 PVC 自黏带做好标记，如图 9–26 所示。除掉标记处以上的冷缩管，使冷缩管断口与标记齐平。护套管切割时，必须绕包两层 PVC 自黏带固定，圆周环切后，才能纵向剖切，剥切时不得损伤铜屏蔽层，严禁无包扎切割。

4. 剥切线芯绝缘

（1）自电缆末端剥去线芯绝缘及内屏蔽层 L。

（2）将绝缘层端头倒角 3mm × 45°。

（3）在半导电层端口以下 45mm 处用 PVC 自黏带做好标记，如图 9–27 所示。

5. 安装终端绝缘主体

（1）用清洁纸从上至下把各相清洁干净，待清洁剂挥发后，在绝缘层表面均匀地涂上硅脂。

（2）将冷缩终端绝缘主体套入电缆，衬管条伸出的一端后入电缆，沿逆时针方向均匀地抽掉衬管条使终端绝缘主体收缩（注意：终端绝缘主体收缩好后，其下端与标记齐平），然后用扎带将终端绝缘主体尾部扎紧，在终端与

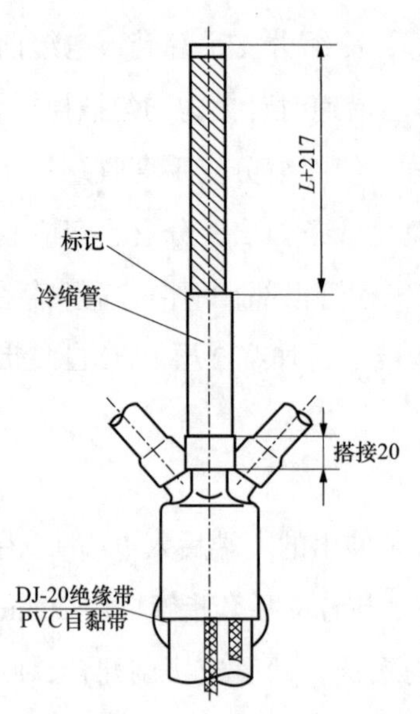

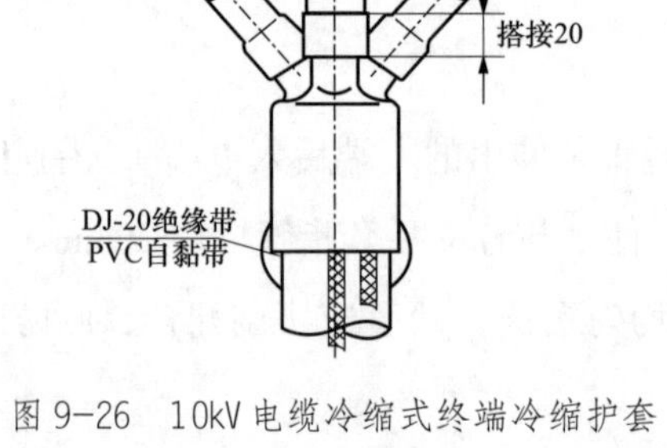

图 9-26 10kV 电缆冷缩式终端冷缩护套管安装示意图（mm）

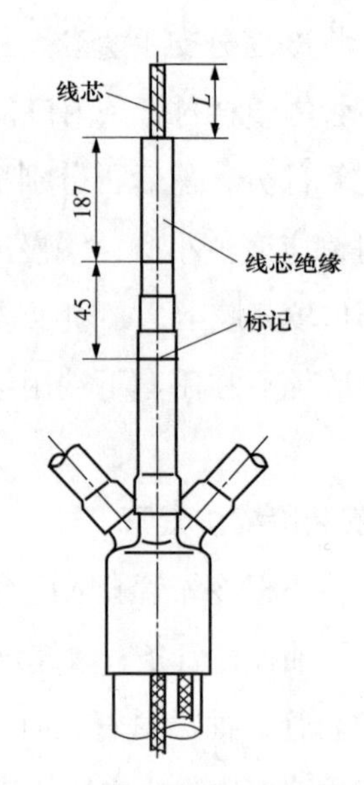

图 9-27 10kV 电缆冷缩式终端线芯绝缘剥切示意图（mm）

冷缩护套管搭界处，必须绕包几层 PVC 自黏带，加强密封。

6. 安装罩帽

（1）将罩帽穿过线芯套上接线端子（注意：必须将接线端子雨罩罩过罩帽端头），如图 9-28 所示。

（2）套入罩帽时，将罩帽大端向外翻开，必须待罩帽内腔台阶顶住绝缘后，方可将罩帽大端复原罩住终端。

7. 压接接线端子，连接接地线

（1）把接线端子套到导体上，必须将接线端子下端防雨罩罩在终端头顶部裙边上。

（2）压接时，接线端子必须和导体紧密接触，按先上后下顺序进行压接。

（3）按系统相色包缠相色带。

（4）压接接地端子，并与地网连接牢靠。

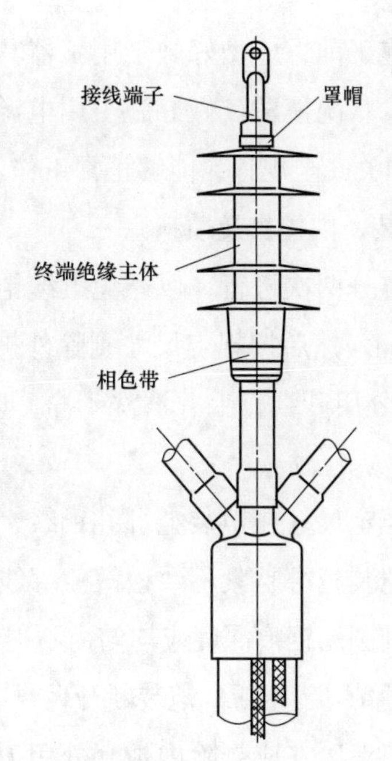

图 9-28　10kV 电缆冷缩式终端结构示意图

（5）固定三相，应保证相与相（接线端子之间）的距离满足：户外≥200mm，户内≥125mm。

四、10～35kV 交联聚乙烯绝缘电力电缆热缩中间接头制作

1. 安装环境要求

安装电缆终端头时，必须严格控制施工现场的温度、湿度与清洁程度。温度宜控制在 0～35℃，当温度超出允许范围时，应采取适当措施。相对湿度应控制在 70% 及以下。在户外施工应搭建施工棚，施工现场应有足够的空间，满足电缆弯曲半径和安装操作需要，施工现场安全措施应齐备。

2. 安装前的准备工作

（1）附件材料验收。电缆附件规格应与电缆一致。零部件应齐全无损伤。绝缘材料不得受潮。密封材料不得失效，壳体结构附件应预先组装，内壁清洁。

（2）工器具检查。施工前，应做好施工用工器具检查，确保施工用工器具齐全完好，便于操作，状况清洁。做好施工用电源及照明检查，确保施工用电源与照明设备符合相关安全规程，能够正常工作。

3. 剥除外护套、铠装、内护套及填料

（1）剥除外护套。应分两次进行，以避免电缆铠装层铠装松散。先将电缆末端外护套保留 100mm。然后按规定尺寸剥除外护套，要求断口平整。外护套断口以下 100mm 部分用砂纸打毛并清洗干净，以保证分支手套定位后，密封性能可靠。

（2）剥除铠装。按规定尺寸在铠装上绑扎铜线，绑线的缠绕方向应与铠装的缠绕方向一致，使铠装越绑越紧不致松散。绑线用 ϕ2.0mm 的铜线，每道 3～4 匝。锯铠装时，其圆周锯痕深度应均匀，不得锯透，不得损伤内护套。剥铠装时，应首先沿锯痕将铠装卷断，铠装断开后再向电缆终端头剥除。

（3）剥除内护套及填料。在应剥除内护套处用刀子横向切一环形痕，深度不超过内护套厚度的一半。纵向剥除内护套时，刀子切口应在两芯之间，防止切伤金属屏蔽层。剥除内护套后应将金属屏蔽带末端用 PVC 自黏带扎牢，防止松散。切除填料时刀口应向外，防止损伤金属屏蔽层。

10kV 电缆热缩式中间接头剥切示意图如图 9-29 所示。

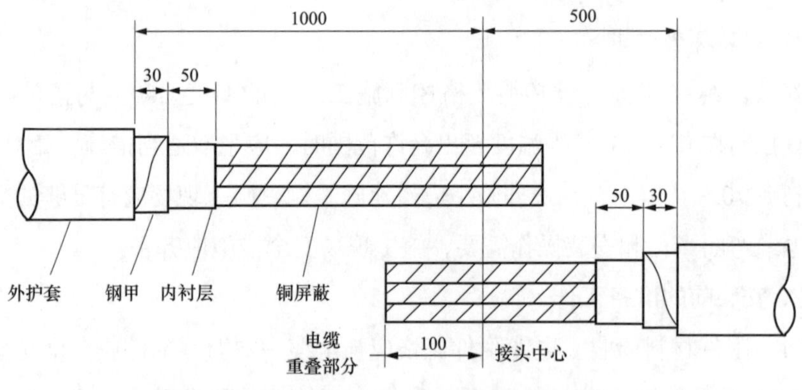

图 9-29　10kV 电缆热缩式中间接头剥切示意图（mm）

4. **电缆分相锯除多余线芯**

（1）在电缆线芯分叉处将线芯扳弯，弯曲不宜过大，以便于操作为宜。但一定要保证弯曲半径符合规定要求，避免铜屏蔽层变形、褶皱和损坏。

（2）将接头中心尺寸核对准确后，按相色要求将各对应线芯绑好，锯断多余电缆芯线。锯割时，应保证电缆线芯端口平直。

5. **剥除铜屏蔽层和外半导电层**

（1）剥切铜屏蔽层时，在其断口处用 ϕ1.0mm 镀锡铜绑线扎紧或用恒力弹簧固定。切割时，只能环切一刀痕，不能切透，以防损伤半导电层。剥除时，应从刀痕处撕剥，断开后向线芯端部剥除。

（2）铜屏蔽层的断口应切割平整，不得有尖端和毛刺。

（3）外半导电层应剥除干净，不得留有残迹。剥除后必须用细砂纸将绝缘表面吸附的半导电粉尘打磨干净，并擦拭光洁。剥除外半导电层时，刀口不得伤及绝缘层。

（4）将外半导电层端部切削成小斜坡，注意不得损伤绝缘层。用砂纸打磨后，半导电层端口应平齐，坡面应平整光洁，与绝缘层平滑过渡。

10kV 电缆热缩式中间接头铜屏蔽层和外半导电层剥切示意图如图 9-30 所示。

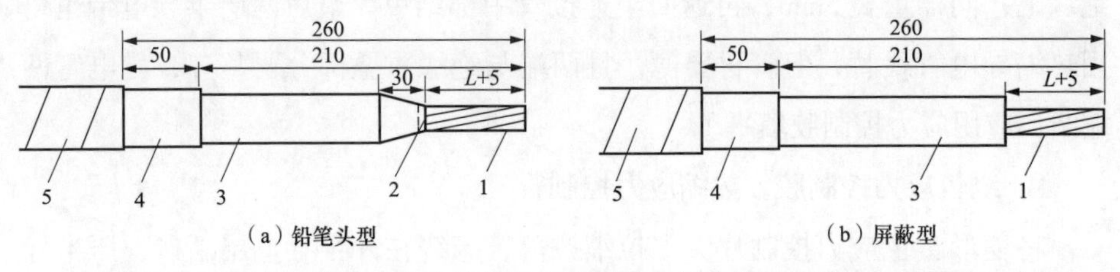

图 9-30 10kV 电缆热缩式中间接头铜屏蔽层和外半导电层剥切示意图（mm）

1—金属线芯；2—导体屏蔽层；3—绝缘层；4—外半导电层；5—铜屏蔽层

6. **剥切绝缘层**

从线芯端部量 1/2 接管长加 5mm，将绝缘层剥除，在绝缘端部倒角 3mm × 45°。如制作铅笔头型，还要按图 9-30（a）所示，在绝缘端部削一长

30mm 的“铅笔头”。“铅笔头”应圆整、均匀、对称，并用砂纸打磨光洁，切削时刀口不得划伤导体，并用砂纸打磨光滑，末端保留导体屏蔽层 5mm。

7. 套入管材和铜屏蔽网

在每相的长端套入应力管、内绝缘管、外绝缘管和屏蔽管，在短端套入铜屏蔽网和应力管。套入管材前，电缆表面必须清洁干净，所有管材端口，必须用塑料布加以包扎，以防水分、灰尘、杂物浸入管内污染密封胶层。

8. 压接连接管，绕包屏蔽层，增绕绝缘带

（1）按原定的相色将线芯套入连接管进行压接，用砂布打磨连接管表面。压接前用清洁纸将连接管内、外表面和导体表面清洁干净。检查连接管与导体截面积及径向尺寸应相符，压接模具与连接管外径尺寸应配套。如连接管套入导体较松动，应填实后进行压接。压接后，连接管表面的棱角和毛刺必须用锉刀和砂纸打磨光洁，并将金属粉屑清洁干净。

（2）如制作铅笔头型，在导电线芯及连接管表面半重叠包绕一层半导电自黏带，再包缠一层绝缘胶带，将“铅笔头”和连接管包平，其直径略大于电缆绝缘直径。如制作屏蔽型，先用半导电自黏带填平绝缘端部与连接管间的空隙，再将连接管包平，其直径等于电缆绝缘直径；最后再包两层半导电自黏带，从连接管中部开始包至绝缘端部，与绝缘重叠 5mm，再包至另一端绝缘上，同样重叠 5mm，再返回至连接管中部结束（最后两层半导电带也可用热缩导电管代替，但管材要薄，且两端与绝缘重叠部分要整齐，导电管两端断口应用应力控制胶填平）。

9. 绕包应力控制胶，热缩应力控制管

将菱形黄色应力控制片尖端拉细拉薄，缠绕在外半导电层断口，压半导电层 5mm，压绝缘 10mm。在电缆绝缘表面涂一薄层硅脂，包括连接管位置，但不要涂到应力控制胶及外半导电层上。然后将各相线芯上的应力控制管套至绝缘上，与外半导电层重叠 20mm，从外半导电层断口向末端收缩。

10. 热缩内、外绝缘管和屏蔽管

（1）先在 6 根应力管端部断口处的绝缘上用应力控制胶将断口间隙填

平，包缠长度 5~10mm。然后将三根绝缘管套入，管中与接头中心对齐，从中部向两端热缩。加热时应从中部向两端均匀、缓慢环绕进行，把管内气体全部排除，保证完好收缩，以防局部温度过高造成绝缘碳化、管材损坏。

（2）将三根外绝缘管套入，两端长度对称，从中部向两端热缩。

（3）从铜屏蔽断口至外绝缘管端部包红色弹性密封胶带，将间隙填平成圆锥形。

（4）将三相屏蔽管套至接头中央，两端对称，从中央向两端收缩，两端要压在密封胶上。

11. 绕包密封防水带

内外绝缘管及屏蔽管两端绕包密封防水带，必须拉伸 200%，先将台阶绕包填平，再半搭盖绕包成一坡面。绕包必须圆整紧密，两边搭接电缆外半导电层和内、外绝缘管及屏蔽管不得少于 30mm。

12. 焊接地线

在每相线芯上平敷一条 $25mm^2$ 的铜编织带，并临时固定，将预先套入的铜屏蔽网拉至接头上，拉紧并压在铜编织带上，两端用 ϕ1.0mm 的铜丝缠绕两匝扎紧，再用烙铁焊牢。

13. 热缩内护套

将三相线芯并拢，用白布带扎紧。用粗砂纸打毛内护套，并包一层红色密封胶带，将内护套热缩管拉至接头上，与红色密封胶带搭接，从红色密封胶带处向中间收缩。用同一方法收缩另一半内护套，二者搭接部分应打毛，并包 100mm 长红色密封胶。

14. 连接铠装地线，热缩外护套

用 $25mm^2$ 的铜编织带连接两端铠装，用铜线绑紧并焊牢。将接头两端电缆外护套端口 150mm 内清洁干净并用砂纸打毛，对外护套进行定位后均匀环绕加热，使其收缩到位。

五、10～35kV 交联聚乙烯绝缘电力电缆冷缩中间接头制作

安装环境要求，准备工作，剥除外护套、铠装、内护套及填料，电缆分相锯除多余线芯与 10～35kV 交联聚乙烯绝缘电力电缆热缩中间接头步骤 1～4 相同。

1. 剥除铜屏蔽层和外半导电层

去除铜屏蔽，铜屏蔽及半导电层断口边缘应整齐、无毛刺。去除半导电层，半导体断口边缘不能有毛刺及尖端。

2. 剥切绝缘层，套中间接头管

（1）按接头管长度的 1/2 加 5mm 切除绝缘，绝缘层端口用刀或倒角器将绝缘端部倒 45° 角。线芯导体端部的锐边应锉去，清洁干净后用 PVC 自黏带包好。

（2）将中间接头管套在电缆铜屏蔽保留较长一端的线芯上，套入前必须将绝缘层、外半导电层、铜屏蔽层用清洁纸依次清洁干净。套入时，应注意塑料衬管条伸出一端先套入电缆线芯。

（3）将铜编织网套入短端，中间接头管和电缆绝缘用塑料布临时保护好，以防碰伤和灰尘杂物落入。

3. 压接连接管

压接前用清洁纸将连接管内、外表面和导体表面清洁干净。检查连接管与导体截面积及径向尺寸应相符，压接模具与连接管外径尺寸应配套，压接的顺序为先中间后两边。压接后，连接管表面的棱角和毛刺必须用锉刀和砂纸打磨光洁，并将金属粉屑清洁干净。

4. 安装中间接头管

（1）在中间接头管安装区域表面均匀涂抹一薄层硅脂，并经认真检查后，将中间接头管移至中心部位，使其一端与记号齐平。

（2）逆时针方向旋转拉出衬条，收缩完毕后立刻调整位置，使中间接头处在两定位标记中间。在收缩后的绝缘主体两端用阻水胶带缠绕成 45° 的斜

坡，坡顶与中间接头端面平齐，再用半导电带在其表面进行包缠。

10kV 电缆冷缩式中间接头安装冷缩接头管示意图如图 9-31 所示。

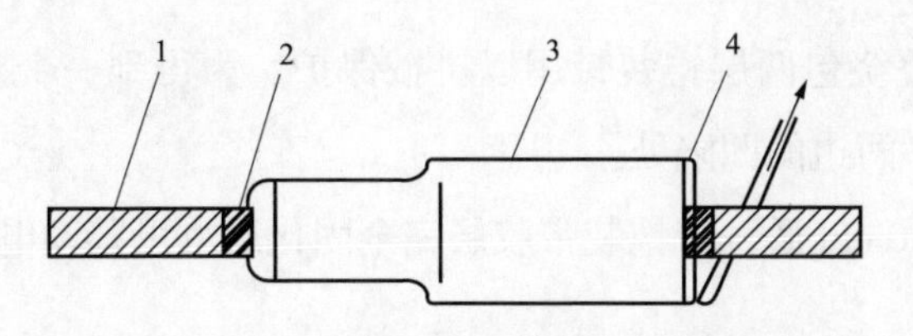

图 9-31　10kV 电缆冷缩式中间接头安装冷缩接头管示意图

1—铜屏蔽层；2—定位标记；3—冷缩接头管主体；4—冷缩接头管衬条

5. 恢复铜屏蔽

将预先套入的铜网移至接头绝缘主体上，铜网两端分别与电缆铜屏蔽搭接 50mm 以上，并覆盖铜编织带，用 ϕ1.0mm 镀锡铜绑线扎紧或用恒力弹簧固定，最后用 PVC 自黏带缠紧。

6. 恢复内护套

（1）电缆三相接头之间间隙，必须用填充料填充饱满，再用 PVC 自黏带或白布带将电缆三相并拢扎紧，以增强接头整体结构的严密性和机械强度。

（2）在两端露出的 50mm 内护套上用砂纸打磨粗糙并清洁干净，从一端内护套上开始至另一端内护套绕包防水带，绕包防水带时将防水带拉伸至原来宽度的 3/4，完成后，双手用力挤压所包防水带，使其紧密贴附。

7. 连接两端铠装层

先用锉刀或砂纸将钢铠表面进行打磨，将钢编织带端头呈宽度方向略加展开，夹入并反折入恒力弹簧之中，用力收紧，并用 PVC 自黏带缠紧固定，以增加铜编织带与钢铠的接触面和稳固性。

8. 恢复电缆外护套

（1）用防水带作接头防潮密封，在电缆外护套上从开剥端口起 60mm 的范围内用砂纸打磨粗糙，并清洁干净。然后从距护套口 60mm 处开始半重叠绕包防水带至另一端护套口，压护套 60mm，绕包一个来回。绕包时，将防水带拉伸至原来宽度的 3/4，绕包后，双手用力挤压所包防水带，使其紧密贴服。

（2）半重叠绕包两层铠装带用以机械保护。为得到一个整齐的外观，可先用防水带填平两边的凹陷处。

（3）静置 30min 后，待铠装带胶层完全固化后方可移动电缆。

六、66～220kV 交联聚乙烯绝缘电力电缆户外终端制作

1. 安装环境要求

安装电缆终端头时，必须严格控制施工现场的温度、湿度与清洁程度。温度宜控制在 0～35℃，当温度超出允许范围时，应采取适当措施。相对湿度应控制在 70% 及以下。在户外施工应搭建施工棚，施工现场应有足够的空间，满足电缆弯曲半径和安装操作需要，施工现场安全措施应齐备。

2. 安装前的准备工作

（1）附件材料验收。电缆附件规格应与电缆一致。零部件应齐全无损伤。绝缘材料不得受潮。密封材料不得失效，壳体结构附件应预先组装，内壁清洁。

（2）工器具检查。施工前，应做好施工用工器具检查，确保施工用工器具齐全完好，便于操作，状况清洁，确保压接模与导体出线杆相匹配。做好施工用电源及照明检查，确保施工用电源与照明设备符合相关安全规程，能够正常工作。

3. 切割电缆及电缆外护套的处理

（1）将电缆敷设至临时支架位置，测量电缆外护套绝缘，确保电缆敷设过程中没有损伤电缆外护套。

（2）将电缆固定于终端支架或者临时支架处，安装支撑绝缘子和终端底板。

（3）检查电缆长度，确保电缆在制作户外终端时有足够的长度和适当的

余量。根据工艺图纸要求确定电缆最终切割位置，预留 200 ~ 500mm 余量，切剥电缆。

（4）根据工艺图纸要求确定电缆外护套剥除位置，剥除电缆外护套。如果电缆外护套附有外电极，则宜用玻璃片将外电极去除干净无残余，剥除长度应符合工艺要求。

（5）根据工艺图纸要求确定金属护套剥除位置。剥除金属护套应符合下列要求：

1）剥除铅护套。用刀具在铅护套剥除位置环切一周，在需剥除的铅护套的全长上划两道相距 10mm 的轴向切口。用尖嘴钳剥除铅护套。切口深度必须严格控制，严禁切口过深而损坏电缆绝缘。也可以用其他方法剥除铅护套，如用劈刀剖铅等，但注意不能损伤电缆绝缘。

2）剥除铝护套。用刀具仔细地沿着剥除位置的圆周锉断铝护套，不应损伤电缆绝缘。铝护套断口应进行处理，去除（尖端）及残余金属碎屑。

3）铝护套表面处理完毕后，应在工艺要求的部位进行搪底铅。首先在铝护套表面涂一层焊接底料，然后在焊接底料上加一定厚度的底铅，以便后续接地工艺施工。

（6）最终切割。在最终切割标记处将电缆垂直切断，要求导体切割断面平直。如果电缆截面积较大，可先去除一定厚度电缆绝缘，直至适当位置后再用锯子等工具沿电缆轴线垂直切断。

4. 电缆加热校直处理

（1）交联聚乙烯电缆终端安装前应进行加热校直，通过加热达到下列工艺要求：电缆每 600mm 长，最大弯曲度偏移控制在 2 ~ 5mm 范围内，如图 9-32 所示。

（2）交联电缆安装工艺无明确要求时，加热校直所需工具和材料主要有：①温度控制箱，含热电偶和接线；②加热带；③校直管，宜采用半圆钢管或角铁；④辅助带材及保温材料。

（3）加热校直的温度要求：①加热校直时，电缆绝缘屏蔽层处温度宜控制在（75±2）℃，加热至以上温度后，保持4～6h，然后将电缆置于两直角钢（或木板）之间并适当夹紧，自然冷却至环境温度，冷却时间至少8h；②整个电缆加热校直处理过程中电缆绝缘屏蔽上不应有任何凹痕。

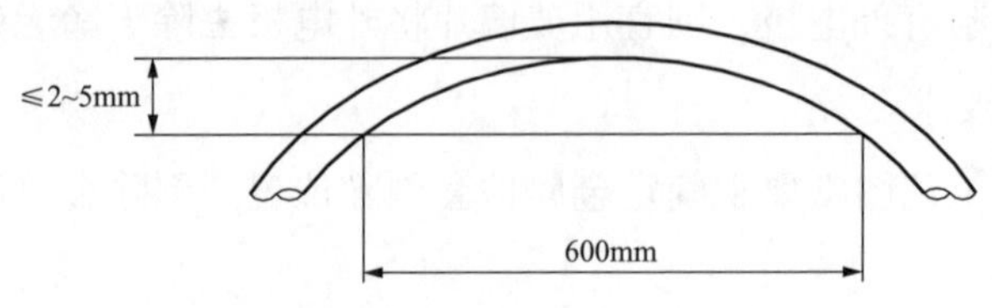

图9-32　交联聚乙烯电缆加热校直处理一

5. 绝缘屏蔽层及电缆绝缘表面的处理

（1）绝缘屏蔽层与绝缘层间的过渡处理。

1）采用专用的切削刀具切削电缆绝缘屏蔽，并用玻璃片刮清黏结屏蔽的残留部分。绝缘屏蔽层与绝缘层间应形成光滑过渡，如图9-33所示，过渡部分锥形长度宜控制在20～40mm；绝缘屏蔽断口峰谷差宜按照工艺要求执行，如工艺指导书未注明，建议控制在小于5mm。

2）打磨过绝缘屏蔽的砂纸或砂带绝对不能再用来打磨电缆绝缘。

3）如附件供货商工艺规定需要涂覆半导电漆，应严格按照工艺指导书操作。

4）打磨处理完毕后，用塑料薄膜覆盖处理过的绝缘屏蔽及电缆绝缘表面。

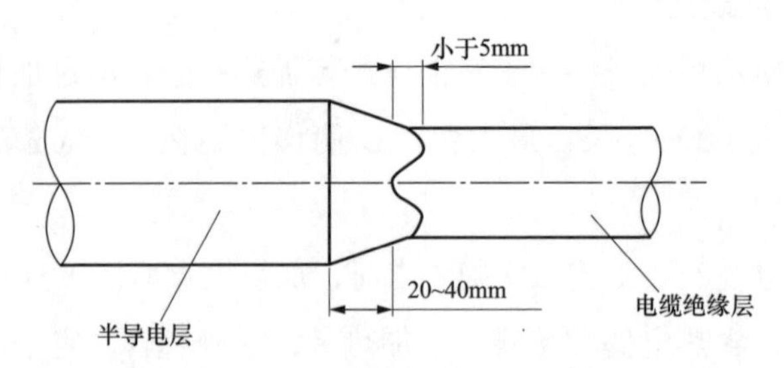

图9-33　绝缘屏蔽与绝缘层过渡部分一

（2）电缆绝缘表面的处理。

1）电缆绝缘处理前应测量电缆绝缘以及应力锥尺寸，确认尺寸是否符合工艺图纸要求。

2）电缆绝缘表面应进行打磨抛光处理，一般应采用 240～600 号及以上砂纸或砂带。110kV 及以上电缆应尽可能使用 600 号及以上砂纸或砂带，最低不应低于 400 号砂纸或砂带。初始打磨时，可使用打磨机或 240 号砂纸或砂带进行粗抛，并按照由小至大的顺序选择砂纸或砂带进行打磨。打磨时每一号砂纸或砂带应从两个方向打磨 10 遍以上，直到上一号砂纸或砂带的痕迹消失，如图 9–34 所示。

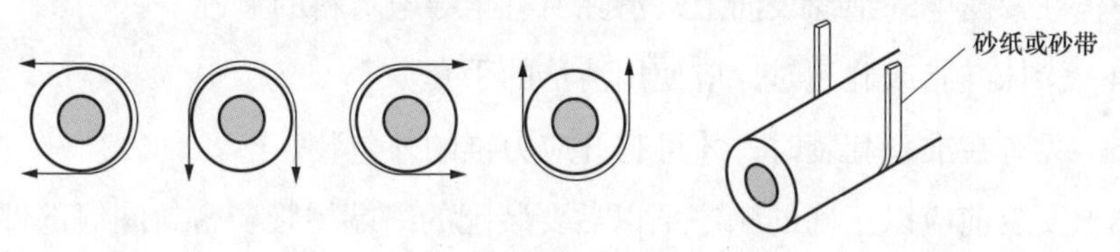

图 9–34 电缆绝缘表面抛光处理一

3）打磨抛光处理的重点部位是安装应力锥的部位，打磨处理完毕后应测量绝缘表面直径。如图 9–35 所示，测量时应多选择几个测量点，每个测量点宜测 2 次，且测量点数及 X–Y 方向测量偏差满足工艺要求，确保绝缘表面的直径达到设计图纸所规定的尺寸范围。测量完毕应再次打磨抛光测量点，以去除痕迹。

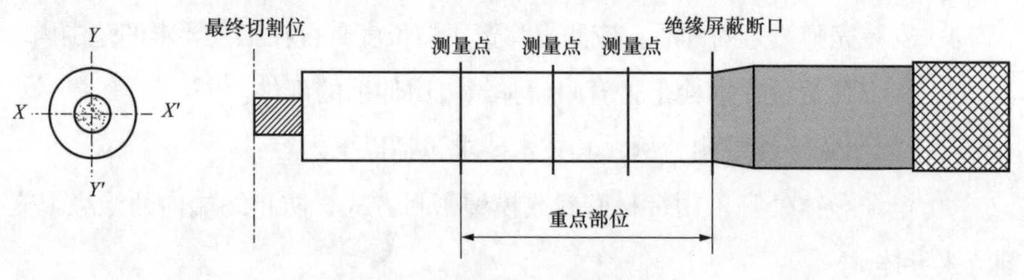

图 9–35 电缆绝缘表面直径测量一

4）打磨抛光处理完毕后，绝缘表面的粗糙度（目视检测）宜按照工艺要求执行，如工艺指导书未注明，建议控制在不大于300mm，现场可用平行光源进行检查。

5）打磨处理完毕后，用塑料薄膜覆盖抛光过的绝缘表面，以免其受潮或被污损。

6. 装配应力锥

（1）应力锥装配一般技术要求包括以下内容：

1）保持电缆绝缘表面的干燥和清洁。

2）施工过程中应避免损伤电缆绝缘。

3）在暴露电缆绝缘表面上，清除所有半导电材料的痕迹。

4）涂抹硅脂或硅油时，应使用清洁的手套。

5）只有在准备套装时，才可打开应力锥的外包装。

6）安装前应以正确的顺序把以后要装配的终端尾管、密封圈等部件套入电缆。

7）在套入应力锥之前，应清洁粘在电缆绝缘表面上的灰尘或其他残留物，清洁方向应由绝缘层朝向绝缘屏蔽层。

（2）以干式终端结构为例，其技术要求包括以下内容：

1）检查弹簧紧固件与应力锥是否匹配。

2）先套入弹簧紧固件，再安装应力锥。

3）在电缆绝缘、绝缘屏蔽层和应力锥的内表面上应涂上硅油。

4）安装完弹簧紧固件后，应测量弹簧压缩长度是否在工艺要求的范围内。

5）检查弹簧所在螺栓是否有阻碍弹簧自由伸缩的部件。

（3）以湿式终端结构为例，其技术要求包括以下内容：

1）电缆导体处宜采用带材密封或模塑密封方式，防止终端内的绝缘填充剂流入导体。

2）先套入密封底座，再安装应力锥。

3）在电缆绝缘、绝缘屏蔽层和应力锥的内表面上应涂上硅脂。

4）用手工或专用工具套入应力锥，并在套到规定位置后清除应力锥末端多余硅脂。

7. 压接出线杆

（1）导体连接方式宜采用机械压力连接方法，建议采用围压压接法。

（2）采用围压压接法进行导体连接时应满足下列要求：

1）压接前应检查核对连接金具和压接模具，选用合适的接线端子、压接模具和压接机。

2）压接前应清除导体表面污迹与毛刺。

3）压接时导体插入长度应充足。

4）压接顺序可参照《电力电缆导体用压接型铜、铝接线端子和连接管》（GB/T 14315—2008）附录 C 的要求。

5）围压压接每压一次，在压模合拢到位后应停留 10 ~ 15s，使压接部位金属塑性变形达到基本稳定后，才能消除压力。

6）在压接部位，围压形成的边应各自在同一个平面上。

7）压缩比宜控制在 15% ~ 25%。

8）分割导体分块间的分隔纸（压接部分）宜在压接前去除。

9）围压压接后，应对压接部位进行处理。

（3）压接后连接金具表面应光滑，并清除所有的金属屑末、压接痕迹。压接后连接金具表面不应有裂纹和毛刺，所有边缘处不应有尖端。电缆导体与接线端子应笔直无翘曲。

8. 安装套管及金具

（1）用合适的溶剂将套管的内外表面清洁干净，检查套管内外表面，确认无杂质和污染物。如为干式终端结构，将套管内表面与应力锥接触的区域清洁并涂硅油。

（2）彻底清洁电缆，检查电缆绝缘表面及应力锥表面，确认无杂质和污染物后用起吊工具把瓷套管缓缓套入电缆，在套入过程中，套管不能碰撞应力锥。

（3）清洁密封圈并均匀涂抹硅脂，将密封圈完全放入密封槽内。

（4）将尾管固定在终端底板上，确保电缆敞开式终端的密封质量。

（5）对干式终端结构，根据工艺及图纸要求，将弹簧调整成规定压缩比，且均匀拧紧。

9. 接地与密封收尾处理

（1）终端尾管与金属护套进行接地连接时，应采用搪铅方式加接地线焊接方式。

（2）终端密封应采用搪铅方式。

（3）采用搪铅方式进行接地或密封时，应满足以下技术要求：

1）封铅要与电缆金属护套和电缆附件的金属套管紧密连接，封铅致密性要好，不应有杂质和气泡。

2）搪铅时不应损伤电缆绝缘，应掌握好加热温度，控制缩短搪铅操作时间。

3）圆周方向的搪铅厚度应均匀，外形应力求美观。

（4）终端尾管与金属护套采用焊接方式进行接地连接时，跨接接地线截面积应满足系统短路电流通流要求。

（5）敞开式终端内如需灌入绝缘剂，在安装前宜检验其密封性，如采用抽真空法。一般在瓷套顶部留有100~200mm的空气腔，作为终端的膨胀腔。

（6）敞开式终端收尾工作，应满足以下技术要求：

1）安装终端接地箱/接地线时，接地线与接地线鼻子的连接应采用机械压接方式，接地线鼻子与终端尾管接地铜排的连接宜采用螺栓连接方式。

2）同一地点同类敞开式终端，其接地线布置应统一，接地线排列及固定、终端尾管接地铜排的方向应统一，为之后运行维护工作提供便利。

3）采用带有绝缘层的接地线将敞开式终端尾管通过终端接地箱与电缆终端接地网相连，接地线的固定与走向应符合设计要求，整齐划一，美观有序。

4）敞开式终端接地连接线应尽量短，连接线截面积积应满足系统单相接地电流通过时的热稳定要求，连接线的绝缘水平不得低于电缆外护套的绝缘水平。

七、66~220kV 交联聚乙烯绝缘电力电缆 GIS 终端制作

1. 安装前的准备工作

（1）除了满足 110kV 常用电力电缆终端头安装的基本要求外，110kV 电力电缆封闭式 GIS 终端头安装前，还应注意检查终端零件的形状、外壳是否损伤，件数是否齐全，对各零部件尺寸按图纸进行校核，最好进行预装配。检查所带工具及安装用的图纸与工艺是否齐备。

（2）110kV 电力电缆封闭式 GIS 终端头安装前的准备工作，安装过程中的电缆切割、绝缘和屏蔽层的处理以及导体压接等，与户外终端安装的要求相同。

2. 安装环氧套管及金具

（1）用合适的溶剂将套管的内外表面清洁干净，检查套管内外表面，确认无杂质和污染物。如为干式终端结构，应将套管内表面与应力锥接触的区域清洁并涂硅油。

（2）彻底清洁电缆，检查电缆绝缘表面及应力锥表面，确认无杂质和污染物后，用手工或起吊工具把套管缓缓套入电缆，在套入过程中，套管不能碰撞应力锥。

（3）清洁密封圈并均匀涂抹硅脂，将密封圈完全放入密封槽内。

（4）安装密封金具或屏蔽罩，调整密封金具或屏蔽罩使其上表面到开关设备与 GIS 终端部位界面的长度满足《额定电压 72.5kV 及以上气体绝缘金属封闭开关设备与充流体及挤包绝缘电缆的连接充流体及干式电缆终端》（GB 22381—2017）的要求。

（5）检查开关设备导电杆与密封金具或屏蔽罩的螺栓孔位是否匹配，最终固定密封金具或屏蔽罩，确认固定力矩。

（6）将尾管固定在套管上，确认固定力矩，确保电缆 GIS 终端与开关设

备之间的密封质量。

3. 接地与密封收尾处理

（1）GIS 终端尾管与金属护套进行接地连接时，应采用搪铅方式加接地线焊接方式。

（2）GIS 终端密封应采用搪铅方式。

（3）采用搪铅方式进行接地或密封时，应满足以下技术要求：

1）封铅要与电缆金属护套和电缆附件的金属套管紧密连接，封铅致密性要好，不应有杂质和气泡。

2）搪铅时不应损伤电缆绝缘，应掌握好加热温度，控制缩短搪铅操作时间。

3）圆周方向的搪铅厚度应均匀，外形应力求美观。

（4）GIS 终端尾管与金属套采用焊接方式进行接地连接时，跨接接地线截面积应满足系统短路电流通流要求。

（5）GIS 终端内如需灌入绝缘剂，在安装前宜检验其密封性，如采用抽真空法。

（6）GIS 终端收尾工作，应满足以下技术要求：

1）安装终端接地箱 / 接地线时，接地线与接地线鼻子的连接应采用机械压接方式，接地线鼻子与终端尾管接地铜排的连接宜采用螺栓连接方式。

2）同一变电站内同类 GIS 终端，其接地线布置应统一，接地线排列及固定、终端尾管接地铜排的方向应统一，且为之后运行维护工作提供便利。

3）采用带有绝缘层的接地线将 GIS 终端尾管通过终端接地箱与电缆终端接地网相连，接地线的固定与走向应符合设计要求，整齐划一，美观有序。

4）GIS 终端如需穿越楼板，应做好电缆孔洞的防火封堵措施，一般在安装完防火隔板后，可采用填充防火包、浇注无机防火堵料或包裹有机防火堵料等方式，终端金属尾管宜有绝缘措施，且接地线鼻子不应被包覆在上述防火封堵材料中。

5）GIS 终端接地连接线应尽量短，连接线截面积应满足系统单相接地电流通过时的热稳定要求，连接线的绝缘水平不得低于电缆外护套的绝缘水平。

八、66~220kV交联聚乙烯绝缘电力电缆中间接头制作

1. 安装环境要求

安装电缆中间接头时，必须严格控制施工现场的温度、湿度与清洁程度。温度宜控制在0~35℃，当温度超出允许范围时，应采取适当措施。相对湿度应控制在70%及以下。在户外施工应搭建施工棚，施工现场应有足够的空间，满足电缆弯曲半径和安装操作需要，施工现场安全措施应齐备。

2. 安装前的准备工作

（1）附件材料验收。电缆附件规格应与电缆一致。零部件应齐全无损伤。绝缘材料不得受潮。密封材料不得失效，壳体结构附件应预先组装，内壁清洁。

（2）工器具检查。施工前，应做好施工用工器具检查，确保施工用工器具齐全完好，便于操作，状况清洁，确保压接模与导体出线杆相匹配。做好施工用电源及照明检查，确保施工用电源与照明设备符合相关安全规程，能够正常工作。

3. 切割电缆及电缆外护套的处理

（1）将电缆敷设至临时支架位置，测量电缆外护套绝缘，确保电缆敷设过程中没有损伤电缆外护套。

（2）将电缆临时固定于支架上。

（3）检查电缆长度，确保电缆在制作中间接头时有足够的长度和适当的余量。根据工艺图纸要求确定电缆最终切割位置，预留200~500mm余量，沿电缆轴线垂直切断。

（4）根据工艺图纸要求确定电缆外护套剥除位置，剥除电缆外护套。如果电缆外护套附有外电极，则宜用玻璃片将外电极去除干净无残余，剥除长度应符合工艺要求。

（5）根据工艺图纸要求确定金属护套剥除位置。剥除金属护套应符合下列要求：

1）剥除铅护套。用刀具在铅护套剥除位置环切一周，在需剥除的铅护套的全长上划两道相距 10mm 的轴向切口。用尖嘴钳剥除铅护套。切口深度必须严格控制，严禁切口过深而损坏电缆绝缘。也可以用其他方法剥除铅护套，如用劈刀剖铅等，但注意不能损伤电缆绝缘。

2）剥除铝护套。用刀具仔细地沿着剥除位置的圆周锉断铝护套，不应损伤电缆绝缘。铝护套断口应进行处理，去除尖端及残余金属碎屑。

3）铝护套表面处理完毕后，应在工艺要求的部位进行搪底铅。首先在铝护套表面涂一层焊接底料，然后在焊接底料上加一定厚度的底铅，以便后续接地工艺施工。

（6）最终切割。在最终切割标记处将电缆垂直切断，要求导体切割断面平直。如果电缆截面积较大，可先去除一定厚度电缆绝缘，直至适当位置后再用锯子等工具沿电缆轴线垂直切断。

4. 电缆加热校直处理

（1）交联聚乙烯电缆中间接头安装前应进行加热校直，通过加热达到下列工艺要求：电缆每 400mm 长，最大弯曲度偏移控制在 2 ~ 5mm 范围内，如图 9–36 所示。

（2）交联电缆安装工艺无明确要求时，加热校直所需工具和材料主要有：①温度控制箱，含热电偶和接线；②加热带；③校直管，宜采用半圆钢管或角铁；④辅助带材及保温材料。

（3）加热校直的温度要求：加热校直时，电缆绝缘屏蔽层处温度宜控制在（75 ± 3）℃，保温时间宜大于 4h 或按工艺要求。采用校直管校直后，应自然冷却至常温。

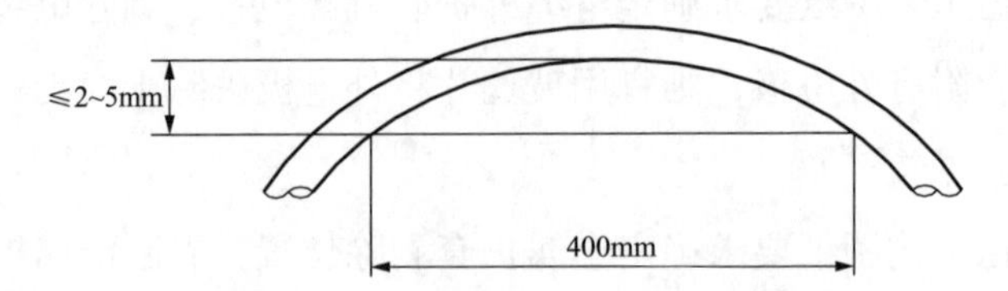

图 9–36　交联聚乙烯电缆加热校直处理二

5. 绝缘屏蔽层及电缆绝缘表面的处理

（1）绝缘屏蔽层与绝缘层间的过渡处理。

1）采用专用的切削刀具切削电缆绝缘屏蔽，并用玻璃片刮清黏结屏蔽的残留部分。绝缘屏蔽层与绝缘层间应形成光滑过渡，如图 9-37 所示，过渡部分锥形长度宜控制在 20 ~ 40mm；绝缘屏蔽断口峰谷差宜按照工艺要求执行，如工艺书未注明，建议控制在小于 10mm。

2）打磨过绝缘屏蔽的砂纸或砂带绝对不能再用来打磨电缆绝缘。

3）为了提高绝缘屏蔽断口处电性能，可采用涂刷半导电漆方式或加热硫化方式。

4）打磨处理完毕后，用塑料薄膜覆盖处理过的绝缘屏蔽及电缆绝缘表面。

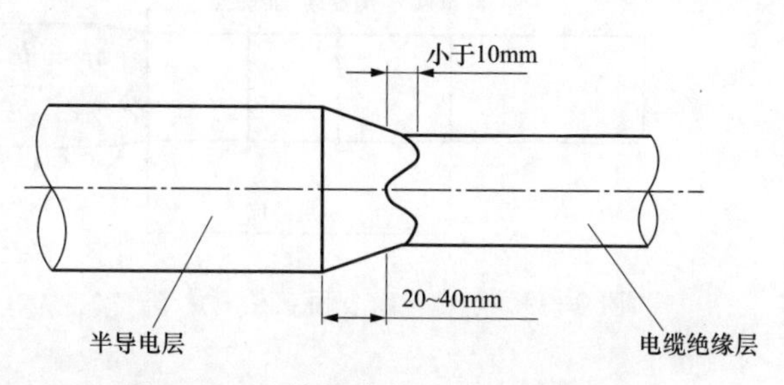

图 9-37 绝缘屏蔽与绝缘层过渡部分二

（2）电缆绝缘表面的处理。

1）电缆绝缘处理前应测量电缆绝缘以及预制件尺寸，确认上述尺寸是否符合工艺图纸要求。

2）电缆绝缘表面应进行打磨抛光处理，110kV 电缆应使用 400 号及以上砂纸或砂带。初始打磨时可使用 240 号砂纸或砂带进行粗抛，并按照由小至大的顺序选择砂纸或砂带进行打磨。打磨时每一号砂纸或砂带应从两个方向打磨 10 遍以上，直到上一号砂纸或砂带的痕迹消失，如图 9-38 所示。

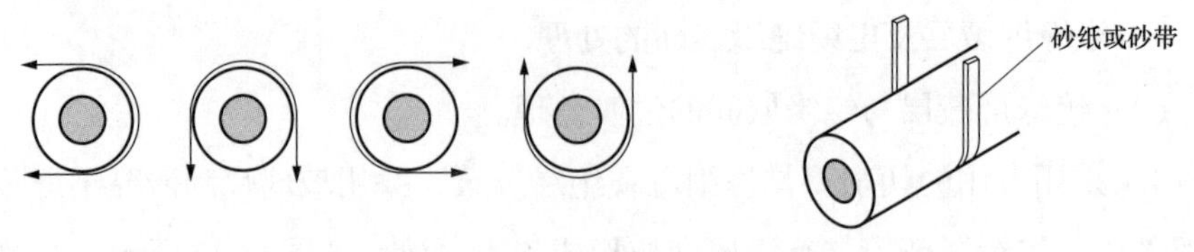

图 9-38　电缆绝缘表面抛光处理二

3）打磨抛光处理重点部位是绝缘屏蔽断口附近的绝缘表面，打磨处理完毕后应测量绝缘表面直径，如图 9-39 所示。测量时应多选择几个测量点，每个测量点宜测两次，确保绝缘表面的直径达到设计图纸所规定的尺寸范围。测量完毕应再次打磨抛光测量点，以去除痕迹。

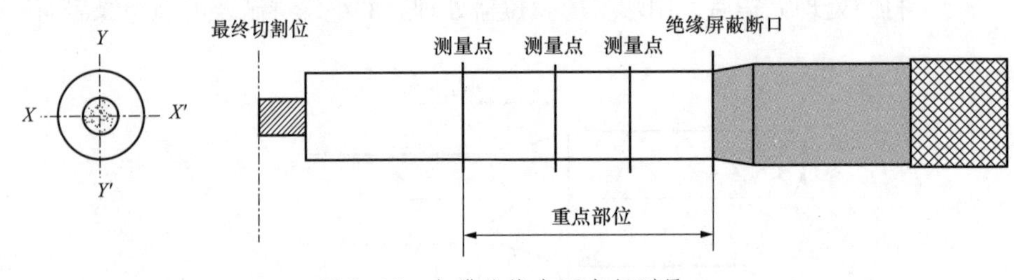

图 9-39　电缆绝缘表面直径测量二

4）打磨抛光处理完毕后，绝缘表面的粗糙度（目视检测）宜按照工艺要求执行，如工艺书未注明，建议控制在不大于 300mm，现场可用平行光源进行检查。

5）打磨处理完毕后，用塑料薄膜覆盖抛光过的绝缘表面。

6. 套入橡胶预制件及导体连接

（1）以交联聚乙烯绝缘电缆中间接头整体预制式为例。

1）套入绝缘预制件。整体预制式中间接头如图 9-40 所示。套入绝缘预制件时应注意：

a. 保持电缆绝缘层的干燥和清洁。

b. 施工过程中应避免损伤电缆绝缘。

c. 在暴露电缆绝缘表面上，清除所有半导电材料的痕迹。

d. 涂抹硅脂或硅油时，应使用清洁的手套。

e. 只有在准备扩张时，才可打开预制橡胶绝缘件的外包装。

f. 在套入预制橡胶绝缘件前，应清洁黏在电缆绝缘表面上的灰尘或其他残留物，清洁方向应由绝缘层朝向绝缘屏蔽层。

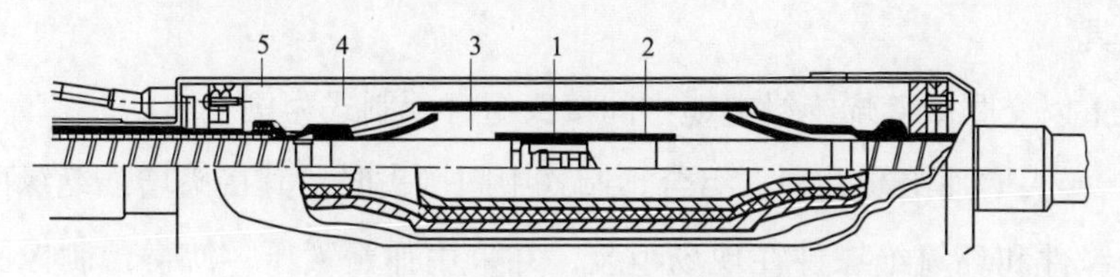

图 9-40 整体预制式中间接头示意图

1—导体连接；2—高压屏蔽；3—绝缘预制件；4—空气或浇注防腐材料；5—保护外壳

2）预制件定位。

a. 清洁电缆绝缘表面并确保电缆绝缘表面干燥无杂质。采用专用收缩工具或扩张工具（如图 9-41 所示），将预制橡胶绝缘件抽出套在电缆绝缘上，并检查橡胶预制件的位置满足工艺图纸要求。

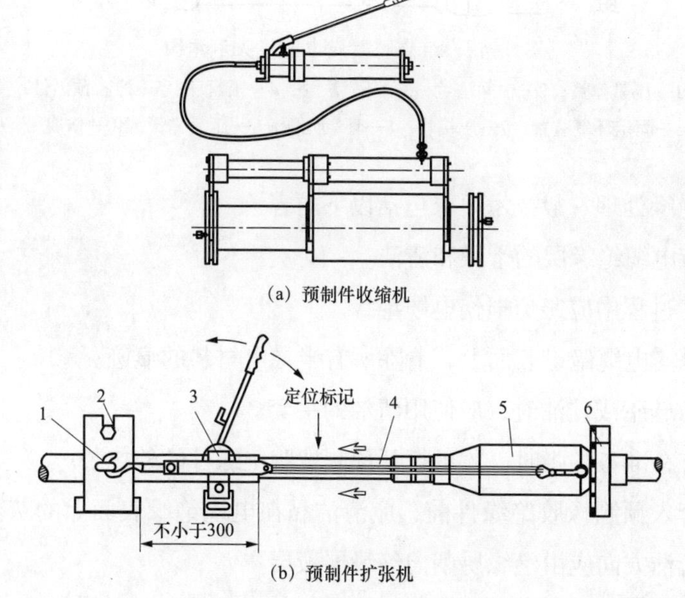

(a) 预制件收缩机

(b) 预制件扩张机

图 9-41 专用收缩工具和扩张工具

1—固定钩；2—电缆卡座；3—紧线器；4—钢丝绳；5—预制件；6—预制件卡座

b. 预制式中间接头一般要求交联聚乙烯电缆绝缘的外径和预制橡胶绝缘件的内径之间有较大的过盈配合，以保持预制橡胶绝缘件和交联聚乙烯电缆绝缘界面有足够的压力。因此，安装预制式中间接头宜使用专用收缩工具和扩张工具。

（2）以交联聚乙烯绝缘电缆中间接头组合预制式为例。

1）接头增强绝缘处理。组合预制式中间接头时，其接头增强绝缘由预制橡胶绝缘件和环氧绝缘件在现场组装，并采用弹簧紧压，使得预制橡胶绝缘件与交联聚乙烯电缆绝缘界面达到一定压力，以保持界面电气绝缘强度，如图 9-42 所示。

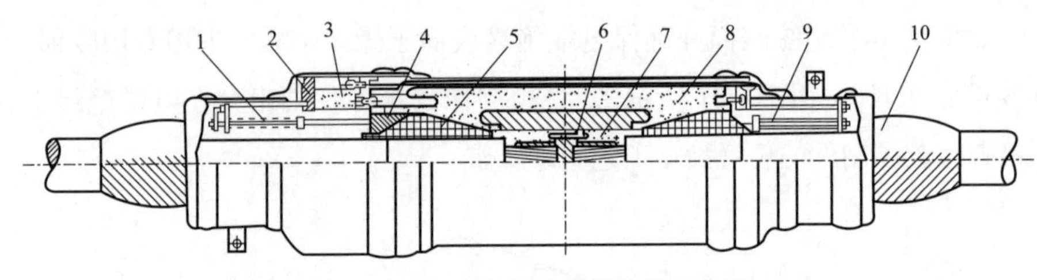

图 9-42　组合预制式中间接头示意图

1—压紧弹簧；2—中间法兰；3—环氧法兰；4—压紧环；5—橡胶预制件；6—固定环氧装置；7—压接管；8—环氧元件；9—压紧弹簧；10—防腐带

增强绝缘处理一般技术要求包括以下内容：

a. 保持电缆绝缘层的干燥和清洁。

b. 施工过程中应避免损伤电缆绝缘。

c. 在暴露电缆绝缘表面上，清除所有半导电材料的痕迹。

d. 涂抹硅脂或硅油时，应使用清洁的手套。

e. 只有在准备扩张时，才可打开预制橡胶绝缘件的外包装。

f. 在套入预制橡胶绝缘件前，应清洁黏在电缆绝缘表面上的灰尘或其他残留物，清洁方向应由绝缘层朝向绝缘屏蔽层。

g. 用色带做好橡胶预制件在电缆绝缘上最终安装位置的标记。

h. 清洁电缆绝缘表面，环氧树脂预制件及橡胶制件的内、外表面。将橡胶预制件、环氧树脂件、压紧弹簧装置、接头铜盒、热缩管材等部件预先套入电缆。

2）预制件定位与固紧。预制件固紧示意图如图 9-43 所示。

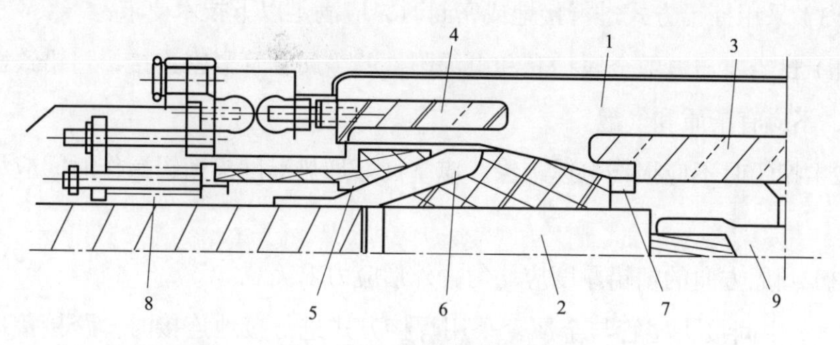

图 9-43 预制件固紧示意图

1—环氧树脂件；2—电缆绝缘；3—高压屏蔽电极；4—接地电极；5—压环；
6—橡胶预制应力锥；7—防止电缆绝缘收缩的夹具；8—弹簧；9—导体接头

a. 安装前，再用清洗剂清洁电缆绝缘表面、橡胶预制件外表面。待清洗剂挥发后，在电缆绝缘表面、橡胶预制件外表面及环氧树脂预制内表面上均匀涂上少许硅脂，硅脂应符合要求。

b. 用供货商提供（或认可）的专用工具把橡胶预制件套入相应的标志位置。

c. 根据工艺及图纸要求，用力矩扳手调整弹簧压紧装置并紧固。用清洁剂清洗掉残存的硅脂。

3）导体连接。导体连接前，应将经过扩张的预制橡胶绝缘件、接头铜盒、热缩管材等部件预先套入电缆。压接后连接金具表面不应有裂纹和毛刺，所有边缘处不应有尖端。电缆导体与接线端子应笔直无翘曲。

7. 带材绕包

根据工艺要求绕包半导电带、金属屏蔽带、防水带。注意绝缘接头和直通接头的区别，按照工艺要求恢复外半导电屏蔽层。

8. 外保护盒密封与接地处理

（1）中间接头尾管与金属护套进行接地连接时，可采用搪铅方式或采用接地线焊接等方式。

（2）中间接头密封可采用搪铅方式或采用环氧混合物 / 玻璃丝带等方式。

（3）采用搪铅方式进行接地或密封时，应满足以下技术要求：

1）封铅要与电缆金属护套和电缆附件的金属套管紧密连接，封铅致密性要好，不应有杂质和气泡。

2）搪铅时不应损伤电缆绝缘，应掌握好加热温度，搪铅操作时间应尽量缩短。

3）圆周方向的搪铅厚度应均匀，外形应力求美观。

（4）中间接头尾管与金属套采用焊接方式进行接地连接时，跨接接地线截面应满足系统短路电流通流要求。

（5）采用环氧混合物 / 玻璃丝带方式密封时，应满足以下技术要求：

1）金属套和接头尾管需要绕包环氧玻璃丝带的地方应采用砂纸进行打磨。

2）环氧树脂和固化剂应混合搅拌均匀。

3）先涂上一层环氧混合物，再绕包一层半搭盖的玻璃丝带，按此顺序重新进行该工序，直到环氧混合物 / 玻璃丝带的厚度超过 3mm。

4）每层玻璃丝带下方为环氧涂层，应使每层玻璃丝带全部浸在环氧混合物中，避免水分与环氧混合物接触。

5）确保环氧混合物固化，时间宜控制在 2h 以上。

（6）收尾处理。中间接头收尾工作，应满足以下技术要求：

1）安装交叉互联换位箱及接地箱 / 接地线时，接地线与接地线鼻子的连接应采用机械压接方式，接地线鼻子与接头铜盒接地铜排的连接宜采用螺栓连接方式。

2）同一线路同类中间接头，其接地线或同轴电缆布置应统一，接地线排列及固定、同轴电缆的走向应统一，且为以后运行维护工作提供便利。

3）中间接头接地连接线应尽量短，3m 以上宜采用同轴电缆，连接线截面积应满足系统单相接地电流通过时的热稳定要求，连接线的绝缘水平不得低于电缆外护套的绝缘水平。

第四节 电力电缆试验

电缆线路主要试验项目包括电缆主绝缘及外护套绝缘电阻测量、主绝缘交流耐压试验、单芯电缆外护套直流耐压试验、电缆两端的相位检查、金属屏蔽（金属套）电阻和导体电阻比、采用交叉互联接地电缆线路的交叉互联系统试验和局部放电检测试验。

一、电缆线路试验的一般规定

（1）对电缆的主绝缘作耐压试验或测量绝缘电阻时，应分别在每一相上进行。对一相进行试验或测量时，其他两相导体、金属屏蔽或金属套和铠装层一起接地。

（2）对金属屏蔽或金属套一端接地，另一端装有护层过电压保护器的单芯电缆主绝缘作耐压试验时，必须将护层过电压保护器短接，使这一端的电缆金属屏蔽或金属套临时接地。

（3）对额定电压为 0.6/1kV 的电缆线路应用 2500V 绝缘电阻表测量导体对地绝缘电阻代替耐压试验，试验时间 1min。

二、主绝缘及外护套绝缘电阻测量

（1）电缆主绝缘电阻测量应采用 2500V 及以上电压的绝缘电阻表，外护套绝缘电阻测量宜采用 1000V 绝缘电阻表。

（2）耐压试验前后，绝缘电阻应无明显变化。电缆外护套绝缘电阻不低于每千米 0.5MΩ。

三、主绝缘交流耐压试验

（1）采用频率范围为 20～300Hz 的交流电压对电缆线路进行耐压试验，试验电压及耐受时间见表 9-2。

（2）66kV 及以上电缆线路主绝缘交流耐压试验时应同时开展局部放电测量。

表 9-2　　交流耐压试验电压及耐受时间

<table>
<tr><td rowspan="2">额定电压 U_0/U（kV）</td><td colspan="2">试验电压</td><td rowspan="2">耐受时间（min）</td></tr>
<tr><td>新投运线路或不超过 3 年的非新投运线路</td><td>非新投运线路</td></tr>
<tr><td>18/30 及以下</td><td>$2.5U_0$（$2U_0$）</td><td>$2U_0$（$1.6U_0$）</td><td>5（60）</td></tr>
<tr><td>21/35～64/110</td><td>$2U_0$</td><td>$1.6U_0$</td><td rowspan="4">60</td></tr>
<tr><td>127/220</td><td rowspan="3">$1.7U_0$</td><td rowspan="3">$1.36U_0$</td></tr>
<tr><td>190/330</td></tr>
<tr><td>290/500</td></tr>
</table>

四、外护套直流耐压试验

对单芯电缆外护套连同接头外保护层施加 10kV 直流电压，试验时间 1min 不应击穿。为有效试验，外护套外表面应接地良好。

五、电缆两端相位检查

检查电缆两端的相位，应与电网的相位一致。

六、交叉互联系统试验

1. 交叉互联系统对地绝缘的直流耐压试验

试验时必须将护层过电压保护器断开。在互联箱中将两侧的三相电缆金属套都接地，使绝缘接头的绝缘环也能结合在一起进行试验，然后分别在每段电缆金属屏蔽或金属套与地之间施加 5kV 直流电压，加压时间 1min，不应击穿。

2. 非线性电阻型护层过电压保护器试验

（1）氧化锌电阻片。对电阻片施加直流参考电流后测量其压降，即直流参考电压，其值应在产品标准规定的范围之内。

（2）非线性电阻片及其引线的对地绝缘电阻。将非线性电阻片的全部引线并联在一起与接地的外壳绝缘后，用1000V绝缘电阻表测量引线与外壳之间的绝缘电阻，其值不应小于10MΩ。

3. 交叉互联正确性检查试验

使所有互联箱连接片处于正常工作位置，在每相电缆导体中通以大约100A的三相平衡试验电流。在保持试验电流不变的情况下，测量最靠近交叉互联箱处的金属套电流和对地电压。测量完后将试验电流降至零，切断电源。然后将最靠近的交叉互联箱内的连接片重新连接成模拟错误连接的情况，再次将试验电流升至100A，并再测量该交叉互联箱处的金属套电流和对地电压。测量完后将试验电流降至零，切断电源，将该交叉互联箱中的连接片复原至正确的连接位置。最后将试验电流升至100A，测量电缆线路上所有其他交叉互联箱处的金属套电流和对地电压。试验结果符合下述要求，则认为交叉互联系统的性能是良好的：

（1）在连接片做错误连接时，试验能明显出现异常的大金属套电流。

（2）在连接片正确连接时，将测得的任何一个金属套电流乘以一个系数（其值等于电缆的额定电流除以上述的试验电流）后所得的电流值不会使电缆额定电流的降低量超过3%。

（3）将测得的金属套对地电压乘以上述（2）项中的系数，不超过电缆在负载额定电流时规定的感应电压的最大值。

4. 互联箱试验

（1）接触电阻。本试验在做完护层过电压保护器的上述试验后进行。将闸刀（或连接片）恢复到正常工作位置后，用双臂电桥测量闸刀（或连接片）的接触电阻，其值不应大于20μΩ。

（2）闸刀（或连接片）连接位置。本试验在以上交叉互联系统的试验合格后密封互联箱之前进行。连接位置应正确。如发现连接错误而重新连接后，则必须重测闸刀（连接片）的接触电阻。

七、超声波局部放电检测

（1）检测对象及环境的温度宜在 -10 ~ +40℃范围内，空气相对湿度不应大于 90%，若在室外不应在有雷、雨、雾、雪环境下进行检测。

（2）超声波局部放电检测设备技术参数应满足：测量量程为 0 ~ 55dB，分辨率优于 1dB，误差在 ±1dB 以内。

（3）超声波局部放电检测一般通过接触式超声波探头，在电缆终端套管、尾管以及 GIS 外壳等部位进行检测。

八、高频局部放电测试

（1）采用在电缆终端、接头的交叉互联线、接地线等位置安装的高频 TA 传感器或其他类型传感器进行局部放电检测。

（2）检测对象及环境的温度宜在 -10 ~ +40℃范围内，空气相对湿度不应大于 90%，不应在有雷、雨、雾、雪环境下作业；在电缆设备上无各种外部作业；进行检测时应避免其他设备干扰源等带来的影响。

（3）首先根据相位图谱特征判断测量信号是否具备 50Hz 相关性，若具备，说明存在局放，继续如下步骤：

1）排除外界环境干扰，即排除与电缆有直接电气连接的设备（如变压器、GIS 等）或空间的放电干扰。

2）根据各检测部位的幅值大小（即信号衰减特性）初步定位局放部位。

3）根据各检测部位三相信号相位特征，定位局放相别。

4）根据单个脉冲时域波形、相位图谱特征初步判断放电类型。

5）在条件具备时，综合应用超声波局放仪、示波器等仪器进行精确的定位。

九、超高频局部放电测试

（1）超高频局部放电测试主要适用于电缆 GIS 终端的检测。

（2）检测对象及环境的温度宜在 -10 ~ +40℃范围内，空气相对湿度不应大于 90%，不应在有雷、雨、雾、雪环境下作业；试验端子要保持清洁；室内检测避免气体放电灯对检测数据的影响；检测时应避免手机、照相机闪光灯、电焊等无线信号的干扰。

（3）利用超高频传感器从 GIS 电缆终端环氧套管法兰处进行信号耦合，检测前应尽量排除环境的干扰信号。检测中对干扰信号的判别可综合利用超高频法典型干扰图谱、频谱仪和高速示波器等仪器和手段进行。进行局部放电定位时，可采用示波器进行精确定位。

（4）首先根据相位图谱特征判断测量信号是否具备 50Hz 相关性，若具备，继续如下步骤：

1）排除外界环境干扰，将传感器放置于电缆接头上检测信号与在空气中检测信号进行比较，若一致并且信号较小，则基本可判断为外部干扰；若不一样或变大，则需进一步检测判断。

2）检测相邻间隔的信号，根据各检测间隔的幅值大小（即信号衰减特性）初步定位局放部位。必要时可使用工具把传感器绑置于电缆接头处进行长时间检测，时间不少于 15min，进一步分析峰值图形、放电速率图形和三维检测图形综合判断放电类型。

3）条件具备时，综合应用超声波局放仪、示波器等仪器进行精确的定位。

十、振荡波局部放电测试

（1）振荡波局部放电测试适用于 35kV 及以下电缆线路的停电检测。

（2）检测对象及环境的温度宜在 -10 ~ +40℃范围内，空气相对湿度不应大于 90%，不应在有雷、雨、雾、雪环境下作业；试验端子要保持清洁；避免电焊、气体放电灯等强电磁信号干扰。

（3）试验电压应满足：

1）试验电压的波形连续 8 个周期内的电压峰值衰减不应大于 50%。

2）试验电压的频率应介于 20 ~ 500Hz。

3）试验电压的波形为连续两个半波峰值呈指数规律衰减的近似正弦波。

4）在整个试验过程中，试验电压的测量值应保持在规定电压值的 ±3% 以内。

（4）被测电缆本体及附件应当绝缘良好，存在故障的电缆不能进行测试。被测电缆的两端应与电网的其他设备断开连接，避雷器、电压互感器等附件需要拆除，电缆终端处的三相间需留有足够的安全距离。

（5）已投运的交联聚乙烯绝缘电缆最高试验电压 1.7U_0，接头局部放电超过 500pC、本体超过 300pC 应归为异常状态；终端超过 5000pC 时，应在带电情况下采用超声波、红外等手段进行状态监测。

参考题

一、选择题

1. 将电缆导体连通，而将金属护套、接地屏蔽层和绝缘屏蔽在电气上断开的中间接头是（　　）。

A. 直通接头　　B. 绝缘接头　　C. 转换接头

2. 目前，国内使用的高压交联聚乙烯电缆终端的主要形式为（　　）。

A. 热收缩终端　　B. 预制橡胶应力锥终端

C. 冷收缩终端

3. 用于连接两根电缆形成连续电路的中间接头称为（　　）。

A. 直通接头　　B. 绝缘接头　　C. 转换接头

4. 整体式预制型电缆中间接头现场安装时，（　　）。

A. 将整体预制件直接套在电缆绝缘上　　B. 需要进行复杂的组装

C. 需要进行制造和组装

5. 组装式预制型电缆中间接头结构中采用（　　）制成。

A. 单一材料整体　　B. 多种不同材料　　C. 单一材料分段组合

6. 组装式预制型电缆中间接头内（　　）。

A. 不需要填充绝缘剂或充气　　B. 需要充气

C. 需要填充绝缘剂

7. 电缆直接与电气设备相连接，高压导电金属处于全绝缘状态的终端，称为（　　）。

A. 普通户内终端　　B. 设备终端　　C. 户外终端

8. 电缆终端处沿电缆长度方向的电场，在靠近（　　）处最大。

A. 铅套边缘　　B. 线芯边缘　　C. 绝缘层边缘

9. 对 20kV 及以上电缆的中间接头，电应力控制的传统办法是（　　）。

A. 切削反应力锥　　B. 应力锥　　C. 铅胀

10. 国内外学者一致推荐（　　）作为交联聚乙烯电缆绝缘状况评价的最佳方法。

A. 局部放电试验　　B. 泄漏电流试验　　C. 耐压试验

二、判断题

1.500kV 模塑式终端接头的优点是操作工艺简单、生产工期短。（　　）

2. 电缆的安装中，不需要打磨光滑的有连接管和端子压接等连接的表面。（　　）

3. 电缆的中间接头是仅连接电缆的导体，以使电缆线路连续的装置。（　　）

4. 电缆的中间接头与终端接头都具有电应力控制的作用。（　　）

5. 电缆附件包括终端接头和中间接头。（　　）

6. 电缆接头成败的关键是电缆接头增绕绝缘和电场的处理。（　　）

7. 电缆绝缘表面的半导电颗粒要擦拭，但不能用擦过绝缘层的清洁纸擦拭。(　　)

8. 冷缩电缆终端的收缩依靠低温下的热胀冷缩收缩。(　　)

9. 为保证电缆的绝缘部分能长期使用，其绝缘部分和接头附件需要敞露于空气中。(　　)

10. 测量电缆绝缘电阻时，1kV 及以上电缆用 1000V 绝缘电阻表。(　　)

第十章 CHAPTER TEN

电力电缆的运行与检修

本章主要介绍了电缆及通道验收阶段分类、各阶段的验收标准和技术要求、电缆运行的重要手段状态评价和状态检修，叙述了电缆故障分类和故障处理的步骤与常用方法。

第一节 电力电缆线路的验收

验收按照阶段分为到货验收、中间验收和竣工验收。另外施工单位还应该在不同阶段同步进行自验收工作。

一、到货验收

（1）设备到货后，运维单位应参与对现场物资的验收。

（2）检查设备外观、设备参数是否符合技术标准和现场运行条件。

（3）检查设备合格证、试验报告、专用工器具、设备安装与操作说明书、设备运行检修手册等是否齐全。

（4）每批次电缆应提供抽样试验报告。

二、中间验收

（1）验收前工作准备。建设单位提供相应的设计图、隐蔽工程照片、施工路径图等资料，应做好有限空间作业准备工作，做好通风、杂物和积水清理，提前开井。监理单位应提供工程监理报告。

（2）运维单位根据施工计划参与隐蔽工程（电缆井、电缆管沟、环网单元、电缆分支箱土建等）和关键环节的中间验收。

（3）监理单位记录中间验收纪要，运维单位督促建设单位对发现的问题进行整改并协同监理参与复验。

三、竣工验收

竣工验收包括资料竣工验收和现场竣工验收。

1. 资料竣工验收

（1）电缆通道的城市批准规划文件，沿线施工与有关单位签署的各种协议。

（2）完整的设计资料，含设计变更说明。

（3）工程施工监理文件、质量文件。

（4）电缆线路施工记录。

1）隐蔽工程检查记录或签证。

2）电缆敷设记录。

3）质量检验及验收记录。

4）66kV级以上电缆终端和接头安装还应该提供关键工艺工序记录。

（5）电缆线路原始记录。

1）电缆型号、规格及实际敷设总长度和分段长度，电缆终端和接头的型式及安装日期。

2）电缆终端和接头填充的绝缘材料名称、型号。

（6）提供电缆及通道竣工图、电气一次接线图、地理信息图、敷设位置图。

1）地理信息图应包含电缆及通道重要拐点、中间接头、电缆分支箱、环网单元、电缆井设备的GIS坐标。

2）敷设位置图比例宜为1:500，地下管线密集地段可为1:100，在管线稀少、地形简单的地段可为1:1000；平行敷设的电缆线路宜合用一张图纸。图上应标明各线路的相对位置，并有地下管线剖面图及其相对最小距离，提交相关管线资料，明确安全距离。

（7）制造厂商提供的产品说明书、试验记录、合格证及安装图等技术文件。

（8）电缆交接试验记录。

（9）在线监测系统的出厂试验报告、现场调试报告和现场验收报告。

2．现场竣工验收

电缆工程的现场竣工验收，应按照第八章第三节的技术要求并结合以下内容进行：

（1）电缆及附件额定电压、型号规格应符合设计要求。

（2）电缆排列应整齐，无机械损伤，标识牌应装设齐全、正确、清晰。

（3）电缆的固定、弯曲半径、相关间距和单芯电力电缆的金属护层的接线等应符合设计要求和规定，相位、极性排列应与设备连接相位、极性一致，并符合设计要求。

（4）电缆终端、电缆接头应固定牢靠，电缆接线端子与所接设备端子应接触良好，接地箱和交叉互联箱的连接点应接触良好。

（5）电缆线路接地点应与接地网接触良好，接地电阻值应符合设计要求。

（6）电缆终端的相色或极性标识应正确，电缆支架等的金属部位防腐层应完好。电缆管口封堵应严密。

（7）电缆井、沟内无杂物、积水，盖板齐全；隧道内无杂物，消防、监控、暖通、照明、通风、给排水等设施符合设计要求。

（8）电缆通道路径标志或标桩应与实际路径相符，清晰、牢固。

（9）水下电缆线路陆地段，禁锚区内的标志和夜间照明装置应符合设计要求。

（10）防火措施应符合设计要求，施工质量合格。

（11）隐蔽工程应进行中间验收并做好记录和签证。

（12）电缆线路施工完毕后，按照标准做好相关电气交接试验。

1）对于橡塑绝缘电缆交接试验项目应包括：主绝缘及外护层绝缘电阻测量、主绝缘交流耐压试验、电缆线路两端相位检查、局部放电检测。

2）单芯电缆还应增加外护套直流耐压试验、交叉互联系统试验。

第二节 电力电缆线路状态检修

一、状态评价周期

状态评价是开展状态检修的关键，通过持续开展设备状态跟踪监视，综合停电试验、带电检测、在线监测等各种技术手段，准确掌握设备运行状态和健康水平，以制定相应的状态检修策略，防患于未然，最大程度减少设备故障停运及其所带来的损失，减少设备周期停电所带来的供电风险，以及检修试验的成本和风险，提高设备的可靠性，充分保障电网安全运行。包括定期评价和动态评价。

定期评价特别重要设备 1 年 1 次，重要设备 2 年 1 次，一般设备 3 年 1 次；动态评价应根据设备状况、运行工况、环境条件等因素适时开展。

动态评价包括新设备首次评价、缺陷评价、不良工况评价、检修评价、家族缺陷评价、特殊时期专项评价等工作。

（1）新设备首次评价应根据设备出厂试验、交接试验以及带电检测数据等信息，在设备投运后 3 个月内完成。

（2）缺陷评价应在发现运行设备缺陷后，按照缺陷处理时限要求同步完成。

（3）不良工况评价应在设备经受高温、雷电、冰冻、洪涝等自然灾害、外力破坏等环境影响以及超温、过负荷、外部短路等工况，恢复运行后 1 周内完成。

（4）检修评价应根据设备检修及试验相关信息在检修工作完成后 2 周内完成。

（5）家族缺陷评价应在家族缺陷发布后，根据发布家族缺陷信息 1 个月内完成。

（6）特殊时期专项评价在特殊时期开始前 1 个月内完成。

二、评价依据

1. 缺陷

根据运行安全的影响程度和处理方式进行分类。缺陷分为一般缺陷、严重缺陷和危急缺陷三类。

（1）一般缺陷。设备本身及周围环境出现不正常情况，一般不威胁设备的安全运行，可列入小修计划进行处理的缺陷，可结合检修计划尽早消除，但必须处于可控状态。

（2）严重缺陷。设备处于异常状态，可能发展为事故，但设备仍可在一定时间内继续运行，须加强监视并进行大修处理的缺陷，应该在一周内进行消除。

（3）危急缺陷。严重威胁设备的安全运行，若不及时处理，随时可能导致事故的发生，必须尽快消除或采取必要安全技术措施进行处理的缺陷，应在一天内处理。

2. 红外检测

红外检测利用红外成像技术，对电力系统中具有电流、电压致热效应或其他致热效应的带电设备进行检测和诊断。电压型致热设备的缺陷宜纳入严重及以上缺陷管理。

电流、电压致热效应相关判断依据见表 10–1、表 10–2。表 10–2 中包含的温差与相对温差，这两个概念释义如下：

（1）温差：不同被测设备表面或同一被测设备不同部位表面温度之差。

（2）相对温差 δ：两个对应测点之间温升之差与其中较高温度点的温升之比的百分数。

表 10–1　　电流致热型设备缺陷诊断依据

设备部位		热像特征	故障特征	紧急缺陷	严重缺陷	一般缺陷
设备与金属部位的连接	接头和线夹	以线夹和接头为中心的热像，热点明显	接触不良	热点温度≥ 110℃或 $\delta \geq 95\%$ 且热点温度≥ 80℃	80℃≤热点温度≤ 110℃或 $\delta \geq 80\%$ 且热点温度未达紧急缺陷温度值	$\delta \geq 35\%$ 但热点温度未达严重缺陷温度值

续表

设备部位		热像特征	故障特征	紧急缺陷	严重缺陷	一般缺陷
金属部件与金属部件的连接	接头和线夹	以线夹和接头为中心的热像，热点明显	接触不良	热点温度≥ 130℃或 $\delta \geq 95\%$ 且热点温度≥ 90℃	90℃≤热点温度≤ 130℃或 $\delta \geq 80\%$ 且热点温度未达紧急缺陷温度值	$\delta \geq 35\%$ 但热点温度未达严重缺陷温度值

表 10-2　　　　电压致热型设备缺陷诊断依据

设备部位	热像特征	故障特征	温差（K）	相对温差
电缆终端	橡塑绝缘电缆半导电断口过热	内部可能有局部放电	5 ~ 10	
	以整个电缆头为中心的热像	电缆头受潮、劣化或气隙	0.5 ~ 1	$\delta \geq 20\%$ 或有不均匀热像
	以护层接地连接为中心的发热	接地不良	5 ~ 10	
	伞裙局部区域过热	内部可能有局部放电	0.5 ~ 1	
	根部有整体性过热	内部介质受潮或性能异常	0.5 ~ 1	

3. 接地电流检测

通过电流互感器或钳形电流表对设备接地回路的接地电流进行检测，诊断依据见表 10–3。

表 10–3　　　　高压电缆线路接地电流检测诊断依据

正常	注意	异常或严重
满足下面全部条件： （1）接地电流绝对值＜ 50A； （2）接地电流与负荷比值＜ 20%； （3）单相接地电流最大值 / 最小值＜ 3	满足任何一项条件时： （1）50A ≤接地电流绝对值≤ 100A； （2）20% ≤接地电流与负荷比值≤ 50%； （3）3 ≤单相接地电流最大值 / 最小值≤ 5	满足任何一项条件时： （1）接地电流绝对值＞ 100A； （2）接地电流与负荷比值＞ 50%； （3）单相接地电流最大值 / 最小值＞ 5

4. 局部放电检测

（1）高频局部放电检测评价依据。

正常：无典型放电图谱，无放电特征。

注意：具备放电特征且放电幅值较小，有可疑放电特征，放电相位图谱180° 分布特征不明显，幅值正负模糊。

严重或异常：具备放电特征且放电幅值较大，有可以疑电特征，放电相位图谱180° 分布特征明显，幅值正负分明。

（2）超声波检测诊断依据。

正常：无典型放电图谱。

注意：具备放电特征且放电幅值较小。

严重或异常：具备放电特征且放电幅值较大。

三、检修分类

按工作内容及工作涉及范围，将检修工作分为：A类检修、B类检修、C类检修、D类检修四类。

1. A类检修

指电缆线路整体性检查、维修、更换和试验。

（1）电缆整体更换。

（2）电缆附件整批更换。

2. B类检修

指电缆线路局部性检修，部件检查、维修、更换和试验。

（1）主要部件更换及加装：电缆少量更换、电缆附件部分更换。

（2）其他部件批量更换及加装：接地箱修复或更换、交叉互联箱修复或更换、接地电缆修复。

（3）主要部件处理：更换或修复电缆线路附属设备、修复电缆线路附属设施。

（4）诊断性试验。

3. C 类检修

指对电缆线路常规性检查、维护和试验。

（1）外观检查。

（2）周期性维护。

（3）例行试验。

（4）其他需要线路停电配合的检修项目。

4. D 类检修

指电缆及通道在不停电状态下进行的带电测试、外观检查和维修。

（1）专业巡检。

（2）不需要停电的电缆缺陷处理。

（3）通道缺陷处理。

（4）在线监测装置、综合监控装置检查维修。

（5）带电检测。

（6）其他不需要线路停电配合的检修项目。

四、评价结果及检修策略

电缆线路的状态检修策略既包括年度检修计划的制定，也包括缺陷处理、试验、不停电的维修和检查等。检修策略应根据设备状态评价的结果动态调整。

年度检修计划每年至少修订一次。根据最近一次设备的状态评价结果，考虑设备风险评估因素，并参考制造厂家的要求确定下一次停电检修时间和检修类别。在安排检修计划时，应协调相关设备检修周期，统一安排、综合检修，避免重复停电。

对于设备缺陷，根据缺陷性质，按照缺陷管理相关规定处理。同一设备存在多种缺陷，也应尽量安排在一次检修中处理，必要时，可调整检修类别。

C 类检修正常周期宜与试验周期一致。不停电维护和试验根据实际情况安排。

电缆及通道按照状态评价结果分为：正常、注意、异常、严重四种。

1．“正常状态”检修策略

被评价为“正常状态”的设备，检修周期按基准周期延迟 1 个年度执行。超过 2 个基准周期未执行 C 类检修的设备，应结合停电执行 C 类检修。

2．“注意状态”检修策略

被评价为“注意状态”的电缆线路，如果单项状态量扣分导致评价结果为“注意状态”时，应根据实际情况缩短状态检测和状态评价周期，提前安排 C 类或 D 类检修。如果由多项状态量合计扣分导致评价结果为“注意状态”时，应根据设备的实际情况，增加必要的检修和试验内容。

3．“异常状态”检修策略

被评价为“异常状态”的电缆线路，根据评价结果确定检修类型，并适时安排 C 类或 B 类检修。

4．“严重状态”检修策略

被评价为“严重状态”的电缆线路应立即安排 B 类或 A 类检修。

第三节 电力电缆线路故障及处理

一、电缆故障性质分类

电缆故障主要可以分为以下五类：

（1）接地故障：电缆一相对地绝缘击穿，分为低阻和高阻接地。

（2）短路故障：电缆两相或三相绝缘击穿短路。

（3）断线故障：电缆导体熔断或受外力影响造成断路。

（4）闪络性故障：多出现在电缆中间接头或终端头内。多发生在耐压试验过程中，试验时绝缘被击穿，形成间隙性放电通道。当试验电压达到某一定值时，发生击穿放电；而当击穿后放电电压降至某一值时，绝缘又恢复正常，这种故障称为开放性闪络故障。特殊条件下，绝缘击穿后又恢复正常，即使提高试验电压，也不再击穿，这种故障称为封闭性闪络故障。

（5）混合性故障：具有上述两种及以上的故障称为混合性故障。

二、电缆故障性质诊断

以 10kV 交联聚乙烯三相电缆为例，运行中的电缆发生故障时，应初步判断电缆故障性质。

1. 单相接地故障判断

电缆两端解开后，使用 2500V 或 5000V 绝缘电阻表分别测量每一相线芯对地绝缘电阻，如果某一相对地绝缘电阻数值小于经验参考值（一般为几百兆欧），则怀疑该相出现接地故障，如果仍然无法确认，则可以采用预防性交流耐压试验进一步确认是否发生接地。当绝缘电阻表测得电缆对地绝缘为零时，可以使用更小量程的万用表进行测量，从而确定为低阻还是高阻接地。一般情况下低阻故障小于几百欧姆。

需要说明的是，电缆绝缘电阻只是判断绝缘强度的一个依据，没有一个绝对的界限值判断电缆是否良好，但是可以通过比较三相绝缘电阻差别来判断，如果某一相绝缘电阻明显低于其他两相，则可以怀疑该相有接地可能。

2. 相间短路故障判断

电缆两端解开后，绝缘电阻表分别测量两线芯两两之间绝缘电阻，其判断方法同单相接地故障判断方法。

3. 断线故障判断

电缆断线故障发生的概率较小，由于电压等级较高，一般的断线故障都会伴随着接地和短路。在初步判断电缆未发生单相接地和短路的情况下，将电缆一端三相短接，另一端使用万用表对两相之间进行导通试验，例如出现 A–B 导通，A–C 无法导通，B–C 无法导通，则可以判断 C 相出现断线。

4. 闪络性故障判断

对于以上故障类型都不是的情况，则可以考虑为闪络性故障，其中封闭性闪络故障没有较好的处理方法，可以考虑将运行环境较差的中间接头、终端头重新制作来改善整段电缆使用寿命。

5. 混合性故障

通过判断同时具备以上四种故障中两种及以上的故障。

三、电缆路径探测

确定电缆故障性质后，需要对路径不明的电缆进行探测。目前电缆路径探测方法主要为音频感应法，即向被测电缆中加入特定频率的电流信号，在电缆的周围接收该电流信号产生的磁场信号，然后通过磁电转换，转换为人们容易识别的音频信号，从而探测出电缆路径。如图 10-1 所示为电缆路径探测仪，接收这个音频磁场信号的工具是一个感应线圈，滤波后通过耳机或显示器有选择地把加入到电缆上的特定频率的电流信号用声音或波形的方式表现出来，以使人耳朵或眼睛能识别这个信号，从而确定被测电缆的路径。按照原理主要有音谷法、音峰法和极大值法。虽然设备原理不同，但实际使用中的可视化界面基本统一，可以轻易的识别出被测电缆路径。

音频感应法接线方式有相地接法、相间接法、相铠接法、铠地接法、利

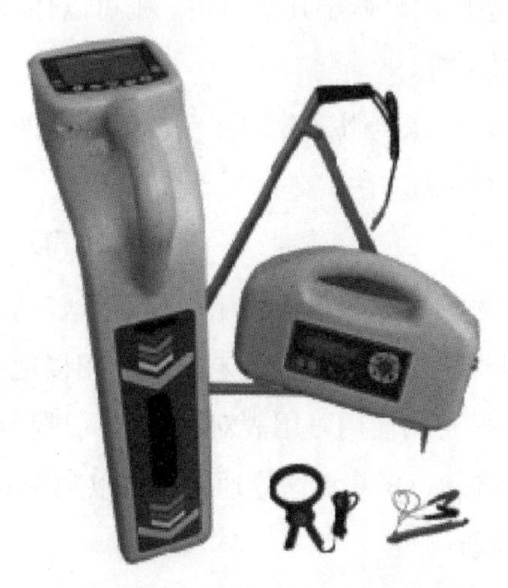

图 10-1　电缆路径探测仪

用耦合线圈感应间接注入信号法等多种。一般相铠接法、相地接法、铠地接法较为常用，效果也较好，在测量时，要根据实际情况和不同厂家设备说明来选择，以达到最快探测电缆路径的目的。

四、故障电缆识别

在几条并列敷设的电缆井、沟中识别出已停电的电缆线路。通过经验或标识标牌判断不能 100% 的正确识别电缆。为了降低风险，作出准确识别，可采用电缆识别仪，如图 10-2 所示，其常用原理为脉冲信号法。

图 10-2　电缆识别仪

脉冲信号法所用设备有脉冲信号发生器、感应夹钳及识别接收器等。脉冲信号发生器发射锯齿形脉冲电流至电缆，这个脉冲电流在被测电缆周围产生脉冲磁场，通过夹在电缆上的感应夹钳拾取，传输到识别接收器。识别接收器可以显示出脉冲电流的幅值和方向，从而确定被选电缆。

五、电缆故障测距

电缆故障定位分为测距和定点，测距属于粗侧，定点属于精确测量。电缆测距的主要方法有电桥法和脉冲法。脉冲法是应用行波信号进行电缆故障测距的测试方法。它分为低压脉冲法、闪络法和二次脉冲法三种，也是目前最为常用的电缆测距方法。

1. 电桥法

直流电桥测量电缆故障是较早的一种方法，较短电缆的故障测试中，其准确度最高。测试准确度除与仪器精度等级有关外，还与测量的接线方法和被测电缆的原始数据、电缆线芯材质有很大的关系，电桥法适用于低阻单相接地和两相短路故障的测量。

2. 低压脉冲法

在测试时，从测试端向电缆中输入一个脉冲行波信号，该信号沿着电缆传播，当遇到电缆中的阻抗不匹配点（如开路点、短路点、低阻故障点和接头点等）时，会产生波反射，反射波将传回测试端，被仪器记录下来。假设从仪器发射出脉冲信号到仪器接收到反射脉冲信号的时间差为 t，也就是脉冲信号从测试端到阻抗不匹配点往返一次的时间为 t，如果已知脉冲行波在电缆中传播的速度是 v，那么根据公式 $L=v\cdot t/2$ 即可计算出阻抗不匹配点距测试端的距离 L 的数值。

行波在电缆中传播的速度 v，简称为波速度。波速度只与电缆的绝缘介质材质有关，油浸纸绝缘电缆的波速度一般为 160m/s；而对于交联电缆，其波速度一般在 170～172m/s 之间。

低压脉冲法主要用于测量电缆断线、短路和低阻接地故障的距离，还可用于测量电缆的长度、波速度和识别定位电缆的中间头、T 形接头与终端头等。根据波形可以判断出阻抗不匹配点以及故障点。低压脉冲法典型反射波形如图 10–3 所示。

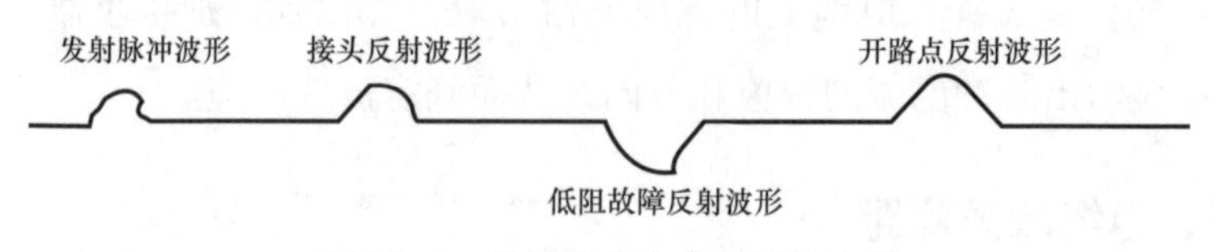

图 10–3 低压脉冲法典型反射波形

3. 闪络法

闪络法适用于闪络性故障和高阻故障，直接用电缆故障闪络测试仪进行测距。

闪络法基本原理和低压脉冲法相似，也是利用电波在电缆内传播时在故障点产生反射的原理，记录下电波在故障电缆测试端和故障之间往返一次的时间，再根据波速来计算电缆故障点位置。由于电缆的故障电阻很高，低压脉冲不可能在故障点产生反射，因此在电缆上加上一直流高压（或冲击高压），使故障点放电而形成一突跳电压波。此突跳电压波在电缆测试端和故障点之间来回反射。用闪测仪记录下两次反射波之间的时间，用 $L=v \cdot t/2$ 这一公式来计算故障点位置。

闪络法分为直流高压闪络法（直闪法）和冲击高压闪络法（冲闪法）。直闪法用于测量闪络性故障及在直流电压下能产生突然放电的故障，冲闪法用于测量高阻接地和短路故障。

4. 二次脉冲法

基于低压脉冲波形容易分析、测试精度高的情况下开发出的一种新的测距方法。其基本原理是通过高压发生器给存在高阻或闪络性故障的电缆施加高压脉冲，使故障点出现弧光放电。由于弧光电阻很小，在燃弧期间，原本高阻或闪络性的故障就变成了低阻短路故障。此时，通过耦合装置向故障电缆中注入一个低压脉冲信号，记录下此时的低压脉冲反射波形（称为带电弧波形），则可明显地观察到故障点的低阻反射脉冲；在故障电弧熄灭后，再向故障电缆中注入一个低压脉冲信号，记录下此时的低压脉冲反射波形（称为无电弧波形），此时因故障电阻恢复为高阻，低压脉冲信号在故障点没有反射或反射很小。把带电弧波形和无电弧波形进行比较，两个波形在相应的故障点位上将明显不同，波形的明显分歧点离测试端的距离就是故障距离。二次脉冲法适用于测试高阻及闪络性故障的故障距离。图 10-4 为二次脉冲法测试 10kV 电缆的波形图，通过对波形的分析可以得出 230m 处为接地故障距离。

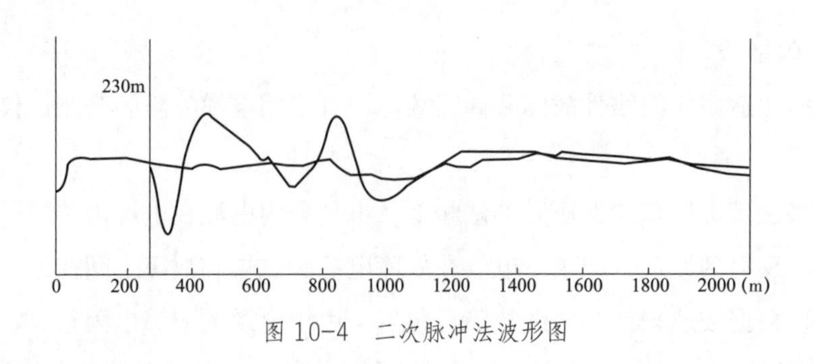

图 10-4　二次脉冲法波形图

六、电缆故障精确定点

电缆故障的精确定点是故障探测的最后一个环节，主要方法有声测法、声磁同步法和跨步电压法及音频感应法。

1. 声测法

声测法基本原理是由高压设备对故障电缆进行直流高压冲击，使故障点击穿放电，故障间隙放电时产生机械振动传导至地面，使用传感器接受信号，通过放大后用耳机监听便可以听到放电声。因放电声难以捕捉，易受环境噪音影响，该定点方法需要一定的工作经验。因金属性接地故障很难产生放电声及振动，声测法一般不适用于金属性接地故障点定点。

2. 声磁同步法

声磁同步法是声测法的改良，利用高压冲击放电瞬间产生的电磁场信号，触发指示灯闪烁，在闪烁同时如果声音波形同步变化或者监听到放电声，则表明故障点就在附近。声磁同步法还可以根据屏幕显示的声音与磁场时间差长短来判断故障点的远近，是目前较为常用的方法。

3. 跨步电压法

通过向故障相和大地之间加入一个直流高压脉冲信号，在故障点附近用电压表检测放电时两点间跨步电压突变的大小和方向来找到故障点的方法，称为跨步电压法。

这种方法的优点是可以指示故障点的方向。但此方法只能查找直埋电缆外护套破损的开放性故障，不适用于查找封闭性的故障或非直埋电缆的故障。同时，对于直埋电缆的开放性故障，如果在非故障点的地方有金属护层外的绝缘护层被破坏，使金属护层对大地之间形成多点放电通道时，用跨步电压法可能会找到很多跨步电压突变的点。

七、电缆故障修复

（1）电缆线路发生故障时，应快速组织抢修，恢复供电。

（2）开断电缆前应与电缆资料进行核对，使用电缆识别仪等专业仪器确认，在确保电缆导体安全可靠接地后，方可以开始工作。

（3）电缆修复前因检查受潮情况，如有进水或者受潮，采取相应除潮措施。确认电缆分段绝缘电阻合格后，再进行故障部位修复。

（4）故障修复后，按照相关规定进行试验，核对相位，验收合格后恢复送电。

八、电缆故障分析

（1）故障处理结束后，应尽快进行故障分析，对故障部位进行层层分解，查明故障原因，制定防范措施，填写故障分析报告，以减少类似故障再次发生。

（2）故障分析报告内容包括：故障时间、故障线路名称、故障电缆名称、电缆投运时间、施工单位、规格型号、故障部位、故障性质、故障原因、故障点照片、暴露出的问题和整改措施。

参考题

一、选择题

1. 测量故障电缆线路的故障点到电缆任意一端的长度，称为（　　）。

A. 探测故障电缆路径　　B. 故障粗测　　C. 故障定点测量

2. 电缆的闪络性故障大多在预防性（　　）试验时发生。

A. 绝缘电阻　　B. 耐压　　C. 介质损耗角正切值

3. 电缆故障性质，按试验结果分（　　）类。

A. 5　　B. 7　　C. 9

4. 对电缆故障点进行定点，一般采用（　　）。

A. 声测法和音频感应法

B. 音频电流法和跨步电压法

C. 电桥法和脉冲反射法

5. 对电缆外护套故障的粗测使用（　　）。

A. 声测法和音频感应法

B. 直流电桥法和电压比法

C. 跨步电压法和脉冲反射法

6. 对于（　　）的电力电缆线路，应缩短巡视周期。

A. 满载运行　　B. 易受外力破坏　　C. 投切频繁

7. 声测法进行故障定点的原理是利用（　　）。

A. 发射声波的反射　　B. 放电的机械效应

C. 电缆周围电磁场变化

8. 修复电缆金属护套属于（　　）检修。

A. 电缆本体　　B. 电缆终端和接头　　C. 电缆附属设备

9. 一般地，电缆的故障大部分发生在（　　）上。

A. 导体　　B. 绝缘　　C. 附件

10. 状态检修的优点之一是（　　）。

A. 没有针对性　　B. 定期拆装检修设备　　C. 提高设备利用率

11. 测量电缆绝缘电阻时，1kV 及以上电缆用（　　）绝缘电阻表。

A. 500V　　B. 1000V　　C. 2500V

12. 状态检修的基础和根据是（　　）。

A. 在线监测　　B. 正常维护　　C. 定期维护

二、判断题

1. 按试验结果不同，电缆故障性质分 9 类。（　　）

2. 测量故障电缆线路故障点到电缆任意一端的距离长度，称为故障定点测量。（　　）

3. 低压脉冲法不能测出断线故障的故障点位置。（　　）

4. 电缆线路工程验收各阶段完成后必须填写阶段验收记录和整改记录。（　　）

5. 对于部分带缺陷运行的电力电缆，必须缩短监督试验周期。（　　）

6. 利用音频感应法进行故障定点的原理是：向待测电缆通入音频信号，检测电缆周围电磁场变化，信号最强处即为故障点。（　　）

7. 脉冲反射法根据测试波形求得电波往返时间，进而根据电波在电缆中的传播速度，计算出电缆故障点到测试端的距离。（　　）

8. 声测法进行故障定点的原理是：利用发射声波的反射。（　　）

9. 直流闪络法能够测出高阻接地情况下的故障点位置。（　　）

10. 进行电缆线芯导通试验的方法是，将电缆末端三相线芯短接，用万能表在电缆首端测量线芯电阻。（　　）

11. 电缆及通道按照状态评价结果分为：正常、注意、异常、严重四种（　　）。

CHAPTER ELEVEN

第十一章

应急处置

本章主要介绍触电事故、电气火灾应急处置基本知识，包括触电事故种类及形成原理、触电事故的现场急救方法、电气火灾的原因及防火防爆措施、电气灭火要求和常用灭火器的使用等。

第一节 触电事故及现场救护

一、触电事故种类

按照触电事故的构成方式，触电事故可分为电击和电伤。

1. 电击

电击是电流对人体内部组织的伤害，是最危险的一种伤害，绝大多数（大约 85% 以上）的触电死亡事故都是由电击造成的。

电击的主要特征有：

（1）伤害人体内部。

（2）在人体的外表没有显著的痕迹。

（3）致命电流较小。

按照发生电击时电气设备的状态，电击可分为直接接触电击和间接接触电击。

（1）直接接触电击，是触及设备和线路正常运行时的带电体发生的电击（如误触接线端子发生的电击），也称为正常状态下的电击。

（2）间接接触电击，是触及正常状态下不带电，而当设备或线路故障时意外带电的导体发生的电击（如触及漏电设备的外壳发生的电击），也称为故障状态下的电击。

按照人体接触带电体的方式，电击可分为单相单击、两相电击和跨步电击三种。

（1）单相电击，指人体接触到地面或其他接地导体，同时，人体另一部位触及某一相带电体所引起的电击。根据国内外的统计资料，单相电击事故占全部触电事故的 70% 以上。

（2）两相电击，指人体的两个部位同时触及两相带电体所引起的电击。

此情况下，人体所承受的电压为线路电压，其电压相对较高，危险性也较大。

（3）跨步电压电击，指站立或行走的人体，受到出现于人体两脚之间的电压即跨步电压作用所引起的电击。跨步电压是当带电体接地，电流经接地线流入埋于土壤中的接地体，又通过接地体向周围大地流散时，在接地体周围土壤电阻上产生的电压梯度形成的。

2. 电伤

电伤是电流的热效应、化学效应、光效应或机械效应对人体造成的伤害。电伤会在人体表面留下明显伤痕，包括电烧伤、电烙印、皮肤金属化、机械损伤、电光性眼炎等多种伤害。

（1）电烧伤，是最为常见的电伤。大部分触电事故都含有电烧伤成分，电烧伤可分为电流灼伤和电弧烧伤。

1）电流灼伤，指人体与带电体接触，电流通过人体时，因电能转换成的热能引起的伤害。由于人体与带电体的接触面积一般都不大，且皮肤的电阻又比较高，因而产生在皮肤与带电体接触部位的热量就较多。因此，使皮肤受到比体内严重得多的灼伤。电流越大、通电时间越长、电流途径上的电阻越大，则电流灼伤越严重。电流灼伤一般发生在低压电气设备上，数百毫安的电流即可造成灼伤，数安的电流则会形成严重的灼伤。

2）电弧烧伤，指由弧光放电造成的烧伤，是最严重的电伤。弧光放电时电流很大，能量也很大，电弧温度高达数千摄氏度，可造成大面积的深度烧伤，严重时将机体组织烘干、烧焦。电弧烧伤既可发生在高压系统，也可发生在低压系统。比如低压系统带负荷（特别是感性负荷）拉裸露刀开关，错误操作造成的线路短路、人体与高压带电部位距离过近而放电，都会造成强烈弧光放电。

在全部电烧伤的事故当中，大部分的事故发生在电气维修人员身上。

（2）电烙印，通常是在人体与带电体紧密接触时，由电流的化学效应和机械效应而引起的伤害。斑痕处皮肤呈现硬变，表层坏死，失去知觉。

（3）皮肤金属化，是由于高温电弧使周围金属熔化、蒸发并飞溅渗透到皮肤表层内部所造成的。受伤部位呈现粗糙、张紧，可致局部坏死。

（4）机械损伤，多数是由于电流作用于人体，使肌肉产生非自主的剧烈收缩所造成的。其损伤包括肌腱、皮肤、血管、神经组织断裂及关节脱位乃至骨折等。

（5）电光性眼炎，其表现为角膜和结膜发炎。弧光放电时的红外线、可见光、紫外线都会损伤眼睛。

二、电流对人体的伤害

电流通过人体时会对人体的内部组织造成破坏。电流作用于人体，表现的症状有针刺感、压迫感、打击感、痉挛、疼痛，乃至血压升高、昏迷、心律不齐、心室颤动等。

电流通过人体内部，对人体伤害的严重程度与通过人体电流的大小、种类、持续时间、通过途径以及人体的状况等多种因素有关。

1. 电流大小的影响

通过人体的电流越大，人体的生理反应越明显，感觉越强烈。按照通过人体电流强度的不同以及人体呈现的反应不同，将作用于人体的电流划分为感知电流、摆脱电流和室颤电流。

（1）感知电流。指电流通过人体时能引起任何感觉的最小电流。成年男性的平均感知电流值（有效值，下同）约为1.1mA，最小为0.5mA；成年女性约为0.7mA。

感知电流能使人产生麻酥、灼热感等感觉，但一般不会对人体造成伤害。当电流增大时，引起人体的反应变大，可能导致高处作业过程中的坠落等二次事故。

（2）摆脱电流。指手握带电体的人能自行摆脱带电体的最大电流。当通过人体的电流达到摆脱电流时，虽暂时不会有生命危险，但如超过摆脱电流时间过长，则可能导致人体昏迷、窒息甚至死亡。因此通常把摆脱电流作为发生触电事故的危险电流界限。

成人男性的平均摆脱（概率 50%）电流约为 16mA，成年女性平均摆脱电流约为 10.5mA；摆脱概率 99.5% 时，成年男性和成年女性的摆脱电流约为 9mA 和 6mA。

（3）室颤电流。指能引起心室颤动的最小电流。动物实验和事故统计资料表明，心室颤动在短时间内导致死亡，因此通常把引起心室颤动的最小电流值作为致命电流界限。致命电流具体来说是指触电后能引起心室颤抖概率大于 5% 的极限电流，一般认为，工频交流 30mA 以下或直流 50mA 以下，短时间对人体不会有致命危险。

2. 电流持续时间的影响

通电时间越长，越容易引起心室颤动，造成的危害越大。这是因为：

（1）随通电时间增加，能量积累增加（如电流热效应随时间增加而加大），一般认为通电时间与电流的乘积大于 50mA · s 时就有生命危险。

（2）通电时间增加，人体电阻因出汗而下降，导致人体电流进一步增加。

因此，通过人体的电流越大、时间越长，电击伤害造成的危害越大。通过人体电流大小和持续时间的长短是电击事故严重程度的基本决定因素。

3. 电流途径的影响

电流通过人体的途径不同，造成的伤害也不同。

电流通过心脏可引起心室颤动，导致心跳停止，使血液循环中断而致死。电流通过中枢神经或有关部位，会引起中枢神经系统强烈失调；通过头部会使人立即昏迷，而当电流过大时，则会导致死亡；电流通过脊髓，可能导致肢体瘫痪。

这些伤害中，以对心脏的危害性最大，流经心脏的电流越大，伤害越严重。而一般人的心脏稍偏左，因此，电流从左手到前胸的路径是最危险的。其次是右手到前胸，次之是双手到双脚及左手到单（或双）脚等。电流从左脚到右脚可能会使人站立不稳，导致摔伤或坠落，因此这条路径也是相当危险的。

4. 电流种类的影响

直流电和交流电均可使人发生触电。相同条件下，直流电比交流电对人体的危害小。在电击持续时间长于一个心搏周期时，直流电的心室颤动电流比交流电高好几倍。直流电在接通和断开瞬间，平均感知电流约为 2mA。接近 300mA 直流电流通过人体时，在接触面的皮肤内感到疼痛，随着通过时间的延长，可引起心律失常、电流伤痕、烧伤、头晕以及有时失去知觉，但这些症状是可恢复的。若超过 300mA 则会造成失去知觉，达到数安培时，只要几秒，则可能发生内部烧伤甚至死亡。

交流电的频率不同，对人体的伤害程度也不同。实验表明，50～60Hz 的电流危险性最大。低于 20Hz 或高于 350Hz 时，危险性相应减小，但高频电流比工频电流更容易引起皮肤灼伤。

5. 个体差异的影响

不同的个体在同样的条件下触电可能出现不同的后果。一般而言，女性对电流的敏感度较男性高，小孩较成人易受伤害。体质弱者比健康人易受伤害，特别是有心脏病、神经系统疾病的人更容易受到伤害，后果更严重。

三、触电事故发生规律

了解触电事故发生的规律，有利增强防范意识和防止触电事故。根据对触电事故发生概率的统计分析，可得出以下规律。

（1）触电事故季节性明显。统计资料表明，事故多发于第二、三季度，且 6～9 月为高峰。夏秋两季多雨潮湿，电气绝缘性能降低容易漏电；天气炎热，出汗多造成人体电阻降低，危险性增大。且这段时间是农忙季节，农村用电量增大，人们接触电器的机会多也是事故多发的原因。

（2）低压设备触电事故多。人们接触低压设备机会较多，低压电气设备及线路简单，分布广，管理不严格，导致低压触电事故多。而高压触电事故则与之相反，管理严格，人员接触不多，专业性电工素质较高。

（3）携带式和移动式设备触电事故多。其主要原因是工作时人要紧握设备走动，人与设备连接紧密，危险性增大；这些设备工作场所不固定，设备和电源线都容易发生故障和损坏；单相携带式设备的保护零线与工作零线容易接错，造成触电事故。

（4）电气连接部位触电事故多。如导线接头、与设备的连接点、灯头、插座、插头、端子板、绞接点等，这些地方作业人员易接触，机械牢固性差，当裸露或绝缘低劣时，就会造成触电机会。

（5）冶金、矿业、建筑、机械行业触电事故多。由于这些行业生产现场存在高温、潮湿、现场作业环境复杂等不安全因素，以致触电事故多。

（6）中青年工人、非专业电工、合同工和临时工触电事故多。因为他们是主要操作者，经验不足，接触电气设备较多，又缺乏电气安全知识，有的责任心不强，以致触电事故多。

（7）农村触电事故多。部分省市统计资料表明，农村触电事故约为城市的3倍。农村用电条件差，保护装置欠缺，乱拉乱接较多，不符合规范，技术落后，缺乏电气知识。

（8）错误操作和违章作业造成的触电事故多。其主要原因是安全教育不够、安全制度不严和安全措施不完善。

触电事故的发生，往往不是单一原因造成的。但经验表明，作为一名电工应提高安全意识，掌握安全知识，严格遵守安全操作规程，才能防止触电事故的发生。

四、触电急救方法

发生意外触电时，越早展开急救，伤者存活的概率越大，因此触电时，施救者一定要冷静，保持清醒的头脑，正确实施急救方法。

触电急救的第一步是使触电者迅速脱离电源，第二步是现场救护。

1. 脱离电源

发生了触电事故，切不可惊慌失措，要立即使触电者脱离电源。使触电者脱离低压电源应采取的方法：

（1）就近拉开电源开关，拔出插销或保险，切断电源。要注意单刀开关是否装在火线上，若是错误的装在零线上不能认为已切断电源。

（2）用带有绝缘柄的利器切断电源线。

（3）找不到开关或插头时，可用干燥的木棒、竹竿等绝缘体将电线拨开，使触电者脱离电源。

（4）可用干燥的木板垫在触电者的身体下面，使其与地绝缘。如遇高压触电事故，应立即通知有关部门停电。要因地制宜，灵活运用各种方法，快速切断电源。

2. 现场救护

（1）若触电者神志清晰，呼吸和心跳均未停止，或曾一度昏迷，但未失去知觉。此时应将触电者躺平就地，安静休息，不要让触电者走动，以减轻心脏负担，并应严密观察呼吸和心跳的变化。

（2）触电者神志不清，判断意识无，有心跳，但呼吸停止或极微弱时，应立即采用仰头抬颏法，使气道开放，并进行口对口人工呼吸。

（3）触电者神志丧失，判断意识无，心跳停止，但有极微弱呼吸时，应对伤者进行胸外心脏按压。

（4）若触电者呼吸和心跳均停止，应立即按心肺复苏方法进行抢救。

（5）如果触电者有皮肤灼烧，应该用干净的水清洗，进行包扎，以免伤口发生感染。

1）一般性的外伤表面，可用无菌生理盐水或清洁的温开水冲洗后，再用适量的消毒纱布、防腐绷带或干净的布类包扎，经现场救护后送医院处理。

2）压迫止血是动、静脉出血最迅速的止血法，即用手指、手掌或止血橡皮带在出血处供血端将血管压瘪在骨骼上而止血，同时速送医院处理。

3）如果伤口出血不严重，可用消毒纱布或干净的布类叠几层盖在伤口处压紧止血。

4）对触电摔伤四肢骨折的触电者应首先止血、包扎，然后用木板、竹竿、木棍等物品临时将骨折肢体固定并速送医院处理。

3. 施救过程再判定

施行急救过程中，还应仔细观察触电者发生的一些变化，如：

（1）触电者皮肤由紫变红，瞳孔由小变大，说明急救方法已见效。

（2）当触电者嘴唇稍有开口，眼皮活动或咽喉处有咽东西的动作，应观察其呼吸和心脏跳动是否恢复。

（3）触电者的呼吸和心脏跳动完全恢复正常时，方可中止救护。

（4）触电者出现明显死亡综合症状，如：瞳孔放大，对光照无反映，背部四肢等部位出现红色尸斑、皮肤青灰、身体僵冷等，且经医生诊断死亡时，方可中止救护。

第二节 电气防火防爆

一、电气火灾原因

从我国一些大城市的火灾事故统计可知，电气火灾约占全部火灾总数的30%。电气火灾和爆炸除可能造成人身伤亡和设备毁坏外，还可能造成大规模、长时间停电，给国家造成重大损失。

电气设备及装置在运行中电气设备或线路过热、电火花和电弧是电气火灾爆炸的主要原因。

1. 电气设备或线路过热

电气设备正常工作时产生热量是正常的。因为电流通过导体，由于电阻存在而发热；导磁材料由于磁滞和涡流作用通过变化的磁场时发热；绝缘材料由于泄漏电流增加也可能导致温度升高。这些发热在正确设计、正确施工、正常运行时，其温度是被控制在一定范围内，一般不会产生危害。但设备过热就要酿成事故。过热原因有以下几种情况：

（1）短路。

（2）过载。

（3）接触不良。

（4）铁芯发热。

（5）散热不良。

2. 电火花和电弧

电火花是击穿放电现象，而大量的电火花汇集形成电弧。电火花和电弧都产生很高的温度，在易燃易爆场所很可能造成火灾或爆炸事故。

电火花和电弧分为工作电火花及电弧、事故电火花及电弧。

（1）工作电火花及电弧。有些电器正常工作或正常操作时就产生火花，如触点闭合和断开过程、整流子和滑环电机的碳刷处、插销的插入和拔出、按钮和开关的断合过程等，这些是工作火花。切断感性电路时，断口处火花能量较大，危险性也较大。当电火花的能量超过周围爆炸性混合物的最小引燃能量时，即可引起爆炸。

（2）事故电火花及电弧。包括线路电器故障引起的火花，如熔断器熔断时的火花、过电压火花、电机扫膛火花、静电火花、带电作业失误操作引起的火花、沿绝缘表面发生的闪络等。

无论是正常火花还是事故火花，在防火防爆环境中都要限制和避免。

另外白炽灯点燃时破裂、氢冷发电机爆破、电瓶充电时爆破、充油设备（电容器、电力变压器、充油套管等）在电弧作用下爆破等也都容易引起火灾和爆炸。

二、电气防火防爆措施

所有防火防爆措施都是控制燃烧和爆炸的三个基本条件，使之不能同时出现。因此防火防爆措施必须是综合性的措施，除了选用合理的电气设备外，还包括设置必要的隔离间距、保持电气设备正常运行、保持通风良好、采用耐火设施、装设良好的保护装置等技术措施。

1. 保持防火间距

选择合理的安装位置，保持必要的安全间距是防火防爆的一项重要措施。

为了防止电火花或危险温度引起火灾，开关、插销、熔断器、电热器具、照明器具、电焊设备、电动机等均应根据需要，适当避开易燃物或易燃建筑构件。天车滑触线的下方，不应堆放易燃物品。10kV 及以下的变、配电室不应设在爆炸危险场所的正上方或正下方，变、配电室与爆炸危险场所或火灾危险场所毗邻时，隔墙应是非燃材料制成的。

2. 保持电气设备正常运行

电气设备运行中产生的火花和危险温度是引起火灾的重要原因。因此，防止过大的工作火花，防止出现事故火花和危险温度，即保持电气设备的正常运行对于防火防爆也有重要的意义。保持电气设备的正常运行包括保持电气设备的电压、电流、温升等参数不超过允许值，保持电气设备足够的绝缘能力，保持电气连接良好等。

在爆炸危险场所，所用导线允许载流量不应低于线路熔断器额定电流的 1.25 倍和自动开关长延时过电流脱扣器整定电流的 1.25 倍。

3. 爆炸危险环境接地和接零

爆炸危险场所的接地（或接零）较一般场所要求高，应注意以下几点：

（1）除生产上有特殊要求的以外，一般场所不要求接地（或接零）的部分仍应接地（或接零）。例如，在不良导电地面处，交流电压 380V 及以下、直流电压 440V 及以下的电气设备正常时不带电的金属外壳，还有直流电压 110V 及以下、交流电压 127V 及以下的电气设备，以及敷设有金属包皮且两端已接地的电缆用的金属构架均应接地（或接零）。

（2）在爆炸危险场所，6V 电压所产生的微弱火花即可能引起爆炸，为此，在爆炸危险场所，必须将所有设备的金属部分、金属管道以及建筑物的金属结构全部接地（或接零）并连接成连续整体以保持电流途径不中断。接地（或接零）干线宜在爆炸危险场所不同方向不少于两处与接地体相连，连接要牢靠，以提高可靠性。

（3）单相设备的工作零线应与保护零线分开，相线和工作零线均应装设短路保护装置，并装设双极开关同时操作相线和工作零线。

（4）在爆炸危险场所，如由不接地系统供电，必须装设能发出信号的绝缘监视装置，使有一相接地或严重漏电时能自动报警。

三、电气灭火

1. 触电危险和断电

火灾发生后，电气设备因绝缘损坏而碰壳短路，线路因断线而接地，使正常不带电的金属构架、地面等部位带电，导致因接触电压或跨步电压而发生触电事故。因此，发现火灾时应首先切断电源。切断电源时应注意以下几点：

（1）火灾发生后，由于受潮或烟，开关设备的绝缘能力会降低，因此拉闸时应使用绝缘工具操作。

（2）高压设备应先操作断路器，而不应该先拉隔离开关，防止引起弧光短路。

（3）切断电源的地点要适当，防止影响灭火工作。

（4）剪断电线时，不同相线应在不同部位剪断，防止造成相间短路。剪断空中电线时，剪断位置应选择在电源方向支持物附近，防止电线切断后，断头掉地发生触电事故。

（5）带负载线路应先停掉负载，再切断着火现场电线。

2. 灭火安全要求

电源切断后，扑救方法与一般火灾扑救相同。但须注意以下几点：

（1）按灭火剂的种类选择适当的灭火器。二氧化碳灭火器、干粉灭火器可用于带电灭火。泡沫灭火器的灭火剂有一定的导电性，而且对设备的绝缘有影响，不宜用于电气灭火。

（2）人体与带电体之间保持必要的安全距离。用水灭火时，水枪喷嘴至带电体的距离，电压 10kV 以下者不应小于 3m。用二氧化碳等有不导电灭火剂的灭火器灭火时，机体、喷嘴至带电体的最小距离，电压 10kV 者不应小于 0.4m。

（3）对架空线路等空中设备进行灭火时，人体位置与带电体之间的仰角不应超过 45°。

（4）如有带电导线断落地面，应在周围划警戒圈，防止可能的跨步电压电击。

四、常见灭火器的使用

灭火器是人们用来扑灭各种初起火灾的很有效的灭火器材，其中小型的有手提式和背负式灭火器，比较大一点的为推车式灭火器。根据灭火剂的多少，也有不同规格。

1. 干粉灭火器的使用

干粉灭火器是利用二氧化碳气体或氮气气体作动力，将筒内的干粉喷出灭火的，可扑灭一般火灾，还可扑灭油、气等燃烧引起的失火。干粉灭火器按移动方式可分为手提式、背负式和推车式 3 种。

使用手提灭火器时，首先检查灭火器是否在正常压力范围内，然后左手拿住灭火器的喷管，右手提压把手，确保灭火器是竖直的，对准火源底部在上风口处进行灭火。

使用推车式灭火器时，将其后部向着火源（在室外应置于上风方向），先取下喷枪，展开出粉管（切记不可有拧折现象），再用左手把持喷粉枪管托，右手把持住枪把用手指扳动喷粉开关，对准火焰喷射，不断靠前左右摆动喷粉枪，把干粉笼罩住燃烧区，直至把火扑灭为止。

如扑救油类火灾时，不要使干粉气流直接冲击油渍，以免溅起油面使火势蔓延。

使用背负式灭火器时，应站在距火焰边缘五六米处，右手紧握干粉枪握把，左手扳动转换开关到“3”号位置（喷射顺序为 3、2、1），打开保险机，将喷枪对准火源，扣扳机，干粉即可喷出。如喷完一瓶干粉未能将火扑灭，可将转换开关拨到 2 号或 1 号的位置连续喷射，直到射完为止。

2. 泡沫灭火器的使用

泡沫灭火器是通过筒体内酸性溶液与碱性溶液混合发生化学反应，将生成的泡沫压出喷嘴进行灭火的。它除了用于扑救一般固体物质火灾外，还能扑救油类等可燃液体火灾，但不能扑救带电设备和醇、酮、酯、醚等有机溶剂火灾。

3. 二氧化碳灭火器的使用

二氧化碳灭火器是充装液态二氧化碳，利用气化的二氧化碳气体能够降低燃烧区温度，隔绝空气并降低空气中含氧量来进行灭火的。主要用于扑救贵重设备、档案资料、仪器仪表、600V以下的电气设备及油类初起火灾，不能扑救钾、钠等轻金属火灾。

二氧化碳灭火器主要由钢瓶、启闭阀、虹吸管和喷嘴等组成。常用的又分为MT型手轮式和MTZ型鸭嘴式两种。

使用手轮式灭火器时，应手提提把，翘起喷嘴根部，左手将上鸭嘴往下压，二氧化碳即可以从喷嘴喷出。

使用二氧化碳灭火器时，一定要注意安全。使用二氧化碳灭火器时，在室外使用的，应选择在上风方向喷射，并且手要放在钢瓶的木柄上，防止冻伤。在室内窄小空间使用的，灭火后操作者应迅速离开，以防窒息。

参考题

一、选择题

1. 电气火灾的引发是由于危险温度的存在，危险温度的引发主要是由于（　　）。

A. 设备负载　　B. 电压波动　　C. 电流过大

2. 电气火灾发生时，应先切断电源再扑救，但不知或不清楚开关在何处时，应剪断电线时要（　　）。

A. 几根线迅速同时剪断

B. 不同相线在不同位置剪断

C. 在同一位置一根一根剪断

3. 当低压电气火灾发生时，首先应做的是（　　）。

A. 迅速离开现场去报告领导

B. 迅速设法切断电源

C. 迅速用干粉或者二氧化碳灭火器灭火

二、判断题

1. 电气设备缺陷、设计不合理、安装不当等都是引发火灾的重要原因。（　　）

2. 在设备运行中，发生起火的原因中电流热量是间接原因，而火花或电弧则是直接原因。（　　）

3. 当电气火灾发生时，如果无法切断电源，就只能带电灭火，并选择干粉或者二氧化碳灭火器，尽量少用水基式灭火器。（　　）

第十二章 CHAPTER TWELVE

有限空间安全作业

本章主要介绍有限空间作业风险辨识程序、有限空间危险有害因素、有限空间安全作业规程。

第一节 有限空间作业风险辨识

有限空间，是指封闭或部分封闭，与外界相对隔离，出入口较为狭窄，作业人员不能长时间在内工作，自然通风不良，易造成有毒有害、易燃易爆物质积聚或氧含量不足的空间。

一、危险有害因素辨识程序

1. 有限空间危险有害因素的辨识程序

进入有限空间作业前，一定要对有限空间内的危险有害因素进行辨识，确保所有的危险、有害因素不被遗漏。需要对作业环境进行气体检测辨识时，同一检测点不同气体的检测应按照氧气、可燃气体和有毒有害气体的顺序进行。有限空间危险有害因素辨识程序如图 12-1 所示。

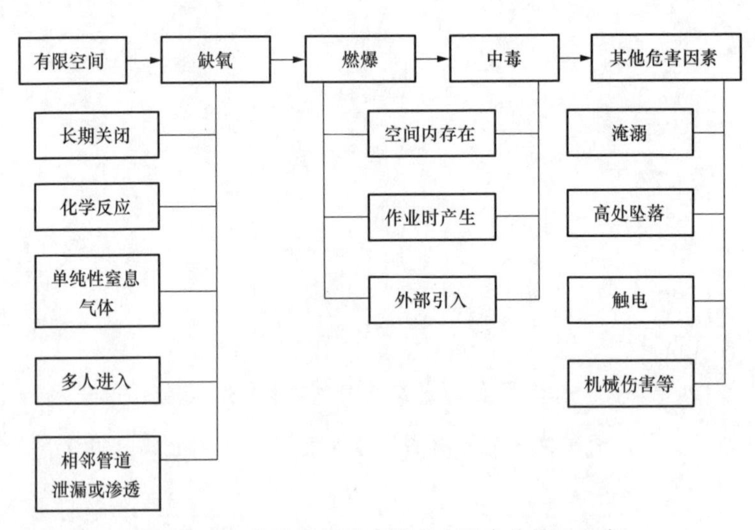

图 12-1　有限空间内危险有害因素的辨识程序

2. 有限空间作业风险辨识内容

进入有限空间作业前，需辨识的风险有：固有风险、外来风险和作业产生的风险。

（1）固有风险。

1）有限空间是否长期密闭，通风不良，存在有害化学品入侵可能性。

2）有限空间内存在的物质是否发生需氧性生化反应。

3）空间内部存储的物料是否存在有毒有害气体的挥发，或是否由于生物作用或化学反应而释放出有毒有害气体积聚于空间内部。

4）有限空间内部存储的物质是否易燃易爆、有毒害性。

5）有限空间内部曾经存储或使用过易燃易爆、有毒害性的物料是否残留于有限空间内部。

6）有限空间内部的管道系统、储罐或桶发生泄漏时，易燃易爆、有毒害性的物料是否可能进入有限空间。

7）有限空间内是否有较深的积水或贴邻有污水池、蓄水池的积水可能入侵。

8）有限空间内是否有进行高于基准面 2m 的作业。

9）有限空间内的用电器具绝缘性能是否良好、电路是否老化破损发生漏电等。

10）有限空间内的机械设备是否会意外启动，导致其传动或转动部件直接与人体接触，从而造成作业人员伤害等。

（2）外来风险。

1）有限空间由于邻近的厂房、工艺管道易燃易爆有害物质泄漏可能导致易燃易爆有害物质进入有限空间。

2）有限空间邻近作业产生的火花是否能飞溅到存在易燃易爆物质的有限空间。

（3）作业产生的风险。

1）在有限空间作业过程中使用的物料是否会挥发出有毒有害气体，或者挥发出的气体是否会与空间内本身存在的气体发生反应从而生成有毒有害气体。

2）在有限空间内进行气焊作业，氧气缺乏导致不完全燃烧产生一氧化碳的可能，一氧化碳会导致人员中毒。

3）在作业过程中是否引入单纯性窒息气体挤占氧气空间，如使用氩气进行保护性电焊作业。

4）有限空间内氧气的消耗速度是否过快，如过多人员同时在有限空间内作业，强制通风换气风量不足。

5）与有限空间相连或相近的管道是否会因为渗漏或扩散，导致其他气体进入有限空间从而挤占氧气空间。

6）在有限空间作业过程中使用的物料是否会产生可燃性物质或挥发出易燃易爆气体。

7）存在易燃易爆物质的有限空间内是否存在动火作业。

8）存在易燃易爆物质的有限空间内作业时使用带电设备、工具等，这些电器设备的防爆等级是否匹配。

9）在存在易燃易爆物质的有限空间内活动是否产生静电、静电积聚等。

二、有限空间危险有害因素

根据有限空间的特点，有限空间内主要有缺氧窒息、中毒、燃爆、淹溺、高处坠落、触电、机械伤害、高温高湿等危险有害因素。典型有限空间作业危害因素举例见表 12–1。

表 12–1　　典型有限空间作业危害因素举例

种类	有限空间名称	主要危险有害因素
封闭或半封闭设备	船舱、储罐、车载槽罐、反应塔（釜）、压力容器	缺氧窒息、一氧化碳（CO）中毒、挥发性有机溶剂中毒、爆炸
	冷藏箱、管道	缺氧窒息
	烟道、锅炉	缺氧窒息、一氧化碳（CO）中毒

续表

种类	有限空间名称	主要危险有害因素
地下有限空间	地下室、地下仓库、隧道、地窖	缺氧窒息
	地下工程、地下管道、暗沟、涵洞、地坑、废井、污水池（井）、沼气池、化粪池、下水道	缺氧窒息 、硫化氢（H_2S）中毒、可燃性气体爆炸 、淹溺
地上有限空间	储藏室、温室、冷库	缺氧窒息 、中毒、火灾、爆炸
	酒糟池、发酵池	缺氧窒息、硫化氢（H_2S）中毒、可燃性气体爆炸
	垃圾站	缺氧窒息、硫化氢（H_2S）中毒、可燃性气体爆炸
	粮仓	缺氧窒息、磷化氢中毒、粉尘爆炸
	料仓	缺氧窒息、粉尘爆炸

三、有限空间风险分析

1. 缺氧窒息

氧气是人体赖以生存的重要物质基础，缺氧会对人体多个系统及脏器造成影响。空气中氧气含量一般在 21% 左右，最低允许值为 19.5%。

有限空间氧气被细菌消耗导致缺氧；在有限空间进行焊接、加热、切割作业会消耗氧气，导致缺氧；氧气被惰性气体置换，导致缺氧等。有限空间内导致缺氧的典型物质包括：二氧化碳、氮气、甲烷、氩气、六氟化硫等。

2. 中毒

有限空间内容易积聚高浓度的有害物质，引起中毒。有害物质可能原来就存在于有限空间，也可能是在作业过程中逐渐积聚形成的。如在污水池（井）、沼气池、化粪池等处作业时均可能有大量硫化氢逸出，作业人员中毒并不罕见。

有限空间内常见的有毒物质包括：硫化氢、一氧化碳、苯系物、磷化氢、氯气、氮氧化物、二氧化硫、氨气、氰和腈类化合物、易挥发的有机溶剂、极高浓度刺激性气体等。

3. 火灾、爆炸

有限空间内易燃易爆物质和空气混合后，容易积聚达到爆炸极限，遇到点火源则造成爆炸，引起火灾，造成对有限空间内作业人员及附近人员的严重伤害。

有限空间内可能存在的易燃易爆物质主要有易燃易爆气体/蒸气（甲烷、天然气、氢气、挥发性有机化合物及蒸气等）、可燃性粉尘（炭粒、粮食粉末、纤维、塑料屑以及研磨得很细的其他可燃性粉尘）等。

4. 其他危害

除以上危害因素外，有限空间作业时还可能存在高处坠落、淹溺、触电、机械伤害、高温高湿等危险。

【事故案例】

某年8月，某船厂一名电焊工在进入舱内取上午焊接时遗留在舱内的电焊钳时，因电焊钳与焊接电缆连接处绝缘层破损、导线裸露，舱内没有照明，不慎触电死亡。

第二节 有限空间安全作业规程

针对有限空间作业的危险特性，为了减少事故的发生次数和预防事故伤亡的扩大，进行有限空间作业时应遵守下列要求：

一、作业前

1. 作业审批

有限空间作业方案制定后，经有关负责人批准，并对人员安排、作业方案、防护方案的合理性进行审批，有限空间作业审批表见表12–2所示。

未经审批，任何人不得开展有限空间作业。

作业条件（作业环境和作业器具等）如有变动须及时中止有限空间作业，重新进行风险评估，及时调整作业方案，待确认符合有限空间作业条件，重新进行作业审批。

2. 安全交底

实施有限空间作业前，作业负责人应在作业前对实施作业的全体人员进行安全交底，告知作业内容、作业程序、主要危险因素、作业安全要求及应急处置方案等内容。交底清楚后交底人与被交底人双方签字确认，安全交底单应存档备查。

3. 设置警示设施

在有限空间周围划定作业区域，拉好警戒线，并用路锥、施工隔离墩、路栏、安全隔离带、防撞桶等设施，封闭作业区域。有限空间的出入口内外不得有障碍物，应保证其畅通，便于人员出入和实施救援。

有限空间作业进入点附近应张贴或悬挂安全告知牌（如图 12–2 所示）和安全警示标志（如图 12–3 所示）。

有限空间作业前，应在作业现场设置作业单位信息公示牌，信息公示牌应与警示标志等一同放置现场外围醒目位置。

4. 设备安全检查

作业前制定安全检查表，对安全防护设备、个体防护装备、应急救援设备、作业设备和工具进行安全检查确保无遗漏，发现不合格设备设施须立即处理，使其保持完好状态。

5. 安全隔离、清除置换

对于一个独立的有限空间而言，我们只需要考虑内部存在危险有害因素以及作业过程中对作业人员可能造成的危害；但有的有限空间与系统相连，或者作业区域空间过大，或者其他区域危险有害因素对作业区域产生影响，这时，我们应该对有限空间进行安全隔离与清除置换。

6. 气体检测与评估

（1）进入有限空间作业前，作业人员应当严格按照“先通风、再检测、后作业”的原则。首先对有限空间进行有效的通风，然后是作业前30min内对有限空间包括氧浓度、易燃易爆物质（可燃性气体、爆炸性粉尘）浓度、有毒有害气体浓度等进行检测。

（2）在作业环境条件可能发生变化时，应对作业场所中危害因素进行持续或定时检测；作业人员工作面发生变化时，视为进入新的有限空间，应重新检测后再进入。

（3）实施检测时，检测人员应处于安全环境，检测时要做好检测记录，包括检测时间、地点、气体种类和检测浓度等。

（4）若气体浓度不合格，继续进行通风、清除置换，直至气体检测合格后，作业人员方可进入。

表12-2　　有限空间作业审批表（示例）

<table>
<tr><td colspan="2">管理单位</td><td colspan="3"></td><td>作业单位</td><td colspan="2"></td></tr>
<tr><td colspan="2">作业地点</td><td colspan="3"></td><td>有限空间名称</td><td colspan="2"></td></tr>
<tr><td colspan="2">主要介质</td><td colspan="3"></td><td>主要危险因素</td><td colspan="2"></td></tr>
<tr><td colspan="2">作业内容</td><td colspan="3"></td><td>应急装备</td><td colspan="2"></td></tr>
<tr><td colspan="2">作业人</td><td colspan="3"></td><td>监护人</td><td colspan="2"></td></tr>
<tr><td colspan="2">作业时间</td><td colspan="6">年　月　日　时　分至　　年　月　日　时　分</td></tr>
<tr><td colspan="2" rowspan="2">采样分析</td><td>分析项目</td><td>有毒有害物质含量</td><td>可燃气含量</td><td>氧含量</td><td>取样时间</td><td>分析人</td></tr>
<tr><td>分析数据</td><td></td><td></td><td></td><td></td><td></td></tr>
<tr><td>序号</td><td colspan="6">主要安全措施</td><td>确认签字</td></tr>
<tr><td>1</td><td colspan="6">作业前对进入有限空间的作业人员进行生产安全与应急处置措施的教育</td><td></td></tr>
<tr><td>2</td><td colspan="6">对有限空间作业进行预先危险性分析，作业方案经过会审</td><td></td></tr>
<tr><td>3</td><td colspan="6">与作业有关联介质的阀门、管线、控制箱均进行了可靠切断、隔断、锁定，并挂禁止操作牌</td><td></td></tr>
<tr><td>4</td><td colspan="6">有限空间内经过置换、吹扫、蒸煮、通风等措施，温度、环境满足作业需求，配备相适应的劳动防护用品</td><td></td></tr>
<tr><td>5</td><td colspan="6">配备通风设备、安全带、爬梯、绳缆、防爆照明等设备和工器具</td><td></td></tr>
</table>

续表

<table>
<tr><td>序号</td><td colspan="2">主要安全措施</td><td>确认签字</td></tr>
<tr><td>6</td><td colspan="2">检查有限空间进出口通道，不得有阻碍人员进出的障碍物</td><td></td></tr>
<tr><td>7</td><td colspan="2">作业人员与监护人员应事先规定明确的联络信号，配备空气呼吸器、担架等应急救援器材，紧急情况迅速撤离</td><td></td></tr>
<tr><td>8</td><td colspan="2">严格执行先检测后作业的原则，作业环境空气中的氧气、可燃气体、有害气体浓度经检测合格，作业人员随身佩戴便携式报警装置</td><td></td></tr>
<tr><td>…</td><td colspan="2">…</td><td></td></tr>
<tr><td rowspan="6">作业单位填写</td><td>危害因素辨识</td><td colspan="2">作业安全措施</td></tr>
<tr><td></td><td></td><td></td></tr>
<tr><td></td><td></td><td></td></tr>
<tr><td></td><td></td><td></td></tr>
<tr><td></td><td></td><td></td></tr>
<tr><td></td><td></td><td></td></tr>
<tr><td colspan="2">管理单位负责人意见</td><td>作业单位负责人意见</td><td>作业现场负责人意见</td></tr>
<tr><td colspan="2">年　月　日</td><td>年　月　日</td><td>年　月　日</td></tr>
<tr><td colspan="4">完工验收作业单位负责人签名：　　　　年　月　日　时</td></tr>
<tr><td colspan="4">完工验收管理单位负责人签名：　　　　年　月　日　时</td></tr>
</table>

图 12-2　有限空间作业安全告知牌式样

图 12-3 有限空间作业安全警示标志

二、作业中

1. 安全作业

（1）作业过程中，作业人员仍然面临着有限空间内环境变化的风险，比如突然有气体涌出、引入了大量的有毒有害气体以及一些突发事件的发生，都是引发事故的重要因素。因此加强作业期间的防护必不可少，包括通风、个体防护、定期检测、监护等。

1）当检测结果显示氧气含量合格，没有有毒有害气体，作业人员应携带气体检测报警仪、通信设备等进入有限空间。内部需要照明时，照明工具应使用 36V 以下的安全电压，在潮湿、狭小容器内作业电压低于 12V。

2）当检测结果显示氧气含量合格，存在有毒有害气体，但未超标，作业人员应佩戴长管呼吸器、携带气体检测报警仪、通信设备等进入有限空间。作业过程中要保证照明和有效通风，检测人员应当对作业场所中的气体环境进行定时检测或者连续监测。对在可能释放有害物质的有限空间内作业或在有限空间内进行具有挥发性溶剂涂料的涂刷作业时，必须进行连续监测分析。

（2）进入有限空间内的作业人员每次工作时间不宜过长，应轮换作业和休息。

（3）临时用电应设置配电控制箱，线路按规定架设并保证绝缘良好，使用超过安全电压的手持电动工具，必须配备漏电保护器。

（4）有限空间作业过程中，不能抛掷材料、工具等物品。

（5）对由于防爆、防氧化等不能采用通风换气方式或受作业环境限制不易充分通风换气的场所，企业必须为作业人员配备呼吸器或软管面具等隔绝式呼吸保护器具，并仔细检查气密性，防止通气管被挤压，严禁使用过滤式面具。

（6）在有限空间作业过程中，存在动火作业的，企业应当为作业人员提供必需的动火作业安全条件；对存在高处作业的，应当为作业人员提供必要的高处作业安全条件；对存在交叉作业的，应当采取避免互相伤害的措施。

（7）作业期间发生下列情况之一时，作业者应立即撤离有限空间：

1）作业者出现身体不适。

2）安全防护设备或个体防护装备失效。

3）气体检测报警仪报警。

4）监护者或作业负责人下达撤离命令。

2. 安全监护

由于有限空间作业的情况复杂，危险性大，必须指派经过培训合格的有限空间专业人员担任监护工作，并且在不同作业不同阶段履行相应的职责。

（1）监护者应熟悉作业区域的环境和工艺情况，具备判断和处理异常情况的能力，掌握急救知识。

（2）作业者进入有限空间前，监护者应对采用的安全防护措施有效性进行检查，确认作业者个人防护用品选用正确、有效。当发现安全防护措施落实不到位时，有权禁止作业者进入有限空间。

（3）监护者应防止无关人员进入作业区域。

（4）跟踪作业者作业过程，掌握检测数据，适时与作业者进行有效的作业、报警、撤离等信息沟通。

（5）发生紧急情况时向作业者发出撤离警告，出现作业者中毒、缺氧窒息等紧急情况，应立即进行应急处置，禁止盲目施救。

（6）监护者对作业全过程进行监护，工作期间严禁擅离职守。

三、作业后

（1）作业完成后，作业者应将全部作业设备和工具带离有限空间。

（2）监护者应清点人员及设备数量，确保有限空间内无人员和设备遗留后，关闭出入口。

（3）清理现场后解除作业区域封闭措施，撤离现场。

参考题

一、选择题

1. 对于在有限空间可能发生的超过允许暴露限值的有毒物质暴露，主要的侵入途径还是（　　）。

A. 吸入　　B. 皮肤吸收　　C. 注射

2. 硫化氢是具有刺激性和窒息性的（　　）。

A. 白色　　B. 棕色　　C. 无色

3. 作业前（　　）min，应再次对有限空间有害物质浓度采样，分析合格后方可进入有限空间。

A. 30　　B. 45　　C. 60

4. 氯气是一种常温呈淡黄绿色、具有刺激性气味的（　　）。

A. 有毒气体　　B. 剧毒气体　　C. 无害气体

二、判断题

1. 有限空间内存在的气体危害可能有多种。（　　）

2. 在进行有限空间的识别工作前，应确保相关人员接受了有限空间的培训。（　　）

3. 对有限空间作业应做到“先通风、在检测、后作业”的原则。（　　）

4. 当工作面的作业人员意识到身体出现异常症状时，应及时向监护者报告或自行撤离有限空间，不得强行作业。（　　）

附 录

附录 A 电力电缆第一种工作票格式

电力电缆第一种工作票

单位__________ 编号__________

1. 工作负责人（监护人）__________班组__________

2. 工作班成员（不包括工作负责人）

____

____

____

______________________________共____人

3. 电力电缆双重名称

____

4. 工作任务

工作地点或地段	工作内容

5. 计划工作时间

自____年____月____日____时____分

至____年____月____日____时____分

6. 安全措施（必要时可附页绘图说明）

<table>
<tr><td colspan="4">（1）应拉断路器（开关）、隔离开关（刀闸）</td></tr>
<tr><td>变、配电站或线路名称</td><td>应拉开的断路器（开关）、隔离开关（刀闸）、熔断器以及应装设的绝缘隔板（注明设备双重名称）</td><td>执行人</td><td>已执行</td></tr>
<tr><td></td><td></td><td></td><td></td></tr>
<tr><td></td><td></td><td></td><td></td></tr>
</table>

<table>
<tr><td colspan="3">（2）应合接地开关或应装接地线编号</td></tr>
<tr><td>接点隔离开关双重名称和接地线装设地点</td><td>接地线编号</td><td>执行人</td></tr>
<tr><td></td><td></td><td></td></tr>
<tr><td></td><td></td><td></td></tr>
<tr><td></td><td></td><td></td></tr>
<tr><td></td><td></td><td></td></tr>
<tr><td></td><td></td><td></td></tr>
</table>

（3）应设遮栏，应挂标示牌	已执行

（4）工作地点保留带电部分或注意事项（由工作票签发人填写）	（5）补充工作地点保留带电部分和安全措施（由工作许可人填写）

工作票签发人签名__________　　签发日期______年___月___日___时___分

7. 确认本工作票 1 ~ 6 项

工作负责人签名__________

8. 补充安全措施

____

____

____

____

9. 工作许可

（1）在线路的电缆工作：

工作许可人_______用_______方式许可

自_______年____月____日____时____分起开始工作

工作负责人签名__________

（2）在变电站或发电厂内的电缆工作：

安全措施项所列措施中_______（变、配电站 / 发电厂）部分已执行完毕

工作许可时间_______年____月____日____时____分

工作许可人签名__________ 工作负责人签名__________

10. 确认工作负责人布置的工作任务和安全措施

工作班组人员签名：

____

____

____

11. 每日开工和收工时间（使用一天的工作票不必填写）

收工时间				工作负责人	工作许可人	开工时间				工作许可人	工作负责人
月	日	时	分			月	日	时	分		

12. 工作票延期

有效期延长到________年____月____日____时____分

工作负责人签名____________ 年____月____日____时____分

工作许可人签名____________ 年____月____日____时____分

13. 工作负责人变动

原工作负责人________离去，变更________为工作负责人。

工作票签发人____________ ________年____月____日____时____分

14. 工作人员变动（变动人员姓名、日期及时间）

____

____

工作负责人签名___________

15. 工作终结

（1）在线路上的电缆工作：

工作人员已全部撤离，材料工具已清理完毕，工作终结；所装的工作接地线共____副已全部拆除，于________年____月____日____时____分工作负责人向工作许可人________用________方式汇报。

工作负责人签名___________

（2）在变、配电站或发电厂内的电缆工作：

在_______（变、配电站 / 发电厂）工作于________年____月____日____时____分结束，设备及安全措施已恢复至开工前状态，工作人员已全部撤离，材料工具已清理完毕。

工作负责人签名____________ 工作许可人签名___________

16. 工作票终结

临时遮栏、标示牌已拆除，常设遮栏已恢复；

未拆除或未拉开的接地线编号____________等共____组、接地开关共____副（台），已汇报调度。

工作许可人签名___________

17. 备注

（1）指定专职监护人____________负责监护____________

（地点及具体工作）

（2）其他事项____

____

____

注：若使用总、分票，总票的编号上前缀“总（n）号含分（m）”，分票的编号上前缀“总（n）号第分（m）”。

附录B 电力电缆第二种工作票格式

电力电缆第二种工作票

单位________________ 编号________________

1. 工作负责人（监护人）____________ 班组____________

2. 工作班人员（不包括工作负责人）

____

____

共______人

3. 工作任务

电力电缆双重名称	工作地点或地段	工作内容

4. 计划工作时间

自________年____月____日____时____分

至________年____月____日____时____分

5. 工作条件和安全措施

____

____

____

____

工作票签发人________　签发日期________年____月____日____时____分

6. 确认本工作票 1 ~ 5 项内容

工作负责人签名____________

7. 补充安全措施（工作许可人填写）

____

____

____

8. 工作许可

（1）在线路上的电缆工作：

工作开始时间________年____月____日____时____分。

工作负责人签名____________

（2）在变电站或发电厂内的电缆工作：

安全措施项所列措施中________（变、配电站 / 发电厂）部分，已执行完毕。

许可自________年____月____日____时____分起开始工作。

工作许可人签名____________　工作负责人签名______________

9. 确认工作负责人布置的工作任务和安全措施

工作班人员签名：____________

____

____

____

10. 工作票延期

有效期延长到________年____月____日____时____分

工作负责人签名__________　________年____月____日____时____分

工作许可人签名__________　________年____月____日____时____分

11. 工作票终结

（1）在线路的电缆工作：

工作结束时间________年____月____日____时____分

工作负责人签名____________

（2）在变、配电站或发电厂内的电缆工作：

在________（变、配电站/发电厂）工作于________年____月____日____时____分结束，工作人员已全部退出，材料工具已清理完毕。

工作负责人签名____________ 工作许可人签名____________

12. 备注

____

____

____

注：若使用总、分票，总票的编号上前缀“总（n）号含分（m）”，分票的编号上前缀“总（n）号第分（m）”。

参考题答案

第一章

一、选择题

1.B；2. B；3. A；4. A

二、判断题

1. √；2. √；3×；4. ×；5. ×；6. ×；7. √；8. ×；9. √

第二章

一、选择题

1.C；2. C；3. C；4. C；5. C；6. B；7. B；8. A；9. B

二、判断题

1. ×；2. √；3. √；4. √；5. √；6. √；7. √；8. ×；9. √

第三章

一、选择题

1.B；2. B；3. B；4. A；5. B；6. C；7. A；8. A；9. A；10. B；11. C；12. A；13. C；14. A；15. C

二、判断题

1. √；2. ×；3. ×；4. ×；5. ×；6. √；7. √；8. ×；9. ×；10. √

第四章

一、选择题

1.A；2. A；3. C；4. B；5. C；6. B；7. B；8. C；9. C；10. A；11. B；12. B；13. A

二、判断题

1. √；2. ×；3. ×；4. ×；5. √；6. √；7. √；8. √；9. ×；10. √；11. √；12. √；13. ×；14. ×；15. √

第五章

一、选择题

1.A；2. B；3. C；4. C；5. B；6. B；7. C；8. C

二、判断题

1. √；2. ×；3. √；4. √；5. ×；6. √；7. √；8. √

第六章

一、选择题

1.A；2. D；3. A；4. C；5. A；6. A；7. C；8. C

二、判断题

1. ×；2. ×；3. ×；4. ×；5. √；6. ×；7. ×；8. ×

第七章

一、选择题

1.A；2. C；3. A；4. B；5. B；6. A；7. A；8. B

二、判断题

1. √；2. √；3. ×；4. √；5. √；6. ×；7. √；8. ×；9. √；10. √

第八章

一、选择题

1.B；2. B；3. C；4. B；5. B；6. B；7. A；8. C；9. A；10. C

二、判断题

1. √；2. √；3. ×；4. √；5. ×；6. √；7. ×；8. √；9. √；10. √

第九章

一、选择题

1.B；2. B；3. A；4. A；5. B；6. A；7. B；8. A；9. A；10. A

二、判断题

1. ×；2. ×；3. ×；4. √；5. √；6. √；7. ×；8. ×；9. ×；10. ×

第十章

一、选择题

1.B；2. B；3. A；4. A；5. C；6. B；7. B；8. A；9. C；10. C；11. C；12. A

二、判断题

1. ×；2. ×；3. ×；4. √；5. √；6. √；7. √；8. ×；9. √；10. √；11. √

第十一章

一、选择题

1.C；2. B；3. B

二、判断题

1. √；2. ×；3. √

第十二章

一、选择题

1.A；2. C；3. A；4. B

二、判断题

1. √；2. √；3. √；4. √

参考文献

[1] 国家电力监管委员会电力业务资质管理中心编写组 . 电工进网作业许可考试参考教材　特种类电缆专业 [M]. 杭州：浙江人民出版社，2013.

[2] 国家电网公司人力资源部 . 国家电网公司生产技能人员职业能力培训专用教材输电电缆 [M]. 北京：中国电力出版社，2010.

[3] 国家电网公司人力资源部 . 国家电网公司生产技能人员职业能力培训专用教材电工仪表与测量 [M]. 北京：中国电力出版社，2010.

[4] 宋美清 . 电力电缆工培训教材高级技师 [M]. 北京：中国电力出版社，2012.

[5] 《全国特种作业人员安全技术培训实际操作教材》编委会 . 电工作业 [M]. 北京：气象出版社，2008.

[6] 国家电网公司人力资源部 . 国家电网公司生产技能人员职业能力培训专用教材配电线路运行 [M]. 北京：中国电力出版社，2010.

[7] 鞠平，马宏忠 . 电力工程 [M]. 北京：机械工业出版社，2009.

[8] 中安华邦（北京）安全生产技术研究院 . 电力电缆作业操作资格培训考核教材 [M]. 北京：团结出版社，2018.